Science-Slam

Philipp Niemann · Laura Bittner ·
Christiane Hauser · Philipp Schrögel
(Hrsg.)

Science-Slam

Multidisziplinäre Perspektiven
auf eine populäre Form der
Wissenschaftskommunikation

 Springer VS

Hrsg.
Philipp Niemann
Nationales Institut für
Wissenschaftskommunikation (NaWik)
Karlsruhe, Deutschland

Laura Bittner
Institut für Technikzukünfte, Teilinstitut
Wissenschaftskommunikation,
Karlsruher Institut für Technologie (KIT)
Karlsruhe, Deutschland

Christiane Hauser
Institut für Technikzukünfte, Teilinstitut
Wissenschaftskommunikation,
Karlsruher Institut für Technologie (KIT)
Karlsruhe, Deutschland

Philipp Schrögel
Institut für Technikzukünfte, Teilinstitut
Wissenschaftskommunikation,
Karlsruher Institut für Technologie (KIT)
Karlsruhe, Deutschland

ISBN 978-3-658-28860-0   ISBN 978-3-658-28861-7   (eBook)
https://doi.org/10.1007/978-3-658-28861-7

Die Deutsche Nationalbibliothek verzeichnet diese Publikation in der Deutschen National-
bibliografie; detaillierte bibliografische Daten sind im Internet über http://dnb.d-nb.de abrufbar.

Springer VS ist ein Imprint der eingetragenen Gesellschaft Springer Fachmedien Wiesbaden GmbH
und ist ein Teil von Springer Nature.
Die Anschrift der Gesellschaft ist: Abraham-Lincoln-Str. 46, 65189 Wiesbaden, Germany

Inhalt

Rezeption von Science-Slams

Gesellschaftliche Verortung von Science-Slams

Science-Slams im Kontext

Anhang

Autor*innenverzeichnis

Anika Aßfalg hat im Anschluss an ihr Wissenschaftsjournalismus-Bachelorstudium ihren Master im Fach Wissenschaft-Medien-Kommunikation am Karlsruher Institut für Technologie im März 2019 abgeschlossen. Auf Grundlage ihrer Masterarbeit verfasste sie den hier vorliegenden Beitrag zum Wissenserwerb im Science-Slam. Parallel zu ihrem Studium war sie bei Medien wie der F.A.Z., dem Südwestrundfunk und der Fraunhofer-Gesellschaft als Werkstudentin und Redakteurin tätig. Aktuell arbeitet Anika Aßfalg als Online-Redakteurin beim Springer Medizin Verlag.

Laura Bittner studierte Naturwissenschaften in der Informationsgesellschaft an der Technischen Universität Berlin und im Master Wissenschaft-Medien-Kommunikation am Karlsruher Institut für Technologie, den sie 2017 abschloss. Ihre Masterarbeit schrieb sie zu Präsentationsformen der externen Wissenschaftskommunikation, zu denen sie seitdem als wissenschaftliche Mitarbeiterin im Institut für Technikzukünfte am Karlsruher Institut für Technologie weiterhin forscht.

Bettina Boy, Jg. 1990, Studium der Anglistik und Medienwissenschaft an der Universität Trier sowie International Journalism an der Hamline University Saint Paul, Minnesota. Masterarbeit zum Thema Rezeption von Product-Placements. Arbeitet als wissenschaftliche Mitarbeiterin im Fach Medienwissenschaft an der Universität Trier. Seit August 2017 betreut sie das Projekt „Audio-visuelle Wissenschaftsvermittlung im Fernsehen und im Internet", gefördert von der Klaus Tschira Stiftung. Forschungsschwerpunkte umfassen die Rezeption externer Wissenschaftskommunikation und die Probleme der medialen Wissensvermittlung.

Alex Dreppec (Künstlername) – geboren 1968 als Alexander Deppert, promovierter Psychologe, zweites Staatsexamen u. a. im Fach Deutsch, Berufsschullehrer in Darmstadt. Mehrere wissenschaftliche Publikationen, über 350 literarische Veröffentlichungen u. a. im deutschen und englischen Sprachraum, auch in Standardwerken, international buchstäblich auf allen fünf Kontinenten, u. a. auch mit Gedichten wissenschaftlichen Inhalts. U. a. Wilhelm Busch-Preis 2004 (erster Platz). Erfand den Science-Slam. Aktueller Band mit Wissenschaftsgedichten: „Tanze mit Raketenschuhen / Dance with Rocket Shoes" (chiliverlag, 2016).

Monika Hanauska studierte Germanistik, Französistik und Journalistik an der Universität Leipzig. Im Anschluss an das Studium war sie als wissenschaftliche Mitarbeiterin in der Nachwuchsforschergruppe „Historische Formelhafte Sprache und Traditionen des Formulierens (HiFoS)" an der Universität Trier beschäftigt, wo sie auch ihre Dissertation zur formelhaften Sprache in der mittelalterlichen Geschichtsschreibung der Stadt Köln anfertigte. Seit 2012 ist sie wissenschaftliche Mitarbeiterin am Karlsruher Institut für Technologie und forscht unter anderem zu sprachlichen Aspekten der Wissenschaftskommunikation zwischen Experten und Laien.

Christiane Hauser, Mag.A., seit Januar 2016 wissenschaftliche Mitarbeiterin am Teilinstitut für Wissenschaftskommunikation des Instituts für Technikzukünfte am KIT. Forschungsschwerpunkte: Organisationskommunikation, Hochschulkommunikation, Kommunikator- und Rezeptionsforschung. Zuvor Studium der Kommunikations- und Medienwissenschaften, Anglistik und BWL an der Universität Leipzig und der University of Waikato, Neuseeland. 2004 bis 2006 Projektmanagerin bei der Campus Sapiens gGmbH. 2006 bis 2015 wissenschaftliche Mitarbeiterin am Institut für Technikfolgenabschätzung und Systemanalyse (ITAS) des KIT.

Miira Hill, Dr., ist seit 2018 Koordinatorin des Methoden-Moduls und Post-Doc an der Leuphana Universität in Lüneburg. Sie studierte Soziologie an der Universität Bielefeld und der Technischen Universität Berlin. Sie war Doktorandin und Post-Doc im Graduiertenkolleg „Innovationsgesellschaft heute". In ihrer Dissertationsschrift „Slamming Science. The New Art Of Old Public Science Communication" ging sie der Frage nach, wie und warum in einem komplexen und unsicheren Verhältnis von Wissenschaft und Öffentlichkeit der Science-Slam entstand. Ihre Forschungsinteressen liegen in der Wissens- und Emotionssoziologie, der Innovationsforschung, den Qualitativen Methoden und den feministischen Science and Technology Studies.

Olaf Kramer ist Professor für Rhetorik und Wissenskommunikation sowie Leiter der Forschungsstelle Präsentationskompetenz der Universität Tübingen. Er studierte Allgemeine Rhetorik, Neuere Deutsche Literaturwissenschaft, Philosophie und Psychologie in Tübingen, Frankfurt am Main und Chapel Hill, North Carolina, USA. Zu seinen Forschungsschwerpunkten zählen unter anderem Science Communication, kommunikative Kompetenz sowie Digitale Rhetorik. Im Rahmen seiner Forschung zu Wissenskommunikation ist er Mitbegründer und -herausgeber des Science Note Magazins und der Vortragsreihe Science Notes.

Beatrice Lugger ist Geschäftsführerin und Direktorin des NaWik. Sie ist Wissenschaftsjournalistin, Social Media-Expertin und Chemikerin. Sie war fast zwei Jahrzehnte für zahlreiche deutsche Print- und Onlinemedien u. a. SZ, WIRED und FOCUS tätig und baute die Plattform für bloggende Forschende ScienceBlogs.de in Deutschland auf. Darüber hinaus betreute sie die Social Media-Auftritte internationaler Tagungen. Sie hat diverse Fachbeiträge zum Thema Science 2.0 veröffentlicht und ist für die Plattform wissenschaftskommunikation.de mit verantwortlich.

Jesús Muñoz Morcillo ist akademischer Mitarbeiter am Institut für Kunst- und Baugeschichte/Fachbereich Kunstgeschichte und Sprecher der kollegialen Interimsleitung des ZAK | Zentrum für Angewandte Kulturwissenschaft und Studium Generale am Karlsruher Institut für Technologie (KIT). 2015 wurde er an der Staatlichen Hochschule für Gestaltung (HfG) Karlsruhe im Fach Kunstwissenschaft promoviert. 2019 folgte eine weitere Dissertation im Fach Klassische Philologie an der Universidad de Salamanca (USAL, Spanien). Seine Forschungsschwerpunkte liegen in den Bereichen Ästhetik, Kommunikations- und Wissenschaftsforschung. Aktuell forscht er über die Rolle der Ekphrasis in der Entstehung der visuellen Kultur der Wissenschaft.

Philipp Niemann studierte Politik- und Medienwissenschaft an der Universität Trier sowie International Journalism an der Hamline University in Saint Paul, Minnesota. 2014 wurde er mit einer Arbeit zur politischen Onlinekommunikation von Parteien im Wahlkampf promoviert. Von 2014 bis Ende 2018 war er wissenschaftlicher Mitarbeiter und später Nachwuchsgruppenleiter in der Abteilung Wissenschaftskommunikation am Karlsruher Institut für Technologie (KIT). Seit 2019 ist er wissenschaftlicher Leiter des Nationalen Instituts für Wissenschaftskommunikation (NaWik). Seine Forschungsschwerpunkte liegen in den Bereichen Wissenschaftskommunikation, qualitative Rezeptionsforschung und politische Kommunikation.

Reinhard Remfort studierte Physik an der Universität Duisburg-Essen und wurde dort im Jahr 2019 mit seiner Forschung zur Epitaxie hochreiner Diamantschichten promoviert. 2013 wurde er Deutscher Meister im Science-Slam und tritt seitdem mit populärwissenschaftlichen Vorträgen und als Experte in Rundfunk und Fernsehen auf. Zusammen mit Nicolas Wöhrl betreibt Reinhard Remfort seit 2013 den Podcast „Methodisch inkorrekt!". In dem sehr breit rezipierten Podcast diskutieren die beiden Physiker wissenschaftliche Publikationen und Experimente ebenso wie Trivia und ihre eigenen Erfahrungen in der Wissenschaft. 2017 erschien sein populärwissenschaftliches Buch „Methodisch korrektes Biertrinken".

Philipp Schrögel forscht am Institut für Technikzukünfte des Karlsruher Instituts für Technologie (KIT) zu Wissenschaftskommunikation und arbeitet als freiberuflicher Wissenschaftskommunikator. Zuvor studierte er Physik an der Universität Erlangen und Public Policy in Harvard. Seine Schwerpunkte in Forschung und Praxis liegen auf Inklusion und Diversity in der Wissenschaftskommunikation sowie kreativen und partizipativen Formen der Wissenschaftskommunikation und deren Rezeption, von Science-Slams über Wissenschaftscomics bis zu Citizen-Science-Projekten. Philipp Schrögel organisiert und moderiert regelmäßig Science-Slams in Karlsruhe und verschiedenen anderen Städten in Deutschland.

Maria Stimm hat zur Frage der analytischen Erschließung einer Lernkultur an einem beispielhaft ausgewählten Format der Wissenschaftskommunikation im Rahmen des interdisziplinären Promotionsprogramms „Wissen – Kultur – Transformation" der Universität Rostock promoviert. Sie ist wissenschaftliche Mitarbeiterin an der Humboldt-Universität zu Berlin am Lehrstuhl Erwachsenenbildung/Weiterbildung. Ihre Forschungsschwerpunkte sind: Lehr- und Lernkulturen, (Bildungs-)Beratung, Wissenschaftskommunikation sowie Programme und Angebote.

Markus Weißkopf ist seit 2012 Geschäftsführer der Wissenschaft im Dialog gGmbH in Berlin. Er war an der Entwicklung des Science-Slams maßgeblich beteiligt und führte interaktive Formate für die Wissenschaftskommunikation wie Fishbowls oder Hackathons ein. Sein besonderes Interesse liegt in der dialog- und beteiligungsorientierten Gestaltung von Wissenschaftskommunikation. Markus Weißkopf studierte Politik und Management an den Universitäten Konstanz und Madrid. Nach seiner Arbeit als Organisationsberater in Konstanz baute er als Projektleiter und Geschäftsführer von 2007 bis 2011 das Haus der Wissenschaft in Braunschweig auf. 2013 initiierte er den Think Tank zur Zukunft der Wissenschaftskommunikation „Siggener Kreis" und ist seit 2016 Präsident der European Science Engagement Association.

Prodesse et delectare: Science-Slams in der Wissenschaftskommunikation

Philipp Niemann, Laura Bittner, Christiane Hauser und
Philipp Schrögel

Prodesse et delectare – „nützen und erfreuen" – beschreibt als ein Motto der
Aufklärung die anzustrebende Funktion von Literatur (Marzolph 2014, S. 1800).
Inwiefern gilt das heute auch für die Wissenschaftskommunikation? Oder „sind
die Slams und Wissenschaftsnächte nicht gerade deshalb so langweilig, weil man
durch bunte Bilder und lustige Elemente so gut wie nichts über die Faszination der
Forschung erfährt?" (Thiel 2018, S. 3) Diesen Satz von Thomas Thiel konnte man im
September 2018 in der Frankfurter Allgemeinen Zeitung lesen – und vergleichbare
Äußerungen finden sich auch an anderer Stelle (Euen 2015). Dem Grunde nach
geht es dabei immer um das Gleiche, den alten Konflikt nämlich zwischen Ratio
und Rhetorik, zwischen der „Figuration von Evidenz" und der „Inszenierung von
Aufmerksamkeit" wie Sibylle Peters (2011, S. 35) es einmal genannt hat. Die scheinbar
ausgemachte Dichotomie zwischen wissenschaftlichen Inhalten auf der einen Seite
und Unterhaltung auf der anderen Seite wird in der praktischen externen Wissenschaftskommunikation in den letzten Jahren sichtbar auf die Probe gestellt. Sieht
man sich die Entwicklungen von Präsentationsformen in diesem Bereich genauer
an, so fallen Formen mit einer ausgeprägten Unterhaltungskomponente deutlich
ins Auge: „Wissen vom Fass", eine Form, bei der Wissenschaftler*innen in Bars
und Kneipen ihre Forschung präsentieren; die „Science Busters", ein Wissenschafts-
kabarett, oder Wissenschaftsshows wie die der „Physikanten" sind hier nur einige
Beispiele (vgl. dazu auch die Rubrik „Formate" auf wissenschaftskommunikation.de).
Ein, wenn nicht das Paradebeispiel für eine solche Präsentationsform der externen
Wissenschaftskommunikation mit hohem Verbreitungsgrad und starkem Zulauf
in Deutschland ist der Untersuchungsgegenstand dieses Bandes, der Science-Slam
(vgl. den Beitrag von Niemann et al. in diesem Band).

© Springer Fachmedien Wiesbaden GmbH, ein Teil von Springer Nature 2020   1
P. Niemann et al. (Hrsg.), *Science-Slam*,
https://doi.org/10.1007/978-3-658-28861-7_1

Ein Science-Slam ist ein Vortragswettbewerb, bei dem Wissenschaftler*innen – typischerweise Doktorand*innen – ihre eigene Forschung vorstellen. Die Kurzvorträge sind auf zehn Minuten Dauer beschränkt und werden allgemeinverständlich und unterhaltsam präsentiert. Das Publikum bewertet die Präsentationen und kürt eine*n Sieger*in (Eisenbarth und Weißkopf 2012; Erlemann 2011). Die Form des Science-Slams baut auf dem Poetry-Slam auf – einem Vortragswettbewerb mit literarischen Texten (Wildemann 2011). Der erste Science-Slam fand im Jahr 2006 in Darmstadt statt (vgl. den Beitrag von Dreppec in diesem Band), das Konzept wurde parallel durch das Haus der Wissenschaft in Braunschweig aufgegriffen und weiterentwickelt und so in der Wissenschaftskommunikation etabliert (Eisenbarth und Weißkopf 2012; Weißkopf und Lugger in diesem Band). Gegenwärtig gibt es in Deutschland rund 58 regelmäßige Science-Slam-Veranstaltungsreihen, die von Forschungseinrichtungen, Vereinen oder Initiativen getragen werden (Schrögel et al. 2017, S. 3). Dazu kommt eine Vielzahl singulärer Science-Slam-Veranstaltungen, die beispielsweise als Rahmenprogramm zu einer Konferenz oder einer Museumsausstellung stattfinden. Seit 2010 gibt es eine jährliche bundesweite Science-Slam-Meisterschaft in Deutschland.

Charakteristisch für die Form des Science-Slams ist einerseits die Rahmung als Event. Die Veranstaltungen finden meist bewusst außerhalb von Wissenschaftseinrichtungen statt, beispielsweise in Clubs oder Kultur- und Jugendzentren, um sich von traditionellen akademischen Abendvorträgen und öffentlichen Vorlesungsreihen abzusetzen (Hill 2015, S. 20). Science-Slams sind in der Regel Abendveranstaltungen. Ein*e Moderator*in nimmt eine aktive Rolle ein und sagt nicht nur den nächsten Vortrag an, sondern animiert auch das Publikum und leitet die Abstimmung am Ende. Der/die Gewinner*in wird von den Zuschauer*innen ermittelt, im Regelfall per Applaus oder über die Vergabe von Punkten durch Kleingruppen im Publikum. Neben der Rahmung des Events ist auch die Gestaltung der einzelnen Präsentationen der Wissenschaftler*innen spezifisch für Science-Slams. Vorgabe ist es, die eigene Forschung, beispielsweise Abschlussarbeit, Promotionsvorhaben oder Forschungsprojekt, verständlich und unterhaltsam vorzutragen. Bei Science-Slams sind neben dem wissenschaftlichen Inhalt Humor und Unterhaltungswert zentrale Komponenten, daher gestalten die Slammer*innen ihre Präsentationen meist umfangreich aus: Es sind alle Hilfsmittel erlaubt, ob PowerPoint-Folien, Videos, Experimente, Verkleidungen oder Requisiten. Der de-facto Standard sind dabei kreativ und humorvoll gestaltete PowerPoint-Folien, zum Teil ergänzt um weitere Elemente, Hilfsmittel und kreative Darstellungsformen (Schrögel et al. 2017). Ein Science-Slam ist prinzipiell themenoffen, die Präsentationen an einem Abend kommen meist aus verschiedenen Fachrichtungen. Allerdings lässt sich teilweise ein Überhang an naturwissenschaftlichen Themen beobachten, ebenso sind Frauen teilweise unterrepräsentiert. So stammten beispielsweise fünf der insgesamt acht Themen bei der Deutschen Science-Slam-Meisterschaft 2018 aus dem Bereich Natur- und Ingenieurwissenschaften, und nur zwei der acht Teilnehmenden waren Frauen[1]. Sozial- und Geisteswissenschaften sind aber prinzipiell genauso für die Präsentation bei Science-Slams geeignet (Grummt 2015).

Bei allen Besonderheiten der Form ist doch erkennbar, dass ein Science-Slam bezogen auf die einzelnen Präsentationen der Wissenschaftler*innen durchaus mit einer klassischen wissenschaftlichen Vortragssituation wie etwa bei einer Fachtagung verwandt ist: Auch bei einer klassischen Tagung sprechen Forscher*innen heute fast immer in einem Präsentationssetting mit PowerPoint oder vergleichbarer Softwareunterstützung mehr oder minder kurz über ihre Forschung. Somit ist die wissenschaftliche Auseinandersetzung mit Science-Slams auch anschlussfähig an Forschung zur internen Wissenschaftskommunikation – insbesondere an die Präsentationsforschung (vgl. z. B. Schnettler und Knoblauch 2007).

Die Beiträge dieses Bandes dokumentieren die Ergebnisse der Fachtagung „Symposium ‚Science In Presentations'. Multidisziplinäre Perspektiven auf zentrale Präsentationsformen der Wissenschaftskommunikation", die vom 26. bis 28. September 2018 am Karlsruher Institut für Technologie (KIT) von der damaligen KIT-Nachwuchsgruppe „Science In Presentations" zusammen mit dem Nationalen Institut für Wissenschaftskommunikation (NaWik) veranstaltet wurde bzw. bauen auf diesen Ergebnissen auf.[2]

Neben grundlegenden Betrachtungen zur Form des Science-Slams wurde eine konkrete als Fallbeispiel gewählte Science-Slam-Präsentation genauer in den Blick genommen: der Vortrag von Reinhard Remfort bei einem „Best-Of Science-Slam" im Rahmen der Deutschen Science-Slam-Meisterschaft 2016 in Darmstadt. Remfort ist Physiker und wurde mit eben diesem Slam im Jahr 2013 Deutscher Science-Slam-Meister. Seine Präsentation trägt den Titel „Dienliche Defekte" und hat die Forschung zur Epitaxie (Kristallwachstum) hochreiner Diamantschichten im Rahmen seiner Promotion zum Thema.[3] Mit ihr ist Reinhard Remfort auch noch bei etlichen weiteren Science-Slam-Veranstaltungen aufgetreten. Diese Präsentation

---

1   https://www.science-slam.com/termine_tickets/termine_detail/slam/deutsche_science_slam_meisterschaft_2018_369.htm

2   Das Symposium wurde aus Mitteln der Klaus Tschira Stiftung finanziert. Die Stiftung ist zudem Förderer des Projekts „Science In Presentations", das vom Nationalen Institut für Wissenschaftskommunikation (NaWik) in Kooperation mit dem Teilinstitut für Wissenschaftskommunikation, Institut für Technikzukünfte am KIT durchgeführt wird.

3   Ein Transkript seiner Präsentation findet sich am Ende dieses Buches, um Leser*innen die Einordnung einzelner analysierter Passagen zu erleichtern.

wurde ausgewählt, da sie einerseits durch den Meister-Titel und die vorhergehenden erfolgreichen Science-Slams als Beispiel für eine erprobte und vom Publikum mehrfach positiv evaluierte Science-Slam-Präsentation dienen kann. Andererseits steht Remfort als männlicher Slammer mit einem naturwissenschaftlichen Thema – noch dazu Physik – auch stellvertretend für eine größere Gruppe der derzeitigen Science-Slammer*innen[4]. So waren alle Gewinner*innen der vergangenen neun Science-Slam-Meisterschaften (und damit seit deren erstmaliger Durchführung) männlich und präsentierten naturwissenschaftliche Themen; unter ihnen vier Physiker.

Im Anschluss an diese Einleitung finden sich zunächst zwei Beiträge, die die Anfänge der Form Science-Slam sowie ihre Entwicklung in den letzten Jahren beleuchten. Im Interview mit Markus Weißkopf (Geschäftsführer von Wissenschaft im Dialog und Präsident von EUSEA, der European Science Engagement Association) und Beatrice Lugger (Geschäftsführerin und Direktorin des NaWik) wird der Science-Slam eingebettet in aktuelle Entwicklungen in der Wissenschaftskommunikation und seine ungebrochene Popularität thematisiert. Auch Unterschiede zwischen früheren und heutigen Science-Slam-Veranstaltungen diskutieren die beiden Expert*innen. Diese greift auch Alexander Dreppec auf, der als Science-Slam-Pionier in seinem Beitrag darstellt, wie die Idee zum ersten Science-Slam aus konzeptionellen Überlegungen heraus entstand, die er im Rahmen seiner Dissertation zur Verständlichkeit von Formaten der Wissenschaftskommunikation entwickelte. In seinem Artikel widmet er sich ausführlich unterschiedlichen Hindernissen und Störfaktoren für verständlich vermittelte Wissenschaft und leitet daraus ab, wie ein Format aussehen müsste, das zumindest einige dieser Hürden nimmt. Daran schließt sich ein Interview mit Reinhard Remfort an, dessen Slam-Beitrag beispielhaft in vielen Artikeln des Sammelbands zur Illustration herangezogen wird. Er beschreibt im Gespräch seine Motivation, bei Science-Slams aufzutreten und spricht über Herausforderungen sowie Besonderheiten von Science-Slams aus der Sicht eines Präsentierenden.

Im folgenden Teil des Sammelbandes widmen sich zwei Beiträge der Analyse von Science-Slams als Produkt, die sich im Detail auf den ausgewählten Slam von Reinhard Remfort beziehen. Olaf Kramer betrachtet in seinem Beitrag Science-Slams aus einer rhetorischen Perspektive und stellt dar, wie sich antike rhetorische Figuren in Science-Slam-Präsentationen wiederfinden und wie diese die aktive Bezugnahme

---

4   Auch wenn insgesamt innerhalb der Science-Slam-Community zunehmend stärker auf Diversity – sowohl in Bezug auf Gender als auch auf die fachliche Vielfalt – geachtet wird, und sich bei vielen Veranstaltungen mittlerweile ein heterogeneres Bild zeigt (vgl. Schmermund 2018).

auf das Publikum sowie dessen Einbindung fördern. Dabei wird deutlich, dass das unterhaltende Element von Science-Slams konstitutiv für die Form ist und der Erfolg von Science-Slam-Veranstaltungen wesentlich davon abhängt. Wie Science-Slams auf der sprachlichen Ebene Unterhaltsamkeit erzeugen, analysiert Monika Hanauska in ihrem Beitrag. Ihre linguistische Detailanalyse weist auf typische Muster sowie die Nutzung von stereotypen Humorstrategien bei Science-Slams hin.

Die Erwartung unterhalten zu werden, spielt neben dem Interesse an Wissenschaft und dem Wunsch nach Wissenserwerb auch für die Rezipient*innen von Science-Slams eine wesentliche Rolle beim Besuch einer Veranstaltung dieser Form. Diese Erwartungen, die Bewertungen einzelner Science-Slam-Präsentationen einer Veranstaltung durch Zuschauer*innen und die Frage, welche Elemente einer Präsentation die Aufmerksamkeit von Rezipient*innen auf sich ziehen, untersuchen Philipp Niemann, Laura Bittner, Christiane Hauser und Philipp Schrögel in ihrem Beitrag. Damit bilden sie den Auftakt zum zweiten Abschnitt des Sammelbandes, der die Rezeptionsebene von Science-Slams in den Blick nimmt und ebenfalls direkten Bezug auf Reinhard Remforts Präsentation „Dienliche Defekte" nimmt. Anika Aßfalg vertieft diese Erkenntnisse mit einer Fallstudie zum Wissenserwerb bei Science-Slams, in der sie mit Hilfe von Concept Maps untersucht, welche begrifflichen Zuordnungen zu einem Thema Proband*innen vor und nach der Rezeption eines (aufgezeichneten) Science-Slams vornehmen.

Die gesellschaftliche Ebene von Science-Slams und ihre Einbettung in aktuelle pädagogische wie auch soziologische Debatten stehen im Fokus des dritten Abschnittes des Sammelbandes. Miira Hill untersucht dabei den Science-Slam als gesellschaftlichen Begegnungsort in einer digitalen Gesellschaft und zeigt auf, welches Potenzial der Science-Slam für das Schaffen von Vertrauen zwischen Wissenschaft und Öffentlichkeit birgt. Maria Stimm nähert sich Science-Slams aus einer erwachsenenpädagogischen Perspektive und macht deutlich, dass der Science-Slam an eine Tradition anschließt, die Wissensvermittlung für Erwachsene in den Mittelpunkt stellt, dabei aber oft von einem Defizitmodell ausgeht. Science-Slam-Veranstaltungen konzipieren die Rezipient*innen dagegen als aktive Teilnehmer*innen und entwickeln dabei spezifische Inszenierungsstrategien und Vermittlungspraktiken, die der Beitrag näher betrachtet.

Im fünften und letzten Abschnitt des vorliegenden Sammelbandes zeigt sich, dass Science-Slams sowohl an antike Traditionen als auch an neuere mediale Entwicklungen anschließen können. Jesús Muñoz Morcillo beschreibt im Detail Analogien zwischen der antiken Protreptik, einer Art Werberede für ein Thema, und dem Science-Slam sowie das Aufscheinen antiker Stilfiguren in Science-Slam-Präsentationen. Bettina Boy vergleicht Science-Slams, die im Videoformat einem breiteren Publikum zugänglich gemacht werden, mit anderen Wissenschaftsvideos und stellt fest, dass Science-Slams vergleichsweise erfolgreich auf Videokanälen zweitverwertet werden.

Was ergibt sich aus diesen Ausführungen und unterschiedlichen Perspektiven als Gesamtbild für die Vereinbarkeit von Unterhaltung und Wissensvermittlung beim Science-Slam? In den hier präsentierten Forschungsperspektiven zeigt sich diesbezüglich keine grundsätzliche Unvereinbarkeit, auch wenn die Schlussfolgerung im Detail jede*r für sich anders treffen mag. In der ursprünglichen Fassung des in der Überschrift angerissenen Zitates „prodesse et delectare" von Horaz ist die Aussage auch nicht so eindeutig, wie sie auf den ersten Blick scheint. In Vers 333 seiner Ars Poetica sind die beiden Aspekte der Nützlichkeit und Unterhaltung – bezogen auf das Werk von Dichter*innen – nämlich entgegen manch landläufiger Lesart nicht vereint, sondern mit einem ausschließenden „entweder … oder" aneinander gefügt: „Aut prodesse volunt aut delectare poetae" (Horatio Flaccus Übers. 2017, Vers 333, S. 28). Hier scheint also schon der oben skizzierte vermeintliche Widerspruch seinen Ursprung zu nehmen. Allerdings wird im Folgevers dann auch von Horaz das gleichzeitige Nützen und Unterhalten als dritte mögliche Intention von Dichter*innen beschrieben.

Dieser Sammelband sowie das Symposium, dessen Ergebnisse er dokumentiert und vertieft, wären nicht möglich gewesen ohne das Engagement der Autorinnen und Autoren, aber auch der wissenschaftlichen Hilfskräfte des Projekts „Science In Presentations", namentlich Felix Eichbaum, Yannic Scheuermann, Tanja Schmith und Constanze Schöning. Ein besonderer Dank gilt zudem der Klaus Tschira Stiftung, die das Projekt und alle Aktivitäten in dessen Kontext seit Ende 2015 finanziert.

Literatur

Eisenbarth, B., & Weißkopf, M. (2012). Science Slam: Wettbewerb für junge Wissenschaftler. In B. Dernbach, C. Kleinert, & H. Münder (Hrsg.), *Handbuch Wissenschaftskommunikation* (S. 155–163). Wiesbaden: Springer VS.

Erlemann, M. (2011). *Science Slam: Innovative Wissenschaftskommunikation?* Freie Universität Berlin, Berlin.

Euen, C. (2015, Juli 14). Science Slams – Banale oder clevere Wissenschaftskommunikation? [Deutschlandfunk]. https://www.deutschlandfunk.de/science-slams-banale-oder-clevere-wissenschaftskommunikation.680.de.html?dram:article_id=325405. Zugegriffen: 26.07.2019.

Grummt, D. (2015). Sociology goes Public: Der Science Slams als geeignetes Format zur Vermittlung soziologischer Erkenntnisse? In S. Lessenich (Hrsg.), *Routinen der Krise – Krise der Routinen. Verhandlungen des 37. Kongresses der Deutschen Gesellschaft für*

Soziologie in Trier 2014 (S. 1652–1663). http://publikationen.soziologie.de/index.php/kongressband_2014/index. Zugegriffen: 08.11.2019.

Hill, M. (2015). Science Slam und die Geschichte der Kommunikation von wissenschaftlichem Wissen an außeruniversitäre Öffentlichkeiten. In J. Engelschalt & A. Maibaum (Hrsg.), *Auf der Suche nach den Tatsachen: Proceedings der 1. Tagung des Nachwuchsnetzwerks „INSIST", 22.-23. Oktober 2014, Berlin* (Bd. 1, S. 127–141). http://insist-network.com/wp-content/uploads/2016/04/Hill-Science-Slam-Engeschalt-2016.pdf. Zugegriffen: 08.11.2019.

Horatio Flaccus, Q. (2017). *Ars poetica: lateinisch/deutsch = Die Dichtkunst,* übers. und mit einem Nachwort herausgegeben von Eckart Schäfer. Ditzingen: Reclam.

Marzolph, Ulrich (2014): Prodesse et delectare. In Enzyklopädie des Märchens 14,4. Berlin, Boston: De Gruyter, S. 1800–1803.

Peters, S. (2011). *Der Vortrag als Performance.* Bielefeld: Transcript.

Schmermund, K. (2018). Mit der eigenen Forschung auf der Clubbühne. Forschung & Lehre. https://www.forschung-und-lehre.de/zeitfragen/mit-der-eigenen-forschung-auf-der-clubbuehne-523/. Zugegriffen: 05.04.2019.

Schnettler, B., & Knoblauch, H. (Hrsg.). (2007). *Powerpoint-Präsentationen: Neue Formen der gesellschaftlichen Kommunikation von Wissen.* Konstanz: UVK.

Schrögel, P., Niemann, P., Bittner, L., & Hauser, C. (2017). *Präsentationen in der externen Wissenschaftskommunikation: Formen & Charakteristika* (Nr. 3). http://wmk.itz.kit.edu/downloads/SIP_Arbeitsberichte_3.pdf. Zugegriffen: 08.11.2019.

Thiel, T. (2018, September 21). Grundlagenforschung: Ihre Mission heißt Innovation. *FAZ. NET.* https://www.faz.net/1.5793170. Zugegriffen: 08.11.2019.

Wildemann, K. (2011). Wissenschaft wie Poesie. *Nachrichten aus der Chemie, 59*(4), 431–432. https://doi.org/10.1002/nadc.201178886

Science-Slams in der Praxis:
Entwicklung, Bedeutung, Herausforderungen

Science-Slams in der Welt der Wissenschaftskommunikation

Interview mit Beatrice Lugger (NaWik) und Markus Weißkopf (WiD)

Das Gespräch führten Rebecca Winkels und Philipp Schrögel für „Science In Presentations" (SIP)

Zusammenfassung

Im Interview erläutern Markus Weißkopf, Geschäftsführer von Wissenschaft im Dialog und Beatrice Lugger, Direktorin des Nationalen Instituts für Wissenschaftskommunikation, die Entstehung der Form des Science-Slams, diskutieren die gegenwärtige Rolle für die Wissenschaftskommunikation und stellen Überlegungen zur weiteren Entwicklung an. Für diese ist eine weitere internationale Verbreitung wünschenswert ebenso wie ein stärkerer Blick auf die Diversität des erreichten Publikums. Als Erfolgskriterien dieser Präsentationsform sehen sie unter anderem die Kombination von mehreren Vorträgen von recht kurzer Dauer bei einer Veranstaltung sowie die thematische Vielfalt der Präsentationen. Darüber hinaus wird thematisiert, welche charakteristischen Elemente eines Science-Slams sich auf andere Formen der Wissenschaftskommunikation übertragen lassen und wie.

Schlüsselbegriffe

Science-Slam, Populärwissenschaft, Wissenschaftskommunikation

© Springer Fachmedien Wiesbaden GmbH, ein Teil von Springer Nature 2020

P. Niemann et al. (Hrsg.), *Science-Slam*,

https://doi.org/10.1007/978-3-658-28861-7_2

Science In Presentations (SIP): Welche Rolle spielen Science-Slams heute in der Landschaft der Wissenschaftskommunikation? Sie werden oft als „innovative" Form angekündigt, aber sie sind mittlerweile ja doch schon über zehn Jahre alt.

Beatrice Lugger: Science-Slams sind schon längst etabliert in der Wissenschaftskommunikation und sie spielen auch eine wichtige Rolle. Man sieht, dass die Säle immer voll sind, es gibt eine große Publikumsresonanz. Ich glaube, es gibt wenig andere Formen in der Wissenschaftskommunikation, die sich so gut „verkaufen" und die so stark besucht sind. Es ist fast ein Automatismus: Man weiß: Wenn ich einen Science-Slam durchführe, dann wird der Saal voll (vgl. Abb. 1). Das ist bei anderen Formen der Wissenschaftskommunikation längst nicht so sicher.

SIP: Wenn wir zurück zu den Anfängen gehen, wie entstanden die ersten Science-Slams?

Markus Weißkopf: Die Idee entstand zweimal parallel. Einmal hatte sie Alex Dreppec in Darmstadt, der dort im Jahr 2006 den ersten Science-Slam durchgeführt hatte. Wir hatten in Konstanz ungefähr ein Jahr vorher auch die Idee, aber kamen leider nicht dazu, sie umzusetzen. Irgendwann im Jahr 2007 habe ich es dann in Braunschweig als damaliger Geschäftsführer des Hauses der Wissenschaft wieder aufgegriffen, nachdem Alex Dreppec in Darmstadt erstmal wieder aufgehört hatte, weil er keine Zeit mehr gefunden hatte. Dann liefen die Science-Slams eine Weile bei uns in Braunschweig, später hat Julia Offe Science-Slams in Hamburg und in Berlin veranstaltet.

Ab dem Zeitpunkt gab es dann auch die ersten überregionalen Presseberichte zu Science-Slams. So hat sich das Phänomen dann weiterverbreitet. Andere Leute aus der Wissenschaftskommunikation haben die Berichte gelesen und bei uns angerufen, entweder bei Julia Offe oder bei mir: „Kann ich auch einen Science-Slam veranstalten? Darf ich das überhaupt?" Die ersten fragten noch zögerlich, aber irgendwann ging dann eine Welle los und das Ganze hat sich mehr und mehr „professionalisiert". Julia Offe hat mit scienceslam.de eine Webseite mit einer Übersicht zu Terminen und Städten aufgesetzt, wir mit scienceslam.org ein Pendant dazu (das heute aber nicht mehr online ist). Julia Offe hat selbst in mehreren Städten Science-Slams veranstaltet, dann kamen auch andere Veranstalter dazu, die in mehreren Städten aktiv waren und Science-Slams wirklich auch professionell aufgezogen haben. Aber es gab und gibt auch immer noch eine Vielzahl an lokalen Veranstalter*innen, die in ihrer Stadt – aus einer studentischen Initiative oder einem Verein heraus – Science-Slams organisieren. So ist die Science-Slam-Szene nach wie vor sehr divers.

SIP: Hat sich am grundlegenden Ablauf eines Science-Slams seit der Entstehung etwas verändert?

Weißkopf: Nein. Ich glaube, dass Alex Dreppec und ich ungefähr die gleichen Vorstellungen davon hatten, war eher ein Zufall. Aber so war es, und wir haben das Konzept dann auch an interessierte neue Science-Slam-Organisator*innen weitergegeben. Natürlich gibt es Feinheiten, zum Beispiel bei den unterschiedlichen Bewertungssystemen. Es gibt Bewertungen mit Karten oder mit „Applausometer" (über die Lautstärke des Applauses) oder auch mit ganz anderen Systemen. Aber bei allen Science-Slams ist die Vortragszeit grundsätzlich auf zehn Minuten begrenzt und es geht darum, unterhaltsam und verständlich zu sein. Insbesondere soll in der Regel die eigene wissenschaftliche Forschung präsentiert werden, das finde ich einen wichtigen Punkt. Der wird aber auch nicht überall eingehalten. Es gibt mancherorts mittlerweile auch Vorträge, die eher allgemeineres „Wikipediawissen" zu einem wissenschaftlichen Thema wiedergeben.

Abb. 1 Ein Eindruck der Science-Slam Meisterschaft 2018 in Wiesbaden, der bis dato größten Science-Slam-Veranstaltung mit 4.600 Zuschauerinnen und Zuschauern. (Quelle: science-slam.com)

SIP: Was macht Science-Slams so erfolgreich?

Weißkopf: Ich glaube – und das sehen wir ja zum Beispiel auch bei den Antworten zum Wissenschaftsbarometer[1] – es gibt viele Menschen, die sich für wissenschaftliche Themen interessieren. Die schrecken aber vielleicht vor eineinhalbstündigen Fachvorträgen eher zurück, weil sie fürchten, die am Ende nicht verstehen zu können. Beim Science-Slam wissen sie: Wenn ich dahin gehe, dann lerne ich immer etwas, ich gehe immer mit ein paar Erkenntnissen nach Hause. Da gibt es Wissenshäppchen, wo ich mir denke: „Das ist jetzt aber doch ganz interessant gewesen!" Und obwohl es nur kleinere Einblicke sind, hat das trotzdem auch eine gewisse Tiefe. Selbst wenn es dann auch mal einen Slam-Vortrag gibt, der nicht ganz so spannend ist, gibt es die Gewissheit, dass es nach zehn Minuten vorbei ist. Dann kommt der oder die nächste Vortragende und eine neue Chance auf interessante Themen. Ich denke, es ist auch wichtig, dass das Publikum beim Science-Slam das Wissen aus erster Hand von den Forscher*innen bekommt. Weiterhin glaube ich, dass der Wettbewerbscharakter etwas ist, das viele Menschen generell anspricht: Am Ende gibt es eine*n Gewinner*in. Aber ebenso wichtig ist aus meiner Sicht, dass Slams abends in einer lockeren Atmosphäre stattfinden und ich als Zuschauer*in ein Bierchen dazu trinken kann. Ich muss nicht zwei Stunden still sitzen in einem wenig einladenden Vortragssaal, sondern es geht ein bisschen lockerer zu. Insgesamt ist es die Mischung aus all diesen genannten Punkten, die Science-Slams so erfolgreich macht.

Lugger: Das Schöne an einem Slam-Abend ist auch, dass er wie ein Überraschungspaket daherkommt. Man weiß vorher meistens nicht, wer vortragen wird, welche Themen einen erwarten. Oft ist es dann ein recht bunter Mix aus allen möglichen Forschungsrichtungen. An einem Abend kann ich zum Beispiel querbeet etwas zu Logistik, Krebstherapien, Sprachforschung oder besonderen Faltern erfahren. Und selbst wenn es ein spezieller Science-Slam-Abend zu einem besonderen Forschungsbereich sein sollte, gibt es noch einen Überraschungseffekt, weil ich ja nicht weiß, was genau die Vortragenden herauspicken. Außerdem finde ich toll, dass auch Nischenthemen, die es nie in die Medien schaffen, beim Science-Slam ihren Platz haben. Und die forschenden Slammer*innen geben dem Publikum

---

1   Bei der repräsentativen Befragung „Wissenschaftsbarometer 2018" (n=1008), durchgeführt von Wissenschaft im Dialog, gaben 52 % der Befragten an, dass ihr Interesse an Wissenschaft und Forschung eher groß oder sehr groß ist. Aber nur 10 % gaben an, dass sie sehr häufig oder häufig zu Veranstaltungen, Vorträgen oder Diskussionen über Wissenschaft und Forschung gehen. Quelle: https://www.wissenschaft-im-dialog.de/projekte/wissenschaftsbarometer/wissenschaftsbarometer-2018/. Zugegriffen: 19.09.2019.

häufig Einblicke in ihren Forschungsalltag – das ist übrigens der Teil, in den sie zumindest meiner Erfahrung nach die meisten Gags einbauen, aber vielleicht täusche ich mich da.

SIP: Kann man von Science-Slams generell etwas für die Wissenschaftskommunikation lernen? Bei Science-Slams geht es darum, verständlich und unterhaltsam zu präsentieren – das NaWik bietet auch Präsentationskurse für Wissenschaftler*innen an. Gibt es da Überschneidungen, kommen in den Kursen Science-Slams oder Science-Slam Elemente vor?

Lugger: Eines haben wir mit den Science-Slams auf jeden Fall über Wissenschaftskommunikation gelernt: Es schadet wirklich nicht, wenn das Publikum und auch die Vortragenden Spaß haben. Denn Spaß ist ein Faktor, der Menschen offener macht und Aufmerksamkeit erzeugt. Wobei sich genau beim Thema „Spaßfaktor" die Geister scheiden – und einige deshalb den Gehalt von Science-Slams in Frage stellen, nach dem Motto: Wenn es Spaß macht, wird wohl nicht viel Wissen vermittelt. Für einen Slam-Vortrag gilt außerdem, dass hier die Forschenden ihre Inhalte verständlich vermitteln und für eine bestimmte Zielgruppe aufbereiten müssen, wenn sie eine Chance auf den Gewinn haben wollen. Dies sind zwei zentrale Elemente, die wir in all unseren Kommunikationskursen für Forscherinnen und Forscher lehren: Wähle ein Thema aus deiner Forschung, das zu deiner Zielgruppe passt, und verwende eine Sprache und Bilder, die diese verstehen. Und nicht zuletzt gilt für gute Vorträge die Regel: Sei möglichst authentisch. Genau da sind die Slammer*innen besonders gefordert. Während sich bei Ringvorlesungen heute immer noch so manch ein*e Forscher*in hinter seinem*ihrem 45-Minuten-Vortrag versteckt und nur ja nichts Persönliches preisgibt, ist das beim Science-Slam ganz anders. Dort ist die Person ein zentrales Element des Vortrags. Das macht Wissenschaft menschlich greifbar. Sie sind einfach Menschen wie du und ich und der Rest im Publikum. Das ist ein ganz toller Effekt. Wir fordern übrigens auch in normalen Präsentationsseminaren deshalb Teilnehmer*innen häufig auf, einmal eines ihrer Themen wie für einen Science-Slam vorzutragen. Durch diese Übung merken sie, wie viel einfacher und unterhaltsamer sie ihre Forschung vermitteln können.

SIP: Da würde ich gerne nochmal nachhaken: Es gibt ja auch Kritik an Science-Slams und an Edutainment im Allgemeinen. Wie seht ihr das? Ist die Forderung nach einer anspruchsvolleren und ernsteren Wissenschaftskommunikation gerechtfertigt?

Weißkopf: Also zunächst einmal würde ich sagen, dass es schon immer auch unterhaltsame Formate in der Wissenschaftskommunikation gab, und dass das gar nicht so ein Trend unserer heutigen Zeit ist. Auch früher schon gab es Shows und Showelemente in der Wissenschaftskommunikation. Im Gegenteil, die waren ganz wichtig, um auch andere Bevölkerungsgruppen anzusprechen. Ich weiß gar nicht, ob das heute mehr sind als früher. Ich vermute, das wird immer als Behauptung in den Raum gestellt, die so nicht unbedingt richtig ist. Unabhängig davon glaube ich aber, dass wir als Kommunikator*innen beides brauchen. Dazu gehört selbstverständlich, dass wir auch Formate brauchen, die unterhaltsam sind, die auch mal Spaß machen. Denn warum soll Wissenschaft nicht Spaß machen dürfen? Wissenschaft macht ja zum Teil auch den Wissenschaftler*innen selbst Spaß, das darf in so einem Format auch mal rüberkommen. Genauso brauchen wir aber auch Formate, in denen wir ernsthaftere und ernste Dinge besprechen, in denen wir beispielsweise darüber diskutieren, wie wir mit künstlicher Intelligenz oder mit Geoengineering in Zukunft umgehen wollen. Da ist klar, dass das nicht so „klamaukig" zugehen kann, sondern, dass es eine ernsthafte Diskussion sein muss. Aber wir haben eben verschiedene Ziele und verschiedene Zielgruppen in der Wissenschaftskommunikation, das muss sich dann auch in den entsprechenden Formaten abbilden.

Lugger: Ich glaube schon, dass sich die Frequenz unterhaltender Formate erhöht hat. Auch indem sich die Science-Slams immer stärker etabliert haben. Sie sind heute eigentlich in größeren Städten nicht mehr wegzudenken. Damit hat sich die Häufigkeit, in der man als Bürgerin oder Bürger die Möglichkeit hat, so ein Format vor Ort zu besuchen, deutlich erhöht.

Weißkopf: Ich bin mir nicht so sicher, ob es wirklich so viel mehr geworden ist. Wie so häufig in der Wissenschaftskommunikation haben wir ein Problem, das handfest empirisch belegen zu können. Meine Vermutung wäre ja, dass es zumindest für etliche Standorte zutrifft. Wenn ich mir aber zum Beispiel London anschaue, weiß ich nicht, ob das dort so zutreffend ist. Da gab es zum Beispiel auch im 19. Jahrhundert und frühen 20. Jahrhundert schon ziemlich viele wissenschaftliche Vorträge als populärwissenschaftliche Formate. Die gibt es heute auch noch, wahrscheinlich noch mehr. Aber man darf das nicht unterschätzen, was gerade Anfang des 20. Jahrhunderts schon passiert ist in der Wissenschaftskommunikation. Aber vermutlich gibt es heute in einer mittelgroßen Stadt wie Braunschweig, zu der ich jetzt auch einen Bezug habe, mehr entsprechende Angebote als damals.

SIP: Empirische Belege sind ein gutes Stichwort – das NaWik ist einer der beiden Partner im Forschungsprojekt „Science In Presentations". Was ist euer Erkenntnisinteresse, was erhofft ihr euch daraus? Insbesondere in Bezug auf Science-Slams, aber auch zu Wissenschaftskommunikation generell?

Lugger: Wir haben im Bereich „Präsentieren" viel Erfahrungswissen und Wissen aus der Rhetorik – und sei es das klassische Trio aus Ethos, Logos und Pathos[2]. Aber es gibt kaum Untersuchungen dazu, welchen Einfluss es etwa auf den Erkenntnisgewinn hat, ob ein*e Vortragende*r Bilder und Grafiken oder einen anschaulichen Gegenstand einsetzt. Mit dem Forschungsprojekt „Science In Presentations" wollen wir möglichst viele Antworten auf unsere Fragen finden und Dinge, die wir heute aufbauend auf dem großen Erfahrungsschatz unserer Dozent*innen lehren, wissenschaftlich unterfüttern. Womöglich müssen wir auch infolge des Forschungsprojekts künftig manches etwas anders einschätzen. Bei Science-Slams finde ich besonders den Zweiklang Spaß und Wissensvermittlung spannend. Welche Elemente zahlen worauf ein – auf nur eines, oder auf beides?

SIP: Bei Science-Slams präsentieren in der Regel Nachwuchswissenschaftler*innen, meist Doktorand*innen. Wie wichtig ist das?

Lugger: Das ist ein sehr wichtiger Aspekt. Sie sind diejenigen, die am Anfang ihrer wissenschaftlichen Karriere stehen und sich sehr intensiv mit ihrem Themengebiet beschäftigen. Science-Slams können für sie ein erstes Reüssieren in einer breiteren Öffentlichkeit sein. Diese Erfahrung wird sie dann potenziell auch ihr weiteres Wissenschaftsleben begleiten. Die Teilnahme an einem Science-Slam kann ein Best-Practice-Beispiel sein, mit dem sie lernen können, ihre Themen auf eine ganz andere Art und Weise zu vermitteln.

SIP: Wenn ihr ein Resümee zieht zu Science-Slams: Was sind aus eurer Sicht die wichtigsten Aspekte, die ihr daraus gelernt habt, die für euch entscheidend sind?

Weißkopf: Für mich ist die Erkenntnis entscheidend, dass es geht, eine Dissertation in zehn Minuten unterhaltsam zu vermitteln. Dass es dabei auch noch funktioniert, inhaltlich in die Tiefe zu gehen und auch wissenschaftliche Methoden und Prozesse darzustellen. Dass es möglich ist, sowohl die Unterhaltung reinzubringen und auch so verständlich zu sein, sodass jede*r das wirklich nachvollziehen kann. Das funktioniert, und jeder, der das Science-Slams abspricht – da gibt es ja immer einige – soll einfach mal ein paar Veranstaltungen besuchen und sich vom

---

2   Vgl. Göttert, K. H. (2009). Einführung in die Rhetorik: Grundbegriffe-Geschichte-Rezeption. Paderborn: Wilhelm Fink Verlag. S. 27.

Gegenteil überzeugen. Es funktioniert, mit Wissenschaft „die Massen" zu begeistern. Wir haben heute mit den Science-Slams Vortragsveranstaltungen, zu denen hunderte oder sogar tausende von Menschen kommen. Das hätte man vor 20 oder 30 Jahren so nicht für möglich gehalten. Das ist das, was wir aus meiner Sicht von Science-Slams lernen können.

Lugger: Ich finde es sehr gut, dass Science-Slams heute so etabliert sind und selbst Hochschulen und Forschungseinrichtungen sie gerne bei ihren Veranstaltungen mit einsetzen. Das bedeutet auch für die Forschenden, dass diese Form des öffentlichen Engagements von ihren Institutionen anerkannt ist – zumindest von den Einheiten, die für die Veranstaltungen verantwortlich sind. Es geht also: Ernsthafte Wissenschaft und öffentliches Engagement sind keine Widersprüche. Das ist in meinen Augen schon lange klar, wird aber auch durch die Science-Slams nun deutlicher.

SIP: Der Science-Slam wurde in Deutschland erfunden und hat sich hauptsächlich hier etabliert. Es gibt aber mittlerweile auch einige internationale Beispiele. Denkst du, dass sich die Form international weiter ausbreiten wird?

Weißkopf: Ich sehe es tatsächlich so, dass sich Science-Slams bisher hauptsächlich in Deutschland etabliert haben und dass das Format international noch ein bisschen „schwächelt". Aber es gibt in einigen Ländern gute Ansätze und da, wo es umgesetzt wird, funktioniert es auch gut. Ob das jetzt in England oder Frankreich ist oder auch in Spanien oder den Niederlanden. Also, da gibt es überall Science-Slams – auch in Finnland beispielsweise. Aber es sind immer einzelne Hotspots, wo vielleicht auch mal ein*e deutsche*r Austauschstudent*in hingekommen ist und das dort etabliert hat, oder engagierte Leute vor Ort anders von der Form erfahren haben. Die Form des Science-Slams hat sich dann interessanterweise darüber hinaus in diesen Ländern nicht so stark verbreitet, wie das jetzt in Deutschland der Fall war. Wo der genaue Grund dafür liegt, kann ich nicht so genau sagen.

Wir haben ja auch seit einigen Jahren ein europäisches Science-Slam-Finale, zu dem Gewinner*innen aus den Slams der verschiedenen Länder eingeladen werden. Das ist zwar eher ein inoffizielles Finale, weil eine nationale Meisterschaft gibt es eigentlich nur noch in Österreich. Da läuft der Science-Slam ähnlich gut wie in Deutschland, das Finale findet immer parallel zum EuroScience Open Forum statt. Das finde ich eine ganz schöne Möglichkeit, den Science-Slam auch international noch ein bisschen präsenter zu machen.

SIP: Was könnte man am Science-Slam noch besser oder anders machen? Und was kommt nach dem Science-Slam?

Lugger: Ich glaube, der Science-Slam ist ein etabliertes Format, an dem man nicht mehr großartig rütteln sollte. Die Besucherzahlen sprechen für sich. Woran es häufig noch hakt, in der Wissenschaftskommunikation allgemein und auch beim Science-Slam, ist die Frage, welches Publikum damit erreicht wird. Wie man also neue Zielgruppen für eine Veranstaltung erreichen kann, darauf sollte man in Zukunft noch mehr achten. Vielleicht muss man mit den Science-Slam-Veranstaltungen einfach mal in andere Stadtviertel gehen, andere Locations testen.

Science-Slam als Labor der Verständlichkeit

Alex Dreppec

Zusammenfassung

Es wird gezeigt, welche Wurzeln der Science-Slam in der Verständlichkeitsforschung hat und wie er in ihrem Rahmen eingeordnet werden kann. Zudem wird gezeigt, welch vielfältige Folgen es haben kann, wenn wissenschaftliche Ergebnisse nicht verständlich dargestellt werden. Das beinhaltet einen Vorschlag zur Systematisierung der möglichen Gründe für Unverständlichkeit. Anschließend wird ein empirisches Ergebnis dargestellt: Versuchspersonen mit hohem themasspezifischem Vorwissen profitierten in einem Verständnistest mehr davon, wenn sie zuvor weniger verständliche bzw. kohärente Textversionen gelesen hatten. Das ist ein Hinweis darauf, dass es verschiedene Kommunikationsangebote für verschiedene Zielgruppen geben muss. Der Science-Slam wird entsprechend als ein Mittel zur Außenkommunikation eingeordnet – und als Möglichkeit, fachübergreifende Verständlichkeit zu fördern. Es folgt eine kurze Betrachtung ausgewählter Mittel, mit denen im Science-Slam Verständlichkeit erreicht wird. Dabei zeigt sich, dass einige Merkmale des Science-Slams, z. B. der oft beinhaltete Humor, auch ein Teil gegenwärtiger Verständlichkeitskonzeptionen sind. Zuletzt eröffnet sich die Frage, wie die Wirksamkeit des Science-Slams aus der Perspektive der Verständlichkeitsforschung untersucht werden könnte.

Schlüsselbegriffe

Science-Slam, Verständlichkeit, Verständlichkeitsforschung, Kohärenz, Wissenschaftskommunikation, Vorwissen

© Springer Fachmedien Wiesbaden GmbH, ein Teil von Springer Nature 2020 21
P. Niemann et al. (Hrsg.), *Science-Slam*,
https://doi.org/10.1007/978-3-658-28861-7_3

1   Einleitung

Im folgenden Artikel soll gezeigt werden, welche Wurzeln der Science-Slam in der Verständlichkeitsforschung hat und ansatzweise auch, wie er in ihrem Rahmen eingeordnet werden kann. Dazu zählt auch, welchen Beitrag er zur praktischen Umsetzung ihrer Erkenntnisse leisten könnte. Und zuletzt eröffnet sich die Frage, wie die Wirksamkeit des Science-Slams aus der Perspektive der Verständlichkeitsforschung untersucht werden könnte. Die ebenso wichtigen Wurzeln des Science-Slams im Poetry-Slam sowie weitere Bezüge werden hier nicht ausführlich dargestellt (zum Poetry-Slam siehe u. v. a. Anders 2016; Deppert 2014, 2018), obwohl es für die Idee zum Science-Slam sicherlich bedeutsam war, dass ich während meiner Doktorarbeit zur Verständlichkeit von Wissenschaftstexten als Poetry-Slammer auf vielen Bühnen zu Gast war.

2   Warum ist Verständlichkeit wichtig und was hat das mit Science-Slam zu tun?

Verständlichkeit ist das Maß, in dem es einem*r Autor*in oder Sprecher*in gelungen ist, das themaspezifische Vorwissen der Adressat*innen „[...] zumindest näherungsweise (a) zu kennen, (b) sich darauf einzustellen – und (c) inhaltlich und sprachlich zu jedem Zeitpunkt kohärent (ohne ‚Bruch‘) daran anzuschließen" (Deppert 2001, S. 9). Nach dieser Definition spielt das Vorwissen der Adressat*innen eine wesentliche Rolle, die ihm nicht immer gleichermaßen zugemessen wird. Bei fast allen Ansätzen werden jedoch verschiedene Faktoren der Verständlichkeit unterschieden. Bei dem nach wie vor sehr verbreiteten Ansatz von Langer, Schulz von Thun und Tausch (1993) beispielsweise sind dies die (faktorenanalytisch generierten) Faktoren: 1. Einfachheit (erfasst u. a. über den Bekanntheitsgrad der verwendeten Wörter und die Komplexität der Sätze), 2. Gliederung / Ordnung, 3. Kürze / Prägnanz und 4. Anregende Zusätze. Die Anzahl und „Korngröße" solcher Faktoren variiert bei anderen Autor*innen je nach Ansatz bis hin zu linguistischen Kategorien, etwa der Verwendung bestimmter Typen von Nebensätzen. Wer sich einen systematischen Überblick über die Verständlichkeitsforschung verschaffen will, wird z. B. bei Lutz (2015) oder Göpferich (2002) fündig.

Verständlichkeit ist kein Luxus. Im Bereich der Medizin kann beispielsweise die Gesundheit davon abhängen (vgl. Böttcher 2013, S. 11), im Bereich von Recht und Verwaltung der Rechtsfrieden (vgl. Limbach 2008; Blaha und Wilhelm 2011, S. 11; Antos 2009, S. 9f.; Zypries 2008, S. 52; Thieme 2008, S. 230). Nicht nur was Letzteres angeht, liegt manches im Argen, feststellbar auch mit sprachwissenschaftlichen Mitteln (Anissimova 2007; Ebert 2011, S. 16; Iluk 2008, S. 151; Otto 2008, S. 198). Auch was die Verständlichkeit von Schulbüchern u. a. vor dem Hintergrund vorhandener Leseschwierigkeiten angeht, gibt es Klagen (z. B. Iluk 2009).

Mancher fordert gar „barrierefreie Kommunikation" als einklagbares Recht (Antos 2008, S. 16). Es ist problematisch, wenn einem hohen Prozentsatz der Bevölkerung nicht klar ist, weshalb ein nach bestimmten Regeln erzieltes empirisches Ergebnis aussagekräftiger ist als die marktschreierische Behauptung irgendeines Populisten. Aber: „Der Mangel an [...] nachvollziehbarer Information macht den Einzelnen anfälliger gegenüber verschiedenen Formen der Beeinflussung und damit Fehleinschätzung" (Bovenschulte 2005, S. 28) – und verstärkt das Gefühl, undurchschaubaren Mächten ausgeliefert zu sein. Bovenschulte konzipiert eine verständliche Wissenschaft als Ausgangspunkt einer demokratischen Wissenschaft und eines Dialogs mit der Bürgerschaft, der die Forschungsinhalte beeinflussen kann. Man kann dies auch in einem größeren Zusammenhang sehen: Bereits Heinemann (zit. nach Limbach 2008, S. 376) bezeichnete die Sprachkluft zwischen Gebildeteren und den breiten Massen als gefährlich für die Demokratie. Es gibt also gute Gründe dafür, Verständlichkeit zu fördern und zu üben. Der Science-Slam ist von Anfang an als ein Element dieser Bemühungen gedacht. Zur Beschreibung dessen, was zu seiner Entwicklung geführt hat, gehört aber unter anderem der folgende Ausschnitt aus meinem Beitrag zur Verständlichkeitsforschung (u. a. Deppert 2001). Am Anfang steht dabei die Darstellung eines experimentellen Ergebnisses. Es folgt ein Vorschlag zur Systematisierung der möglichen Gründe für Unverständlichkeit, der weitere Anschlussstellen des Science-Slams verdeutlichen soll. Daraufhin wird ein weiteres empirisches Ergebnis dargestellt – ebenso wie das erste zeitlich im Vorfeld der Idee zum Science-Slam erzielt. Dies hilft auch zu zeigen, an welcher Sinnstelle er meiner Meinung nach unter anderem zu verorten ist.

2.1   Ein seltsames empirisches Ergebnis zur Verständlichkeit

Zu den empirischen Ergebnissen, die die Entstehung des Science-Slams „anbahnten", zählt das Folgende: Versuchspersonen – ab hier mit VPN abgekürzt – sollten den akademischen Status von Textautor*innen erraten. Sie erhielten zu diesem Zweck unterschiedlich verständliche, psychologische Fachtexte. Um sicherzugehen, dass sie nicht nur subjektiv unterschiedlich verständlich waren, wurden alle Texte jeweils einer Hälfte der VPN in einer verständlicheren Version und der anderen Hälfte in einer weniger verständlichen Version vorgelegt. Zur Veränderung der Verständlichkeit erstellte ich nach der Verständlichkeitskonzeption von Langer, Schulz von

Thun und Tausch (1993) verständlichere Versionen der Originaltexte. Ich gab mir größte Mühe, dabei die Inhalte nicht zu vereinfachen.

Die VPN schätzten den akademischen Rang der Autor*innen der verständlicheren Version als niedriger ein als den der weniger verständlichen Version, und zwar hoch signifikant (p<.001, zweiseitig) – kurz gesagt: „Je unverständlicher, desto Professor". Das hier im Vordergrund stehende Resultat wurde in seiner Signifikanz nicht von höherer oder geringerer Leseerfahrung bestimmt (erfasst durch Selbsteinschätzung der VPN). Das ist ein Hinweis darauf, dass diese Einschätzung kein Resultat von „Vorurteilen universitätsferner Personen" ist. Wenn die VPN deutlicher zwischen inhaltlicher und sprachlicher Komplexität unterschieden hätten, sähen die Ergebnisse dennoch womöglich etwas anders aus. Worauf beruhen sie also?

2.2 Warum tun sich gerade (manche) Expert*innen und Wissenschaftler*innen so schwer, ihr Wissen verständlich zu machen?

Wer Unverständlichkeit eindämmen will, tut gut daran, ihre Ursachen zu betrachten. Während die Faktoren der konkreten Verständlichkeit eines bestimmten Angebots nach mehreren Ansätzen differenziert betrachtet werden können, sind „tieferliegende" Ursachen für Unverständlichkeit – beispielsweise kognitiver, sozialer oder auch ökonomischer Natur – bisher wenig systematisiert worden. Im Einzelfall ist es schwierig, die Gründe für mangelnde Verständlichkeit genau zu benennen, nie weiß man „[...] so ganz genau, ob die mangelnde Allgemeinverständlichkeit «in der Natur der Sache» begründet liegt, ob eine unterentwickelte Kommunikationsfähigkeit der Autor*innen vorliegt oder ob ein Stück Imponiergehabe der Fachleuchte eine Rolle spielt, das auf die Ehrfurcht des unkundigen Empfängers abzielt" (Schulz von Thun 2018, S. 160). Ich schlage folgende, hermeneutische Systematisierung der möglichen Gründe vor (wo ich mich auf andere Autor*innen stütze, sind diese genannt):

Sachliche Gründe für geringe Verständlichkeit

Als „sachliche Gründe" definiere ich das, was in Schulz von Thuns Worten „in der Natur der Sache" (ebd.) liegt, also nichts mit Status oder gar Imponiergehabe zu tun hat, sondern im Bereich kognitiver/kommunikativer Übermittlungsschwierigkeiten bei begrenzten Ressourcen liegt.

A) Man kann nicht vorhandenes Vorwissen nicht immer überbrücken ohne gleichzeitig Fachleute zu langweilen bzw. zu unterfordern – ähnlich dem*r Zehntklässler*in, der/die in einer fünften Klasse nachsitzen muss und dem Unterricht folgen soll. Es ist beispielsweise kaum möglich, jeden Vortrag bei einer kognitionswissenschaftlichen Konferenz mit einer Definition des Begriffs „Kognition" zu beginnen. Und wer nach fünf Jahren Studium der Quantenphysik seine tiefsten Erkenntnisse jedermann umstandslos und auf die Schnelle erklären könnte, der könnte sich vielleicht fragen, wieso er selbst bis zu diesem Punkt fünf Jahre gebraucht hat. Allerdings gibt es durchaus Möglichkeiten, fehlendes Vorwissen zumindest ansatzweise zu überbrücken – die Frage, wie das funktionieren kann, wird weiter unten wieder aufgegriffen (vgl. auch Wolfer et al. 2015, S. 112).

B) Sprachliche Präzision kann kompliziert sein. Ein Beispiel aus der Verwaltungssprache: Zwar sind mit „linienhaften Landschaftselementen" vielleicht wirklich nur Hecken gemeint (vgl. Burkard et al. 2011, S. 65) – aber „Straßenbegleitgrün" ist nicht einfach „Gras", es beinhaltet u.v.a. auch Sträucher (vgl. Blaha 2011, S. 183). Und „Eine Abmahnung erteilen" ist nicht dasselbe wie beispielsweise „jemanden offiziell auffordern, etwas zu lassen". Es ist nur „ziemlich, ungefähr" dasselbe oder „ähnlich" – und der Unterschied kann ausschlaggebend sein. „Ungefähr" und „ziemlich" sind außerdem in keinem Fachbereich beliebte Wörter. Auch wenn man ehrlicher Weise zugeben müsste, dass man es zumindest in den Human- und Geisteswissenschaften oft mit Übergängen und Graubereichen zu tun hat. Aber es ist oft noch komplizierter: Müssen doch viele Fachausdrücke ihren Gegenstand nicht nur möglichst präzise benennen, sondern gleichzeitig auf eine ganz bestimmte Weise Interpretationsspielräume lassen. Das ist notwendig, wenn man mehr als nur ein ganz bestimmtes Einzelphänomen beschreiben will – oder aber z. B. Richter*innen einen gewissen Entscheidungsspielraum lassen will (Lerch 2008, S. 56). Dies kann z. B. sinnvoll sein, um den zeitlichen Wandel von Begriffen nachzeichnen zu können (wie etwa den der „Familie" unter Bezug auf den „Schutz der Familie" als Maßgabe des Grundgesetzes, vgl. Zypries 2008, S. 48).

C) A und B bedingen einen weiteren Umstand mit: Die Verdeutlichung von Inhalten mit der Hilfe von Fachsprache führt unter Umständen zu wesentlich kürzeren Texten als die der gleichen Inhalte mit Hilfe der Standardsprache. Sie ist ökonomischer – für Fachleute. U. a. dies führt wiederum zum nächsten Punkt:

D) Verständlichkeit kostet Zeit und Mühe und muss geübt werden. Sicherlich kommt es vor, dass Schreibende Mühe darauf verwenden, ihren Text unverständlicher zu machen. Die Regel ist aber vermutlich, dass umgekehrt die Zeit dafür fehlt, einen Text verständlicher zu machen, den man unter Zeitdruck gerade so zusammengezimmert hat, dass er unter Ausblendung vieler Adressat*innen überhaupt erst einmal „irgendwie" zu funktionieren scheint. Giesler (2008) beispielsweise macht deutlich, unter welchem Zeitdruck Gesetzgebungsverfahren stattfinden können und wie wenig Zeit diejenigen, die den Text begutachten müssten, bevor er erst einmal in Stein gemeißelt wird, dafür oft tatsächlich haben. Ein Beispiel unter vielen: „So mag es vorkommen, dass ein politisch umstrittenes Vorhaben innerhalb von wenigen Arbeitstagen mit Hochdruck im Bundesministerium der Justiz geprüft werden muss – wie vor nicht allzu langer Zeit der Gesetzentwurf zur Gesundheitsreform, dessen Regelungsteil allein 230 Seiten umfasste (mit Begründung mehr als 600 Seiten)" (Giesler 2008, S. 342; vgl. Zypries 2008, S. 49; Otto 2008, S. 199; Thieme 2008, S. 231). Die Anforderungen an Textproduzent*innen steigen (einen Überblick über die vielfältigen Ursachen liefert Lutz 2015, S. 24ff.). Ein Grund dafür ist die zunehmende Spezialisierung und ein „Auseinanderdriften der Fachdisziplinen" (Lutz 2015, S. 26; vgl. Janich 2012, S. 12; Antos 2001). Und der „Verständlichmacher" kann nicht immer einfach von außen kommen. Es ist eine Möglichkeit, aber nicht in jedem Fall eine optimale Lösung, hierzu einen Dienstleister heranzuziehen (vgl. Lutz 2015, S. 61). Der fachlich kompetente Schreibende selbst kann am besten beurteilen, ob sein Text dem entspricht, was er aussagen wollte. Jede Umformulierung von außen beinhaltet die Gefahr einer harmlosen oder auch gravierenden Verfälschung. Bei aller Wertschätzung für die Arbeit von Wissenschaftsjournalist*innen lässt sich hieraus übrigens auch ein weiteres Argument u. a. für den Science-Slam ableiten: Es ist eben etwas anderes, wenn Forschende selbst Laien gegenüber zur Vermittlung ihrer Arbeit in der Lage sind (vgl. Wolfer et al. 2015, S. 112).

All dies sind gute Gründe dafür, Verständlichkeit im Verlauf von Studium oder Ausbildung und später zu üben, damit entsprechende Routinen auch unter dem Druck begrenzter Ressourcen zur Verfügung stehen.

Weniger sachliche Gründe für geringe Verständlichkeit

Als „weniger sachliche Gründe" definiere ich solche, die entweder mit dem Status („Imponiergehabe") zu tun haben oder damit, dass sich Urheber*innen eines Kommunikationsangebots wichtige Aspekte der Kommunikationssituation nicht ausreichend bewusst machen.

A) Teil einer „Déformation professionnelle" oder „Betriebsblindheit" kann sein: Wir halten schnell schon für selbstverständlich, was wir gerade erst selbst gelernt haben. Das lässt sich beispielsweise auch in Bezug setzen mit Maslows (1966) „Law of the instrument": Hat jemand einen Hammer, ist er geneigt, alles für einen Nagel zu halten – hier wäre der Hammer / das Instrument also die Fachsprache und die Nägel, die unterschiedslos gehämmert werden, alle Adressat*innen, egal ob fachlich vorgebildet oder nicht. Dieser Aspekt ist die Kehrseite des bereits unter 2.2.1

A) genannten Aspekts. Janich (2004) fordert in Anlehnung an Jäger als Teil einer Verständigungskompetenz der Wissenschaftler*innen mit Laien, dass „[...] erst einmal nur den Experten gemeinsames Wissen [...] explizit gemacht wird, anstatt es vorauszusetzen" (S. 97).

B) Die Bewahrung des Expertenstatus, steigerbar bis zum „Schutz von Herrschaftswissen". Ersteres ist illustrierbar mit dem Satz: »Wenn jeder das gleich versteht, was bin ich dann als Experte noch wert?« Janich stellt fest: „Sprache kann [...] nach innen der gegenseitigen (Wieder-)Erkennung und als Zeichen von Zugehörigkeit dienen, nach außen der Gruppenkonsolidierung und der Abgrenzung gegenüber anderen Gruppen oder Individuen. Damit wird sie zu einem Teil der Gruppenidentität" (2012, S. 11). Wenn der Protest der Adressat*innen unverständlicher Botschaften ausbleibt, spielt womöglich ein Effekt hinein, den Schulz von Thun illustriert, indem er dem »ehrfürchtigen Empfänger schwer verständlicher Nachrichten« die Aussage in den Mund legt: „Ich verstehe zwar nichts, aber es muss ein sehr kluger Kopf sein, der da spricht" (2018, S. 161). Dies erinnert auch an Hans Christian Andersens Märchen „Des Kaisers neue Kleider" – wenn man akzeptiert, dass sprachliche Äußerungen auch Hierarchiesignale sein können. Zum Aspekt des Schutzes von Herrschaftswissen lässt sich etwa Enzensberger heranziehen: „Die juristische Sprache ist ihrem Wesen nach Herrschaftssprache [...] Unverständlichkeit gehört zum Nimbus des Gesetzes" (2004, S. 83f.; vgl. auch Bovenschulte 2005, S. 27). Das ist steigerbar bis hin zu einer mystisch-prophetischen Selbsterhöhung in dem Sinne, dass man sich zuschreibt, „noch nicht" verstanden werden zu können, weil der Rest der Menschheit noch nicht so weit ist (mit Bezug u. a. auf Nietzsche dargestellt bei Schumacher 2000, z. B. S. 260f.).

C) Fehlende „Zweisprachigkeit": Außenkommunikation wird nicht genug geübt und zu wenig geschätzt (vgl. Deppert 2001; Wolfer et al. 2015, S. 112) – und die Forderung, dies als Teil von Studium und Ausbildung zu üben (Janich 2012, S. 13), ist mehr als legitim. Die wichtigsten Adressat*innen der Texte und Vorträge angehender Wissenschaftler*innen sind gestandene Wissenschaftler*innen. Der Umgang mit anderen Adressat*innen spielt eine zu geringe Rolle. Soweit es sich hier um einen Effekt begrenzter Ressourcen handelt, kann dieser Aspekt auch den „sachlichen Gründen" zugeordnet werden. Aber die Geringschätzung hat auch andere Gründe.

D) Wissenschaftliche Sozialisation. Alle zuvor genannten Gründe, die sachlichen wie die weniger sachlichen, tragen zur Auswahl der Ausdrucksformen bei, die man sich als Urheber*in wissenschaftlicher Wissensvermittlung angewöhnt. Daher kommen sie alle als Ursache dafür in Betracht, dass die Versuchspersonen des oben wiedergegebenen Experiments den akademischen Status für umso höher hielten, je weniger verständlich die ihnen vorgelegten Textversionen waren. Insofern können sie alle auch Anteil haben an dem, was Teubert beschreibt: „Die demokratische Vermittlungspflicht der Wissenschaftler stößt indessen hierzulande noch immer an das Vorurteil: »Wenn etwas Wissenschaftliches verständlich ist, kann es nicht weit her damit sein.«„ (1987, S. 5). Ähnlich beklagt Jäger (zit. nach Janich 2004, S. 97), dass Sachkompetenz in den Augen vieler „in Intransparenz wesentlich gründet". Und von hier aus ist es entsprechend auch nicht weit zu möglichen Vorurteilen gegenüber dem Science-Slam.

2.3   Wenn sich alle in jeder Situation verständlicher ausdrücken, wird dann alles besser?

Dass es schwierig wird, allen dazu zu verhelfen, sich in jeder Situation verständlicher auszudrücken, wurde bei den „sachlichen Gründen" in 2.2.1 schon deutlich. Aber kann es nicht sogar sein, dass denjenigen, denen Wissen vermittelt wird, manchmal auch eine gewisse Herausforderung geboten werden sollte? Oder gibt es aufgrund der oben beschriebenen wissenschaftlichen Sozialisation tatsächlich Zusammenhänge, in denen das, was sehr verständlich daherkommt, nicht ernst genug genommen wird? Dafür gibt es Hinweise. McNamara und Kintsch (1996) sowie McNamara et al. (1996) fanden bei ihren Untersuchungen wiederholt heraus: Eine hohe Textkohärenz nutzt bei Fragen, die ein tieferes Verständnis bzw. ein „Situationsmodell" erfordern, nur Lesern mit geringem Vorwissen. Bei Lesern mit hohem Vorwissen ist das Verhältnis umgekehrt: sie profitieren eher von Texten mit geringer *Kohärenz*. Der englische Begriff *Coherence* ist nicht ganz mit dem deutschen Begriff der Verständlichkeit gleichzusetzen. Kohärenz fokussiert den inneren inhaltlichen Zusammenhang, der notwendiger Weise durch die Form (u. a. die sprachliche Oberfläche) vermittelt wird (zum deutschen Begriff der Kohärenz vgl. Rickheit und Schade 2000, S. 275). Von der Kohärenz eines einzelnen Wortes kann daher schlecht die Rede sein, von dessen Verständlichkeit dagegen schon. Auf der Ebene ganzer Texte rücken sich die Begriffe der (Text-)Verständlichkeit und der Kohärenz dagegen weitaus näher. Das zuletzt beschriebene Ergebnis stellt also eine Herausforderung für die Verständlichkeitsforschung dar, auch wenn es mit einem anderen Begriff operiert. Ich wollte daher in einer ähnlich angelegten, weiteren Untersuchung herausfinden, ob sich das fragliche Ergebnis wiederholen lässt. Gleichzeitig wollte ich durch ein paar gezielte Ergänzungen des Versuchsaufbaus zur Erklärung des Ergebnisses beitragen. Um den Versuchsaufbau etwas zu veranschaulichen, will ich einen Einblick in die Erstellung der weniger kohärenten Versionen geben (Details auch zur Herkunft der Texte bei Deppert 2001):

1.	Bei den weniger kohärenten Versionen wurden Synonyme (z. B. „Pilze"/„Fungi") verwendet, bei den kohärenteren für den gleichen Sachverhalt bevorzugt das gleiche Wort gesetzt.
2.	Satzkonnektoren, die Beziehungen zwischen Sätzen verdeutlichen helfen („Außerdem", „Das heißt"), wurden gestrichen, ebenso Pronomina.
3.	Die Satzreihenfolge wurde auf gemäßigte Weise durcheinandergebracht. Zueinander gehörende Sätze wurden so voneinander getrennt.
4.	Fachausdrücke wurden bei den weniger kohärenten Versionen erst nach mehrfacher Verwendung in Bezug zu geläufigeren Wörtern gebracht.

Vierzig Versuchspersonen, ausnahmslos „akademisch vorgebildet", erhielten zwei Texte; einen zum Thema „Pilze", einen weiteren zum Thema „Wale". Anschließend wurde ihr Verständnis getestet – auch und wesentlich mit Fragen, die ein tieferes Verständnis des Textes (ein „Situationsmodell") erforderten.

Im Kern kam die Wiederholung des Experiments zum gleichen Ergebnis wie die erwähnten Vorgänger. Ich stelle das nun anhand der eigenen Daten etwas näher dar, bevor ich auf meine Erweiterungen eingehe. Personen mit hohem Vorwissen profitierten eher von den weniger kohärenten Textversionen, Personen mit niedrigem Vorwissen eher von den kohärenten Textversionen. Genauer: Bezüglich der Fragen, deren Beantwortung ein tieferes Textverständnis erforderte, ergab sich eine signifikante Interaktion zwischen Kohärenz und Vorwissen in der erwarteten Richtung ($p < .005$. einseitige Überprüfung im Sinne der Hypothese). Das Diagramm in Abbildung 1 zeigt diese Interaktion:

Der untere Bereich der Skala ist zur Verdeutlichung abgeschnitten (die Skala beginnt bei 11 Punkten), womit ich nicht zu einer Überschätzung der Unterschiede verleiten will. Eine der möglichen Erklärungen des Ergebnisses der Vorgängeruntersuchung war für mich: Die Leser*innen mit hohem Vorwissen überschätzten nach scheinbar „mühelosem" Lesen eines hoch kohärenten Textes ihr Textverständnis (im Verhältnis zur erwarteten Testschwierigkeit). Sie sahen deshalb eher von einer tieferen Verarbeitung dieser Texte ab. Ich ließ die VPN meiner Untersuchung ihr Textverständnis daher u. a. vor dem eigentlichen Verständnistest auch selbst einschätzen. Dabei trat die im Diagramm (vgl. Abb. 1) sichtbare Interaktion tatsächlich wie erwartet nicht auf (siehe Deppert 2001, S. 150ff.). Man kann also sagen, dass VPN mit hohem Vorwissen ihr Verständnis der hoch kohärenten Texte überschätzten. Das kann zu ihrem schlechteren Abschneiden im tatsächlichen Verständnistest beigetragen haben. Ich ließ alle VPN das Experiment zudem zweimal mit unterschiedlichen Texten durchlaufen. Im zweiten Durchgang wussten die VPN beim Lesen also, dass sie vermutlich durchaus schwierige Verständnisfragen erwarteten. Die im Diagramm (vgl. Abb. 1) sichtbare Interaktion trat nun auch im eigentlichen Verständnistest nur noch abgeschwächt auf. Sie wurde bei separater Analyse des zweiten Durchgangs nicht mehr signifikant.

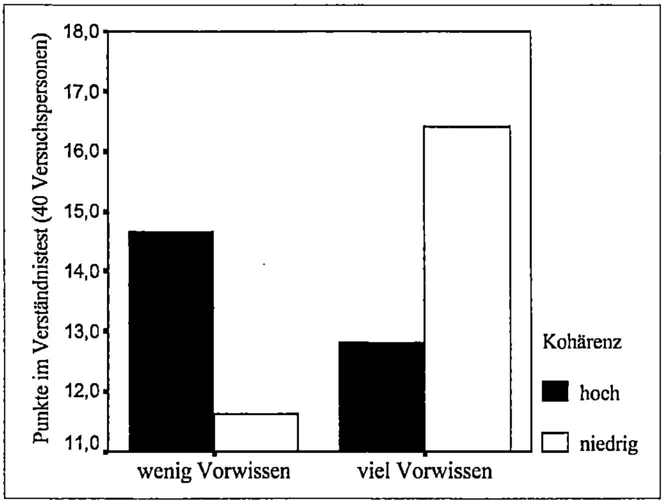

Abb. 1   Effekt Vorwissen / Kohärenz auf den Verständnistext: erster Durchgang. Quelle: Deppert 2001, S. 139.

3   Von der Verständlichkeitsforschung zum Science-Slam (und zurück?)

Die zuletzt beschriebene Untersuchung legt nahe, dass hoch verständliche Wissensvermittlung einen Teil der Adressat*innen unterfordern kann. Das hat zwar sicherlich auch mit den Erfahrungen zu tun, die die Adressat*innen im gegenwärtigen Wissenschaftsbetrieb machen: Wer hoch komplexen Sachverhalten selten in möglichst verständlicher Form begegnet, der wird nicht unbedingt dazu angeregt, zwischen sprachlicher oder formaler Komplexität einerseits und inhaltlicher Komplexität andererseits zu unterscheiden.[1] Das wiederum kann dazu führen, dass die inhaltliche Komplexität formal verständlicher Wissensvermittlung unterschätzt wird. Dass der oder die mit den einfachsten Texten die genialsten Gedanken haben kann, hat sich also sozusagen vielleicht nur noch nicht genügend herumgesprochen (und dass formale Klarheit vielleicht inhaltliche Klarheit fördert ebenso wenig).

Ich fand entsprechend zwar Hinweise, dass die Ergebnisse der letzten Untersuchung eher mit der Einschätzung der Situation und der Selbsteinschätzung zu tun haben als mit einem echten „kognitiven Effekt". Trotzdem bestärkten mich die fraglichen Untersuchungen darin, dass es zielführender ist, bestimmte Kommunikationsformen in den Blick zu nehmen, als gleich „die gesamte wissenschaftliche Welt" ändern zu wollen, ohnehin ein großes Gewicht für meine schmalen Schultern. In guter Übereinstimmung mit der damaligen und heutigen Fachliteratur hatte ich in all meinen Untersuchungen einen großen Einfluss des Vorwissens auf das Verständnis gefunden, das aus der jeweiligen Wissensvermittlung resultiert. Und auch wenn die „Feinheiten" interessant sind: Zweifelsfrei ist Verständlichkeit besonders wichtig für „Anfänger*innen", „Neueinsteiger*innen" sowie Nichtfachleute und (damit verbunden) für interdisziplinäre Kommunikation. Es gibt für solche Zwecke einführende Texte und manches mehr[2] – aber es ist nicht genug, wie ich fand. Im Bereich des Schriftlichen bemühte sich immerhin Göpferich (2002, S. 27f.) mit ihrer „präskriptiven Textsortenlinguistik" um eine Verbesserung in Sachen Verständlichkeit dadurch, dass man bestimmte Textsorten besser auf bestimmte Adressat*innengruppen anzupassen versucht. Warum nicht auch bestimmte Vortragsformen?

Darüber hinaus lässt sich mein Standpunkt am Ende der Doktorarbeit so beschreiben: Man müsste mehr Möglichkeiten ins Leben rufen, interdisziplinäre Kommunikation zu üben, frei vom Blendwerk unnötiger sprachlicher Unterwerfungsrituale, ganz im Zeichen des Versuchs, die Lücken im Vorwissen von Nichtfachleuten möglichst effektiv zu überbrücken, fand ich. Der Erfolg dabei sollte das Kriterium sein und alles andere untergeordnet. Je mehr sich die Disziplinen spezialisieren und das für ihr Verständnis nötige Vorwissen wächst, umso dringlicher wird der Versuch, trotzdem Brücken zu schlagen und interdisziplinäre Kommunikation am Leben zu halten, fand ich. Man müsste außerdem einen Weg finden, all dem entgegen zu wirken, was ich in Anlehnung an die erste hier dargestellte eigene

---

1 Und dass das kaum je vollständig möglich ist, macht die Sache nicht leichter.

2 Übrigens löst das Erstellen spezieller Texte für Laien auch nicht alle Probleme – u. a. ist es schwer denkbar, zweierlei Gesetzestexte zu beschließen, einen für die Juristen, einen für die anderen Bürger. Ein Gesetz ist so gesehen „ein ganz spezieller Text" (Giesler 2008, S. 337; vgl. aber auch Lerch 2008, S. 74).

Untersuchung kurz „Je unverständlicher, desto Professor" genannt habe, fand ich. Von einer Abkopplung des Wissenschaftsbetriebs von der Öffentlichkeit profitiert die Forschung in der Regel nicht – und wenn, dann meistens auf recht fragwürdige Weise. Zweifellos hat die Öffentlichkeit einen Anspruch darauf, Einblick in wissenschaftliche Erkenntnisse zu erhalten (vgl. z.B. Weitze und Heckl 2016; Hill 2015, 2018; Deppert 2001; Schulz von Thun 2018, S. 160).

3.1   Ein subjektiver Einblick in den Ursprung des Science-Slams

Zum bisher Beschriebenen tritt der Poetry-Slam. Auch wenn man diesen teilweise auch kritisch sehen kann (wie sicherlich auch Aspekte des Science-Slams): Er wirkte enorm belebend in Bereichen, die das gut gebrauchen konnten. Obwohl also sehr viele blinkende rote Pfeile in meinem Kopf auf die leere Stelle zeigten, an der jetzt der Science-Slam steht, hatte ich die Idee dazu wenige Tage zu spät, um sie in meiner Doktorarbeit noch berücksichtigen zu können. Diese war gerade in den Druck gegangen und ich hatte die Suche nach einer wirklich originellen Anwendungsmöglichkeit meiner Ergebnisse eigentlich gerade aufgegeben. Die Perspektive der Verständlichkeitsforschung prägt bis heute weitgehend mein Verständnis von Science-Slam. Klar ist, dass es sich um ein Mittel zur nach außen gerichteten Wissenschaftskommunikation handelt und zumindest potenziell auch um eins der interdisziplinären Kommunikation. Die Idee, auf einer Fachkonferenz zur Entspannung einen Science-Slam mit Inhalten zu veranstalten, die derselben Fachdisziplin zugeordnet sind, fände ich entsprechend eher ungewöhnlich – obwohl ein wertvoller Betrachtungsschwerpunkt immer auch darauf liegen kann, wie andere ihre Inhalte vermitteln. Science-Slam kann möglicherweise auf die explizit fachinterne Kommunikation zurückwirken. Ich vermute aber, dass das allenfalls ein Nebeneffekt sein kann. Dass die Zielrichtung „Außenkommunikation" von zahlreichen Wissenschaftlern*innen gleich erkannt wurde, ist für mich auch einer der Gründe dafür, dass, an meiner Erwartung gemessen, eher selten Kritik an dem Format geübt wird: Es war von Anfang transparent genug, dass es sich nicht um eine Konkurrenz zu traditionellen, fachinternen Kommunikationsformen handeln kann. Dass die Rolle, die der Science-Slam spielen kann, in dieser Hinsicht begrenzt erscheint, heißt nicht, dass sie klein sein muss. Aus den obigen Erläuterungen lässt sich schließen, für wie wichtig ich es halte, dass Forschenden Gelegenheit gegeben wird, den Perspektivwechsel hin zum Laien einzuüben. Und für wie wichtig ich es halte, dass Wissenschaft sich mitteilt. Die Marktschreier des Populismus sind da und ihr Gebrüll wird nicht leiser, wenn sich Wissenschaftler*innen leisetreterisch zurück in den Elfenbeinturm verkrümeln, weil sie Popularisierungsvorwürfe fürchten. Unter anderem seine Rückbindung an methodische Standards des Forschungsbetriebs macht den Science-Slam zu einem potenziell antipopulistischen Instrument.

Eine kritische Begleitung des real existierenden Science-Slams ist dabei zweifellos zu begrüßen – wenn sie aus den richtigen Motiven erfolgt. Science-Slam ist ein Instrument, dessen Nutzen von den Motiven derer abhängt, die sich seiner bedienen. Selbstverständlich ist das Format potenziell missbrauchbar zur Beschönigung von Vorhaben, die beispielsweise sozial oder ökologisch schädlich sind. Auch kann man mit einer hübschen Verpackung versuchen, Hierarchien zu verdecken – das ist auch Bemühungen zur Verbesserung der Verständlichkeit schon zum Vorwurf gemacht worden, konkret z. B. anhand der Benutzung des Wortes „Kunde" für Arbeitssuchende von Seiten der Agentur für Arbeit (vgl. Bock 2010, S. 195f.). Aber ein kritischer Geist lässt sich sicherlich besser (unter anderem) an einem vorhandenen Informationsangebot aus erster Hand schulen als an dessen Ausbleiben. Welche*r Adressat*in von Science-Slams würde die Originalpublikationen lesen, wenn der Science-Slam wegfällt? Zudem ist der Science-Slam missbrauchbar im Sinne rein kommerzieller Interessen (Forschung kostet übrigens Geld, und dieses einzuwerben gehört zum legitimen Alltagsgeschäft, es braucht also mehr, damit dieser Vorwurf gerechtfertigt ist). Wäre Letzteres im Sinne des Erfinders, so hätte ich vermutlich versucht, die Bezeichnung schützen zu lassen, um Tantiemen erheben zu können – und hätte nicht so wie geschehen, jedem*r die Möglichkeit gelassen, einen Science-Slam zu machen, so wie das auch im Sinne des Erfinders des Poetry-Slams Marc Kelly Smith (quasi des Ururvaters des Slamgedankens) ist und seinem Geist entspricht.

3.2   Wie wird beim Science-Slam Verständlichkeit erreicht: Metaphern, Rückmeldung durch Interaktion mit dem Publikum

Als gutes Mittel zur Überbrückung nicht vorhandenen Fachwissens führen zahlreiche Science-Slammer*innen Metaphern vor (vgl. Hill 2015, S. 128; analog zu populärwissenschaftlichen Texten auch Wolfer et al. 2015, S. 118). Im günstigen Fall handelt es sich meiner Meinung nach um originelle Metaphern, eine Schöpfung des/der Kommunizierenden selbst, und nicht um Konventionelle (vgl. Deppert 2003; zu Metaphern in der Wissenschaftskommunikation s. Weitze und Heckl 2016, S. 60ff.). Aber sicherlich kann man sich streiten, wie wichtig hierbei ästhetische Kriterien sind – die reine Verständlichkeit konventioneller Metaphern ist tendenziell größer als diejenige origineller Metaphern. Die Anwendung solcher Mittel provoziert in anderen Kontexten gelegentlich den Vorwurf, tatsächlich werde kein echtes Verständnis hergestellt, sondern eine Scheinverständlichkeit vorgegaukelt: „Je einfacher das Bild, desto größer die Gefahr der sachlichen Unrichtigkeit. Vielleicht schlimmer noch: Der bildliche Vergleich bietet dem Leser eine Sichtweise auf den Gegenstand an, von der er sich mangels Alternativen nicht einmal distanzieren kann" (Haß 1986, S. 3). Ich will erläutern, warum ich glaube, dass derlei meistens nicht der Fall ist – und zwar besonders dann, wenn die Metapher „weit hergeholt" ist.

Ein gutes Beispiel dafür, wie die Originalität bzw. Abwegigkeit mancher Metaphern oder Analogien gleichzeitig auf erhellende Weise verdeutlicht, dass das durch sie Übermittelte eine Vereinfachung darstellt, findet sich bei Remfort und Wöhrl (2017). Sie erklären die Unschärferelation wie folgt: „[...] eine sehr gute Diskussionsgrundlage, wenn die Polizei wieder glaubt, Sie mit 120 km/h in der 30er-Zone geblitzt zu haben, denn entweder sind Sie 120 gefahren oder Sie waren in der 30er-Zone! Beides gleichzeitig ist quantenmechanisch ausgeschlossen!" (S. 34). Dem Publikum ist zweifellos klar, dass das „nur" eine Analogie ist und z. B. eine solche Diskussion mit der Polizei wenig Aussicht auf Erfolg hätte. Ich kann von mir sagen, dass ich nach Remforts Vortrag mehr von der Unschärferelation verstehe als zuvor. Und ich glaube sogar, dass ich das Gelernte behalten werde. Vielleicht traue ich dem Publikum auch deshalb mehr zu als manche Kritiker*innen. Und Metaphern sowie Analogien funktionieren doch häufig sehr gut in Hinsicht darauf, dass das Gemeinte nachvollzogen werden kann – und das Nichtgemeinte verblasst. Oder gibt es jemanden, der glaubt, dass Thomas Müller nachts Antilopen reißt, weil er einmal als „junger Löwe der Nationalmannschaft" bezeichnet wurde?

Die konstruktive Rolle des Wettbewerbs beim Science-Slam ist, dass er Anteil an der bedeutsamen Interaktion zwischen Publikum und Bühne hat. Die unmittelbare Rückmeldung ist für die Funktion des Science-Slams als Verständlichkeitslabor förderlich. Die Aufwertung des Wettbewerbscharakters in Form hoher Preisgelder nur für den einen „Champion" halte ich dagegen für schädlich. Science-Slammer*innen sollten selbstverständlich Honorare bekommen, aber steile Hierarchien sind dem Grundgedanken des Science-Slams genau entgegengesetzt. Weitere Aspekte wie die Rolle der verwendeten Bilder oder die Einbettung in alltägliche Geschichten will ich hier nur andeuten. Auch die Rolle des Humors, u. a. ein Mittel zur Förderung der Aufmerksamkeit (vgl. z. B. Kassner 2002, S. 50) und gegen Müdigkeit (vgl. z. B. Klein 2004, S. 124), kann hier nicht ausreichend gewürdigt werden. Dass Komik auf Kosten (vermeintlich) Schwächerer keine nachhaltig positive Wirkung entfalten kann, muss man aber offenbar aus Gründen, die weitestgehend außerhalb des Science-Slams liegen, doch immer wieder erwähnen.

3.3   Ausblick

Aus meiner Perspektive auf den Science-Slam ergeben sich Überlegungen für die zukünftige Verständlichkeitsforschung. Interessant bleibt, wie sich das Format beispielsweise in den Augen der Slammer*innen und des Publikums auf die interdisziplinäre Kommunikation auswirkt. Zudem könnte man versuchen, das Verständnis des Publikums in Relation zu seinem Vorwissen zu erfassen – z. B. einem Untersuchungsaufbau analog, wie ihn Wolfer et al. (2015) auf populärwissenschaftliche Texte anwenden. Dabei böte sich auch an zu überprüfen, wie viele der beim Science-Slam verwendeten Bilder sich dem Vier-Felder-Modell der Bildverständlichkeit nach Sauer (vgl. Böttcher 2013, S. 31; Lutz 2015) zuordnen lassen.

Es wäre interessant zu erfahren, inwieweit Science-Slammer*innen das fachliche Vorwissen ihres Publikums antizipieren – wie sie möglicherweise „allgemeine Begriffe" von Laien verwenden, um einerseits daran anzuknüpfen, sich andererseits womöglich auch davon abzugrenzen (ein Laienbegriff von „Gesundheit" ist z. B. gut dargestellt bei Busch 2005).

Göpferichs (2002) Verständlichkeitskonzeption bietet zahlreiche weitere Anknüpfungspunkte, nicht nur, was die Dimension „Motivation" angeht – in der Darstellung von Lutz (2015) scheint diese Science-Slams fast zu beschreiben:

> „Typische motivierende Elemente sind Beispiele, Geschichten, Witze, das Erwähnen auffälliger Details, die Verwendung von Metaphern, Reimen und Lautmalerei, Anspielungen [...] rhetorische Fragen, das direkte Ansprechen der Leser, Cartoons, das Aufbauen von Widersprüchen und Überraschungen, und generell das Brechen von Erwartungshaltungen [...] Die Angemessenheit solcher Elemente ist nicht nur in Hinsicht auf die Verträglichkeit mit der Textsorte zu überprüfen, sondern auch hinsichtlich der Akzeptanz und Nachvollziehbarkeit durch die Zielgruppe" (Lutz 2015, S. 253).

Es wäre aber trotzdem gerade auch interessant zu untersuchen, ob und wie Science-Slammer*innen ihre Erfahrungen auf der Bühne in andere Formen der Wissenschaftskommunikation hineintragen. Möglicherwiese treten dabei je nach Situation unterschiedliche Elemente in den Vordergrund: Humor kann sich u. U. über die gesteigerte Aufmerksamkeit (vgl. Kassner 2002, S. 50) auch positiv auf die Kommunikation unter Fachleuten auswirken. Andere Mittel zur Steigerung der Verständlichkeit nutzen Expert*innen dagegen womöglich tendenziell nur in der „Außenkommunikation". Weitere Forschungslinien, die sich für eine Untersuchung des Science-Slams heranziehen ließen, sind beispielsweise die Sprechwissenschaft (z. B. Bose et al. 2009) und die transdisziplinär orientierte Transferwissenschaft, die „[...] Strategien des selektiven und nachhaltigen Zugangs im Zeitalter der

Informationsflut und der Wissensexplosionen erforschen soll" (Antos 2001, S. 5). Wenn Science-Slam u. a. ein Mittel zur Einübung von Verständlichkeit ist, dann sind jedenfalls alle guten Gründe für Verständlichkeit auch gute Gründe für: Science-Slam!

Literatur

Anders, P. (2016). *Poetry Slam. Unterricht, Workshops, Texte und Medien.* (Deutschdidaktik aktuell). Baltmansweiler: Schneider Verlag Hohengehren.

Anissimova, L. (2007). *Verständlichkeit der Gesetzessprache.* Berlin: Logos-Verlag.

Antos, G. (2001). Transferwissenschaft. Chancen und Barrieren des Zugangs zu Wissen in Zeiten der Informationsflut und der Wissensexplosion. In S. Wichter, & G. Antos (Hrsg.), *Wissenstransfer zwischen Experten und Laien* (S. 3–33). Frankfurt a. M.: Lang.

Antos, G. (2008). „Verständlichkeit" als Bürgerrecht? Positionen, Alternativen und das Modell der „barrierefreien Kommunikation". In K. M. Eichhoff-Cyrus (Hrsg.), *Verständlichkeit als Bürgerrecht?* (S. 9–20). Mannheim: Dudenverlag.

Antos, G. (2009). Verständlichkeit: Kommunikative Zugänglichkeit und »barrierefreie Kommunikation« als Basis der Rhetorik – Einleitung. In G. Antos (Hrsg.), *Rhetorik und Verständlichkeit (VII – XIV).* Tübingen: Niemeyer.

Blaha, M. (2011). Das Thema „Amtsdeutsch" in den Medien. In M. Blaha, & W. Hermann (Hrsg.), *Verständliche Sprache in Recht und Verwaltung: Herausforderungen und Chancen* (S. 183–190). Frankfurt a. M. : Verlag für Verwaltungswissenschaften.

Blaha, M., & Wilhelm, H. (2011). Vorwort. In M. Blaha, & H. Wilhelm (Hrsg.), *Verständliche Sprache in Recht und Verwaltung: Herausforderungen und Chancen* (S. 9–12). Frankfurt a. M. : Verlag für Verwaltungswissenschaften.

Bock, B. (2010). „Bringen Sie bitte Ihre Eigenbemühungen mit.": Zur Kommunikation zwischen Arbeitsagentur und Arbeitslosen. *Aptum Heft 3,* 193–213.

Böttcher, S. (2013). *Analysen zur Verständlichkeit medizinischer Fachtexte.* Hamburg: Kovac.

Bose, I., Hirschfeld, U., & Neuber, B. (2009). Verständlichkeit und barrierefreie Kommunikation aus sprechwissenschaftlicher Sicht. In G. Antos (Hrsg.), *Rhetorik und Verständlichkeit* (S. 21–33). Tübingen: Niemeyer.

Bovenschulte, M. (2005). Public, understanding of Science. In G. Antos, & S. Wichter (Hrsg.), *Wissenstransfer durch Sprache als gesellschaftliches Problem* (S. 27–35). Frankfurt a. M. : Lang.

Burkard, S., Frey, S., & Hörstmann, J. (2011). Behördendeutsch – „Wir wollen, dass Sie uns verstehen!" In M. Blaha, & H. Wilhelm (Hrsg.), *Verständliche Sprache in Recht und Verwaltung: Herausforderungen, und Chancen* (S. 61–68). Frankfurt a. M. : Verlag für Verwaltungswissenschaften.

Busch, A. (2005). Wissenstransfer aus vertikalitätsorientierter und kommunikationssoziologischer Perspektive: Experten, und Laien im diskursiven Kontakt. In G. Antos, & S. Wichter (Hrsg.), *Wissenstransfer durch Sprache als gesellschaftliches Problem* (S. 429–446). Frankfurt a. M. : Lang.

Deppert, A. (1997). Die Wirkung von Fachstilmerkmalen auf Leser unterschiedlicher Vorbildung. Eine empirische Untersuchung an psychologischen Fachtexten. *Fachsprache* 3–4, 111–121.

Deppert, A. (2001). *Verstehen und Verständlichkeit. Wissenschaftstexte und die Rolle themaspezifischen Vorwissens.* Wiesbaden: Deutscher Universitäts-Verlag.

Deppert, A. (2003). Die Wahl der Metaphern. metaphorik.de 05/2003, 62–89. https//www.metaphorik.de/sites/www.metaphorik.de/files/journal-pdf/05_2003_deppert.pdf. Zugegriffen: 30. März 2019.

Deppert, A. (2014). Dichtung, die knallt. In K. Honold (Hrsg.), *Fünfzig Momente einer Stadt* (S. 241–247), Darmstadt: Justus von Liebig Verlag.

Deppert, A. (2018). Poetry Slam im Deutschunterricht an Berufsschulen. In C. Efing, & K.-H. Kiefer (Hrsg.), *Sprache und Kommunikation in der beruflichen Aus-, und Weiterbildung. Ein interdisziplinäres Handbuch* (S. 251–261). Tübingen: Narr Francke Attempto.

Ebert, H. (2011). Verwaltungssprache aus Sicht der Sprachwissenschaft. In M. Blaha, & H. Wilhelm (Hrsg.), *Verständliche Sprache in Recht und Verwaltung: Herausforderungen und Chancen* (S. 13–24), Frankfurt a. M. : Verlag für Verwaltungswissenschaften.

Enzensberger, H. M. (2004). Von den Vorzügen der Unverständlichkeit. In K. Lerch (Hrsg.). *Die Sprache des Rechts – Recht. Verständlichkeit, Missverständlichkeit und Unverständlichkeit von Recht. Band 1* (S. 83–84). Berlin, New York: De Gruyter.

Giesler, V. (2008). Das Ringen um gute Gesetzessprache. In K. M. Eichhoff-Cyrus (Hrsg.), *Verständlichkeit als Bürgerrecht?* (S. 336–343). Mannheim: Dudenverlag.

Göpferich, S. (2002). *Textproduktion im Zeitalter der Globalisierung.* Tübingen: Stauffenburg.

Haß, U. (1986). Ein Dolmetsch muss her für das Kauderwelsch der Wissenschaften. *Sprachreport 4*, 3–4.

Hill, M. (2015). Science Slam und die Geschichte der Kommunikation von wissenschaftlichem Wissen an außeruniversitären Öffentlichkeiten. In J. Engelschalt, & A. Maibaum (Hrsg.), *Auf der Suche nach den Tatsachen. Proceedings der 1. Tagung des Nachwuchsnetzwerks INSIST.* (S. 127–141). http//insist-network.com/wp-content/uploads/2016/04/Hill-Science-Slam-Engeschalt-2016.pdf. Zugegriffen: 30. März 2019.

Hill, M. (2018). Die Versinnbildlichung von Gesellschaftswissenschaft. Herausforderung Science Slam. In S. Selke, & A. Treibel (Hrsg.), *Öffentliche Gesellschaftswissenschaften, Öffentliche Wissenschaft und gesellschaftlicher Wandel* (S. 169–186). Wiesbaden: Springer VS.

Iluk, J. (2008). Die Verständlichkeit der deutschen, österreichischen, schweizerischen und polnischen Verfassung. Versuch einer komparatistischen Analyse. In K. M. Eichhoff-Cyrus (Hrsg.), *Verständlichkeit als Bürgerrecht?* (S. 136–154). Mannheim: Dudenverlag.

Iluk, J. (2009). Verarbeitungs- und lernbehindernde Barrieren in Lehrtexten aus kognitionswissenschaftlicher Sicht. In Antos, G. (Hrsg.), *Rhetorik und Verständlichkeit* (S. 46–60). Tübingen: Niemeyer.

Janich, N. (2004). Sprachwissenschaftliche Einführungen – und was Studierende von ihnen halten. In S. Göpferich, & J. Engberg (Hrsg.), *Qualität fachsprachlicher Kommunikation* (S. 83–101). Tübingen: Narr.

Janich, N. (2012). Fachsprache, Fachidentität und Verständigungskompetenz – zu einem spannungsreichen Verhältnis. *Berufsbildung in Wissenschaft, und Praxis 41(2)*, 10–13.

Kassner, D. (2002). Lachend Unterrichtsziele erreichen. In Gruntz-Stoll, Johannes, & Rißland, Birgit (Hrsg.), *Lachen macht Schule* (S. 43–56). Bad Heilbrunn: Julius Klinkhardt.

Langer, I., Schulz von Thun, F., & Tausch, R. (1993). *Sich verständlich ausdrücken* (5. verbesserte Auflage). München: Ernst Reinhard Verlag.

Lerch, K. D. (2008). Ultra posse netno obligatur. Von der Verständlichkeit und ihren Grenzen. In K. M. Eichhoff-Cyrus (Hrsg.), *Verständlichkeit als Bürgerrecht?* (S. 54–80). Mannheim: Dudenverlag.

Limbach, J. (2008). Sprachzucht ist ein Beitrag zur Demokratie. In K. M. Eichhoff-Cyrus (Hrsg.), *Verständlichkeit als Bürgerrecht?* (S. 371–377). Mannheim: Dudenverlag.

Lutz, B. (2015). *Verständlichkeitsforschung transdisziplinär.* Göttingen: Vienna University Press.

McNamara, D. S., Kintsch, E., Songer, N. B., & Kintsch, W. (1996). Are good texts always better? Text coherence, background knowledge and levels of understanding in learning from texts. *Cognition and Instruction 14,* 1–43.

McNamara, D. S., & Kintsch, W. (1996). Learning from texts: Effects of prior knowledge and text coherence. *Discourse Processes 22,* 247–288.

Maslow, A. H. (1966). *The Psychology of Science: A Reconnaissance.* New York City: HarperCollins.

Otto, H.-J. (2008). Verständliche Gesetze. Möglichkeiten und Grenzen des Parlaments. In K. M. Eichhoff-Cyrus (Hrsg.), *Verständlichkeit als Bürgerrecht?* (S. 196–201). Mannheim: Dudenverlag.

Remfort, R., & Wöhrl, N. (2017). Diamanten aus der Mikrowelle. In A. Lampe (Hrsg.), *Ein Science-Slam-Buch* (S. 22–36). Paderborn: Lektora.

Rickheit, G., & Schade, U. (2000). Kohärenz und Kohäsion. In K. Brinker, G. Antos, W. Heinemann, & S. F. Sager (Hrsg.), *Text- und Gesprächslinguistik* (S. 275–284). Berlin: De Gruyter.

Schulz von Thun, F. (2018). *Miteinander reden: 1.* Reinbek bei Hamburg: Rowohlt Taschenbuch Verlag.

Schumacher, E. (2000). *Die Ironie der Unverständlichkeit.* Frankfurt a. M. : Suhrkamp.

Teubert, W. (1987). Soll der Laie den Fachmann verstehen? *Sprachreport 3(3),* 5–6.

Thieme, S. (2008). Recht verständlich? Recht verstehen? Möglichkeiten und Grenzen einer sprachlichen Optimierung von Gesetzen. In K. M. Eichhoff-Cyrus (Hrsg.), *Verständlichkeit als Bürgerrecht?* (S. 230–243). Mannheim: Dudenverlag.

Weitze, M.-D., & Heckl, W. M. (2016). *Wissenschaftskommunikation.* Heidelberg: Springer.

Wolfer, S., Hansen-Schirra, S., & Held, U. (2015). Verstehen und Verständlichkeit von populärwissenschaftlichen Texten: Das Projekt PopSci – Understanding Science. *Information – Wissenschaft & Praxis 66(2–3),* 111–120.

Zypries, B. (2008). Juristendeutsch: Handwerkszeug oder Herrschaftsmittel? In K. M. Eichhoff-Cyrus (Hrsg.), *Verständlichkeit als Bürgerrecht?* (S. 45–53). Mannheim: Dudenverlag.

Dienliche Defekte
Der Science-Slam aus der Perspektive des Vortragenden

Interview mit Reinhard Remfort

Das Gespräch führte Philipp Schrögel für Science In Presentations (SIP)

Zusammenfassung

Reinhard Remfort ist ein erfolgreicher Science-Slammer mit großer Bühnen-
erfahrung, der 2013 mit seiner – in diesem Sammelband immer wieder als
Fallbeispiel herangezogenen – Präsentation „Dienliche Defekte" die Deutsche
Meisterschaft im Science-Slam gewann. Im Interview erläutert er, dass Spaß
und Unterhaltung ein zentraler Bestandteil von Science-Slams sind – sowohl
als Motivation für ihn selbst, Wissenschaft auf der Bühne zu erklären als auch
als Anreiz für das Publikum. Die individuellen Präsentationen zeichnen sich
für ihn einerseits durch die „Geschichte drumherum" aus, andererseits ist es
ihm wichtig, Einblicke in wissenschaftliche Grundlagen sowie aktuelle, konkrete Forschungsarbeiten und deren Anwendungsmöglihckeiten zu geben.
Im Zentrum steht aber auch, den Menschen hinter dem*r Wissenschaftler*in
zu zeigen, der Wettbewerbscharakter ist hingegen primär für Publikum und
Veranstaltende wichtig.

Schlüsselbegriffe

Science-Slam, Populärwissenschaft, Wissenschaftskommunikation, Quantenmechanik

© Springer Fachmedien Wiesbaden GmbH, ein Teil von Springer Nature 2020   39
P. Niemann et al. (Hrsg.), *Science-Slam*,
https://doi.org/10.1007/978-3-658-28861-7_4

Science In Presentations (SIP): Du kannst mittlerweile auf viele Erfolge bei Science-Slams zurückblicken. Wie bist du anfangs überhaupt zum Science-Slam gekommen?

Reinhard Remfort: Wie wahrscheinlich die meisten Slammerinnen und Slammer eher durch Zufall. Ein Kollege von mir war als Vortragender bei einem Science-Slam, weil er von der Pressestelle unserer Universität für eine Veranstaltung angefragt wurde. Da bin ich dann als Zuschauer mitgegangen und war danach auch noch ein paar Mal bei anderen Science-Slams im Publikum – irgendwann hat mich der Veranstalter dann gefragt, ob ich nicht auch selber einmal vortragen möchte, und ich habe mir gedacht: „Warum nicht, probiere ich es mal aus!"

SIP: Was war deine Motivation, dich darauf einzulassen und danach auch bei vielen weiteren Science-Slams vorzutragen?

Remfort: Also einerseits das Idealistische, von seiner Arbeit zu erzählen und Wissenschaft „unter das Volk zu bringen", an Menschen, die sonst vielleicht nicht so viel mit Physik am Hut haben. Und das Ganze auch unterhaltsam – ich stehe auch sehr gerne auf der Bühne. Science-Slams machen mir großen Spaß, und wenn etwas Spaß macht, macht man das gerne häufiger. Die Möglichkeit, über Wissenschaft zu reden und einem breiten Publikum zugänglich zu machen, fand ich auch schön, aber der Spaß steht eindeutig im Vordergrund. Und das kommt auch an – der Vortrag hat von Anfang an unglaublich gut funktioniert, der ist übrigens auch jetzt nach etlichen Jahren immer noch der gleiche, also die Folien haben sich nicht verändert.

SIP: Was ist aus deiner Sicht das Besondere bei einem Science-Slam-Vortrag, im Vergleich zu einem klassischen Wissenschaftsvortrag für die Öffentlichkeit?

Remfort: Da sehe ich ehrlich gesagt keinen großen Unterschied – abgesehen davon, dass der Science-Slam auf zehn Minuten beschränkt ist. Ich würde normale Vorträge, wie ich sie beispielsweise schon häufig am Tag der offenen Tür, bei Kinderunis und ähnlichem gehalten habe, genau im gleichen Stil halten. Also ich würde da nicht großartig etwas verändern, abgesehen davon, mir vielleicht etwas mehr Zeit zu lassen und hier und da ein bisschen mehr zu erklären. Aber es ist jetzt nichts, was einen Science-Slam aus meiner Sicht in irgendeiner Form besonders auszeichnet im Vergleich zu anderen populärwissenschaftlichen Vorträgen, die man halten könnte. Außer vielleicht, dass ein Science-Slam nicht in einer Universität stattfindet in so gut wie allen Fällen. Das finde ich auch sehr wichtig, weil der Science-Slam gehört schlicht und einfach nicht in einen Hörsaal, der gehört nicht in eine steife

Atmosphäre, sondern das sollte wie ein Gespräch auf einer Party sein, dass Leute zusammensitzen, ein Bierchen trinken und sich nebenbei einen lustigen, unterhaltsamen und auch informativen Vortrag anhören. Aber Science-Slams müssen auch nicht zwangsläufig immer lustig sein.

SIP: Wie du schon erwähnt hast, präsentierst du seit einigen Jahren bei Science-Slams. Wie hast du die Entwicklung der Science-Slam-Community in dieser Zeit wahrgenommen?

Remfort: Es hat sich einiges deutlich verändert. Es ist viel größer geworden, es sind viel mehr Leute, die das heute machen als, sagen wir mal 2013, 2014 als ich viel geslammt habe. Es ist eine andere Generation mittlerweile, man hat so eine Art Generationenwechsel mitbekommen. Die Leute, mit denen ich damals häufig auf der Bühne stand, denn man trifft ja immer wieder die gleichen Leute bei verschiedenen Veranstaltungen, die trifft man heute nicht mehr. Genauso wie ich slammen viele nicht mehr aktiv, nur noch gelegentlich, wenn irgendein besonderes Event ist, wie ein Universitätsjubiläum oder ähnliches, für das man speziell eingeladen wurde. Und ich glaube, es hat sich auch ein bisschen was verändert, weil der Science-Slam heute auch als eine Karrieremöglichkeit – vielleicht ist das zu viel gesagt – aber zumindest irgendwie als Weg, Öffentlichkeit zu finden, genutzt werden kann.
Das erste Beispiel dafür ist vielleicht der Erfolg des Buchs von Giulia Enders, das ja auch im Grunde durch Science-Slams und insbesondere ihr Science-Slam-Video bei YouTube bekannt geworden ist. Das Buch „Darm mit Charme" war, glaube ich, zwei oder drei Jahre pausenlos auf Platz 1 der Bestsellerliste, ich glaube sogar, es ist eines der bestverkauften Sachbücher, die es je gab. Das haben viele Leute auch als Chance gesehen. Es sind ja danach dann viele Bücher von anderen Science-Slammer*innen erschienen, weil auch die Verlage das als Markt erkannt haben, und ich glaube, dass es zumindest ein paar Leute gibt, die Science-Slams vielleicht als Sprungbrett sehen. Aber ansonsten, in Bezug auf die Community an sich, hat sich aus meiner Sicht nicht so viel verändert. Das sind immer noch Studierende und Doktorand*innen, die entweder brennend über ihr Thema berichten möchten oder gerne auf der Bühne stehen.

SIP: Du hast vorhin gesagt, dass es wichtig ist, dass ein Science-Slam nicht im Hörsaal stattfindet, sondern irgendwo außerhalb der Uni. Welche Rolle spielt für dich der Science-Slam als Gesamtevent, der nicht nur aus den einzelnen Vorträgen besteht, sondern auch aus der ganzen Gestaltung drum herum?

Remfort: Das ist ein zweischneidiger Aspekt, würde ich sagen. Einerseits, finde ich das Event an sich super. Ich finde es super, Wissenschaft woanders hinzubringen, Wissenschaft darf auch unterhaltend sein. Es gibt ja auch manche Stimmen, die sagen, das darf man nicht trivialisieren. Ich finde: doch, man darf das ein Stück weit runterbrechen, sodass es auch Leute, die sich sonst nicht dafür interessieren, in irgendeiner Form anspricht. Man kann sie vielleicht für sein Thema sensibilisieren, auch für Probleme, die man als Wissenschaftler*in dabei hat. Ich finde auch die Atmosphäre cool, wenn Science-Slams in kleinen Clubs oder Kneipen stattfinden.

Was ich bei Science-Slams hin und wieder problematisch finde, ist die Organisation, je nachdem, wer es wie organisiert. Die Slammerinnen und Slammer, die auf der Bühne stehen und den Abend mit ihren Vorträgen tragen, haben häufig das Problem, dass sie ihre Fahrtkosen erstattet bekommen und ein Hotel, aber das war es dann. Und dies, während manche Veranstalter mit dem Event durchaus Geld verdienen – auch wenn das nicht für alle Veranstalter gilt. Ich finde, wenn man mit irgendetwas Geld verdient, sollten auch alle Mitwirkenden in einem gewissen Maße dran beteiligt werden. Jetzt kann man sagen, durch Deutschland zu fahren, und die Fahrtkosten erstattet zu bekommen, ist ja auch ganz nett. Aber wenn man sich überlegt, was an so einem Abend umgesetzt wird, gerade bei größeren Science-Slams, finde ich schon, dass den Leuten, die auf der Bühne stehen, auch eine Gage gezahlt werden sollte. Das passiert leider viel zu selten, und das ist ein Problem, das ich manchmal mit dem Event, mit dem Drumherum, habe. Ich kann auch verstehen, wenn ein Veranstalter sagt, wir haben das so knapp kalkuliert, das geht nicht anders, aber ich glaube nicht, dass das immer der Fall ist.

SIP: Bei einem Science-Slam präsentieren in der Regel Nachwuchswissenschaftlerinnen oder Nachwuchswissenschaftler, meist Doktorand*innen. Wie wichtig findest du das für die Form des Science-Slams?

Remfort: Ich finde nicht, dass das eine wichtige Rolle spielt. Ich habe auch schon Science-Slams gesehen von Professoren, die super ihr Themengebiet vermitteln können. Ein Beispiel das mir einfällt, wäre Metin Tolan. Ich kenne ein paar Professor*innen, die sich trauen, sich einfach mal auf eine Bühne zu stellen und ein Thema mit einfachen Worten oder auch mal einem kleinen Witz und einem Augenzwinkern zu erklären, anstatt immer nur mit dem erhobenen Zeigefinger. Vielleicht haben manche Angst, sich „mal herabzulassen zum einfachen Volk" und zu erklären, was sie so tun. Aber das sollten sie – schließlich werden sie von Steuergeldern finanziert. Dabei finde ich es nicht wichtig, dass es junge Wissenschaftler*innen sind, es sollten eigentlich generell mehr Leute aktiv werden, auch etablierte Wissenschaftler*innen sollten mal bei einem Science-Slam oder einer anderen öffentlichen Vortragsveranstaltung auftreten.

SIP: Kommen wir nun vom Gesamtbild konkret zu deiner Präsentation. Wie bist du vorgegangen, als du angefangen hast, deine Präsentation zu planen und deine Folien zusammenzustellen?

Remfort: Das Thema stand ja schon relativ fest. Bei einem Science-Slam geht es darum, von seiner eigenen Forschung oder seinem eigenen Projekt, zu berichten. Dann habe ich überlegt, was ich davon erzählen kann, wie weit ich ins Detail gehen will. Ich habe mich in meiner Doktorarbeit mit Diamantepitaxie, also mit der Synthese von Diamanten beschäftigt, und mit Fehlstellen, die man darin untersuchen kann. Jetzt kann man da sehr ins Detail gehen, aber dann versteht relativ schnell niemand mehr, worum es geht, oder man gibt eher einen groben Überblick. Ich habe mich dann für den groben Überblick entschieden, was auch die meisten Science-Slammer*innen machen – grob zu erklären, worum es überhaupt geht. Und dann habe ich mir überlegt, wie ich das in eine Geschichte verpackt bekomme. Ich finde dieses Storytelling – auch wenn es ein Buzzword ist – bei Vorträgen generell sehr wichtig. Besonders beim Science-Slam finde ich es wichtig, wenn man eine Geschichte „drum herum" erzählt und nicht nur Fakten runterleiert. Ein Science-Slam sollte ja ohnehin in irgendeiner Form unterhaltsam sein, wenn man das in eine Geschichte verpackt, funktioniert es immer ganz gut. Was darüber hinaus noch gut funktioniert: Mit Bildern sprechen. Ich finde es bei Vorträgen generell wichtig, dass man keinen oder wenn überhaupt wenig Text auf Folien findet, sondern dass man die Folien immer als unterstützende Bilder hat. Vielleicht noch eine Pointe, wenn man einen Witz macht, den man nicht ausspricht, sondern der in einem Bild mit enthalten ist. Für meine Präsentation habe ich mir dann überlegt, was ich genau mache, und habe mir einen Aspekt rausgesucht: diese NV-Fehlstellen und was man damit machen kann. Dann habe ich versucht drum herum zu erklären, was daran toll ist und warum. Dadurch ist dieser Crashkurs Quantenmechanik als Teil meiner Präsentation zustande gekommen. Um zu verstehen, was das Tolle an diesem Fehlstellen-Diamanten ist, muss man erstmal zumindest grundlegende Prinzipien aus der Quantenmechanik verstanden haben. Deshalb habe ich versucht, die „mal eben" auf sechs Folien zusammenzufassen und so die Grundlagen zu erklären.

SIP: Das klang gerade so, als hättest du bei deiner Science-Slam-Präsentation mit einem weißen Blatt Papier angefangen?

Remfort: Ja, das habe ich.

SIP: Hattest du davor „normale" wissenschaftliche Vorträge gehalten, aus denen du etwas übernommen hast für deinen Science-Slam?

Remfort: Ich habe über das Thema so zuvor nie einen Vortrag gehalten. Natürlich habe ich schon Fachvorträge gehalten zum Thema Diamant, aber die waren komplett anders. Ich habe aber schon viele andere Vorträge in der Art vorher gehalten, weil ich an der Uni viele Kindervorlesungen gehalten habe und Vorlesungen am Tag der offenen Tür und ähnliches. Das ist der Grund, warum ich am Anfang auch gesagt habe, dass ich keinen Unterschied zu anderen populärwissenschaftlichen Vorträgen sehe. Ich habe häufig solche Vorträge gehalten, nur nicht über das Thema, sondern beispielsweise über den Weltraum, über grundlegende Mechanik wie beispielsweise Impulserhaltung. Und das macht man für Kinder auch am besten mit Bildern und kleinen Experimenten

SIP: Du hast ja auch etliche andere Science-Slam-Präsentationen von Kolleginnen und Kollegen gesehen. Inwieweit würdest du sagen, ist deine Präsentation ein typischer, soweit man das sagen kann, Science-Slam-Beitrag?

Remfort: Ich würde sagen, das ist ein relativ typischer Vortrag, weil die meisten Science-Slam-Vorträge in irgendeiner Art und Weise lustig gemacht sind, weil man mit Humor am einfachsten in kurzer Zeit ein Publikum gewinnen kann. Deshalb würde ich sagen, ist das ein sehr typischer Vortrag. Das würde ich daran festmachen, dass eine relativ hohe Gag-Dichte drin ist – er ist hin und wieder vielleicht sogar ein bisschen albern, und alles wird mit einem Augenzwinkern präsentiert. Es sind popkulturelle Aspekte darin verbaut wie zum Beispiel etwas von den Simpsons, Family Guy oder Grobi. Es ist auch typisch für Science-Slam-Beiträge, dass man sie zum Teil mit Internetmemes gestaltet.

SIP: Wie triffst du die Abwägung zwischen Wissensvermittlung und Unterhaltung, zwischen lustigen Elementen und irgendwelchen Elementen, die wissenschaftliche Informationen tragen?

Remfort: Nein, ein Konzept habe ich nicht. So wie es sich ergibt. Wenn es irgendwo zu einem Fakt, den man vermitteln möchte, die Möglichkeit gibt, dass man das in irgendeiner Form noch mit einem Witz verknüpfen kann, dann immer gerne. Ich würde auch nicht sagen, dass ein bestimmter Prozentsatz bei einem Vortrag Fakten sein müssen, und so und so viele Prozent dürfen Unterhaltung sein. Wenn in die Geschichte gerade drei gute Gags hintereinander passen, dann gerne drei gute Gags. Wenn bei der Geschichte gerade fünf Fakten gut hintereinander passen, die man irgendwie gut erzählen kann, dann gerne das. Ich würde nicht sagen, dass man das von Anfang an irgendwie abwägen muss. Man sollte seinen Kernpunkt behalten, seine Geschichte oder seine Message, die man vermitteln möchte, und dann drum herum die restliche Präsentation bauen.

SIP: Diese Kernpunkte, die du vermitteln willst, die zentralen Inhalte deiner Präsentation – wie würdest du die zusammenfassen?

Remfort: Ein zentraler Punkt ist, dass der Physiker oder der Wissenschaftler nicht der typische Hollywood-Wissenschaftler ist, mit weißem Kittel, weißen Haaren, zerzaust und durchgehend verpeilt, sondern genauso auch der tätowierte Typ im T-Shirt, der eine Flasche Bier in der Hand hat. Es gehört für mich ein Stück weit zum Science-Slam-Vortrag, zu zeigen, dass Wissenschaftler*innen auch normale Menschen sind. Inhaltlich zentral ist, dass es so etwas wie synthetische Diamanten gibt, dass man die benutzen kann in Werkstoffen und sie auch in vielen Anwendungen stecken, in denen man sie vielleicht sonst nicht vermuten würde, wie zum Beispiel bei Magnetfeldmessungen. Ein weiterer Punkt ist, dass in dem Vortrag immer das drin ist, was man braucht, um das Thema insgesamt zu verstehen. Zum Beispiel würde es den „Crashkurs Quantenmechanik" nicht geben, wenn man das nicht bräuchte, um zu verstehen, dass diese Fehlstellen quantenmechanische Eigenschaften haben, die man für Messzwecke nutzt.

SIP: In deiner Präsentation sind ja auch einige persönliche Anekdoten über dich und dein Leben enthalten. Welche Rolle spielt es für dich, welche Funktion hat das in dem Vortrag?

Remfort: Ich finde es immer relativ wichtig, bei solchen Vorträgen keine Rolle zu spielen, sondern man selber zu sein. Ich hasse zum Beispiel auch Comedians, die irgendwie eine Rolle spielen im Sinne von, das ist der, der immer langsam redet oder sonst etwas. Es gibt auch Science-Slammer*innen, die eine Rolle spielen, wenn sie auf der Bühne stehen, aber ich versuche einfach ich selber zu sein. Die Geschichten, die ich da erzähle, haben sich auch so zugetragen und sind nicht ausgedacht. Ein bisschen steckt dahinter, dass man mich als Person dabei kennenlernt.

SIP: Nochmal konkret zu deiner Präsentation. Ich habe beispielhaft zwei Folien rausgegriffen (vgl. Abb. 1), in beiden sind jeweils eine wissenschaftliche Grafik und noch weitere Inhalte zu sehen. Wie hast du diese Folien zusammengefügt? Wie präsentierst du sie? Welche Rolle spielen sie in deinem Vortrag?

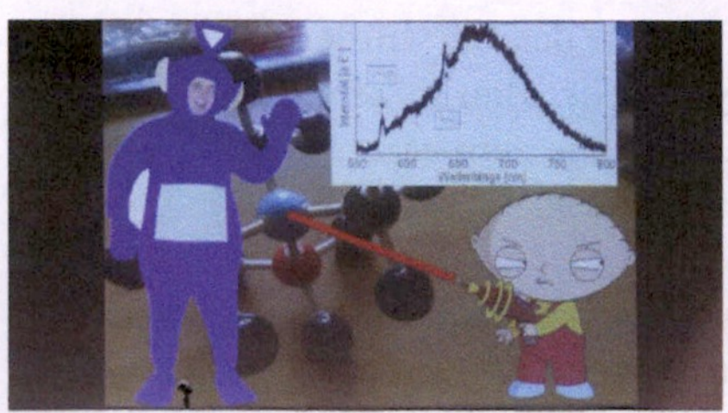
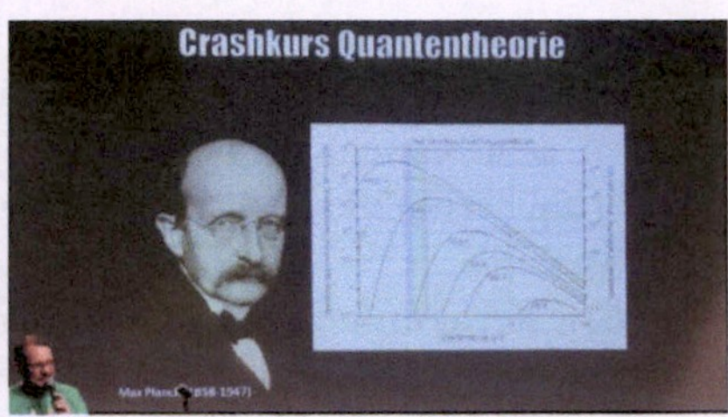

Abb. 1 Screenshot von zwei Folien aus der Science-Slam-Präsentation von Reinhard Remfort „Dienliche Defekte" im Rahmen der Deutschen Meisterschaft im Science-Slam 2016 in Darmstadt, links: TC:04:30, rechts: TC:06:01. Quelle: (Video) Helene Gicquel, Jens Kanold, Andre Liegl.

Remfort: Die erste Folie mit Stewie und dem Teletubbie (vgl. Abb. 1, links), die baut sich in der Präsentation nach und nach auf. Sie ist ja nicht von Anfang an so zu sehen, es beginnt mit dem Modell des NV-Zentrums im Diamantgitter, woran ich erkläre, was das ist, wie das aussieht und wie es aufgebaut ist. Dann erscheint als nächstes Stewie mit dem Laser, um zu erzählen, was man in der Forschung macht: man schießt mit einem Laser drauf, und das System reagiert in einer gewissen Form, indem es zurückleuchtet. Aber zurückleuchten oder ein Signal bekommen klingt langweilig, deswegen habe ich an der Stelle den Witz mit dem Teletubbie eingebaut, der zurückwinkt. Um das in die wissenschaftliche Realität zu übertragen, wird dann der Graph oben rechts eingeblendet, der zeigt, wie die reale Messung aussieht. Dort sieht man dann diesen winzig kleinen Peak, also den Ausschlag in der Kurve. Der ist das tolle Signal, über das sich ein Physiker freut. Aber für jemanden, der nicht weiß, was er da sieht, hat es erstmal überhaupt keine Bedeutung. Der sieht irgendeine verrauschte Kurve mit zwei kleinen Peaks. Die Folie besteht also im Grunde aus vielen Teilen, die nach und nach eine kleine Geschichte erzählen, und die den Rest des Vortrages motivieren. Insbesondere liefern sie den Grund, warum ich anschließend den „Crashkurs Quantentheorie" einfügen muss, nämlich um zu erklären, warum ich als Physiker diese beiden kleinen Peaks so abfeiere.

SIP: Ist das eine Grafik mit Messdaten, die auf deiner eigenen Forschung beruht?

Remfort: Die verwendete Abbildung ist aus der Wikipedia. Aber ich hätte auch eine aus meinen eigenen Daten nehmen können, denn genau dieses Spektrum habe ich auch gemessen. Nur zu der Zeit, zu der ich die Folien erstellt habe, hatte ich noch kein NV-Zentrum implantiert.

SIP: Die andere Folie, die dann danach kommt, enthält auch eher dekorative Elemente und eine wissenschaftliche Abbildung. Was ist der Hintergrund dazu?

Remfort: Das ist die Folie zum „Crashkurs Quantenmechanik" (vgl. Abb. 1, rechts). Dazu erzähle ich die Historie, wie Quantenmechanik mit Max Planck angefangen hat. Deshalb habe ich ein Bild von Max Planck eingefügt. Daneben sieht man eine Grafik zur Hohlraumstrahlung. Bei verschiedenen Temperaturen kann man sehen, was an Energie aus einem dunklen Hohlraum abgestrahlt wird. Das ist genau das, was Planck gemacht hat. Es ist im Grunde eine Grafik, in der selbst nichts erklärt wird, sondern die den Zuschauer*innen einmal zeigt, dass Herr Planck verschiedene Messungen gemacht hat, anhand derer er dann einiges zur Quantenmechanik herausgefunden hat. Die Messungen haben nichts direkt mit dem zu tun, was ich sonst mache, aber indirekt als Grundlage der Theorie dazu. Die Grafik ist deswegen auch eher eine Art Platzhalter. Die vorherige Grafik mit den beiden Peaks aus der Messung des NV-Zentrums, die sieht man länger im Vortrag, darauf zeige ich und erkläre daran auch etwas. Die Grafik zur Hohlraumstrahlung hingegen ist nur kurz zu sehen in der Präsentation, vielleicht fünf Sekunden. Man könnte sich hier bei der Folie zu Planck die Grafik mit den Messdaten komplett sparen, das würde trotzdem Sinn machen. Bei der vorherigen Folie mit dem Teletubbie und Stewie kann man sich die Grafik nicht sparen, weil sie sehr wichtig für den Vortrag ist. Ohne sie würde der Rest des Vortrages keinen Sinn machen.

SIP: Was sind deine Beobachtungen bei Science-Slams, sowohl bei deinem Vortrag als auch bei anderen: Worauf achtet das Publikum generell? Was funktioniert bei einer Präsentation, was eher nicht?

Remfort: Das ist sehr unterschiedlich und hängt stark vom Publikum ab. Also ob der Science-Slam in einer Studentenstadt stattfindet, und der Altersdurchschnitt bei Mitte Zwanzig liegt und alle schon ein Bier getrunken haben, oder ob es ein Science-Slam ist, der bei einer Firmenfeier gebucht ist und auch in einem eher steiferen Umfeld stattfindet, wo er eigentlich nicht hingehört. Je nachdem reagieren die Leute sehr unterschiedlich. Was bei einem jüngeren Publikum immer funktioniert, sind Sachen, die unterhaltsam und witzig sind. Aber genauso funktionieren auch informative Sachen.

Es macht auch einen großen Unterschied oder hat großen Einfluss, wie der Moderator oder die Moderatorin das Ganze ankündigt, und was am Anfang gesagt wird, worauf die Leute bei ihrer Bewertung achten sollen. Wenn es angekündigt ist, beachtet das Publikum sowohl den wissenschaftlichen Inhalt als auch den unterhaltenden Aspekt. Wenn aber gar nichts in die Richtung angekündigt wird, dann wägen die Leute auch weniger ab, dann ist meist ein unterhaltsamer Vortrag schlicht und einfach ein guter Vortrag – egal wie gut darin Wissen vermittelt wird, oder auch nicht. In zehn Minuten gewinnt man ein Publikum am leichtesten und am schnellsten durch Humor, weniger durch tiefgründige Vorträge.

Aber das muss nicht immer so sein. Es gibt zum Beispiel einen Science-Slam-Vortrag von Jutta Teuwsen, die aus kunstwissenschaftlicher Perspektive über die Arbeiten des Künstlers Gottfried Helnwein spricht[1] – Helnwein hat unter anderem tote Kinder und Hitler gemalt. Den Vortrag habe ich selbst auch mal live gesehen, danach war Totenstille im Publikum. Sie hat den Science-Slam an dem Abend nicht gewonnen, aber es war trotzdem einer der besten Vorträge, die ich je gesehen habe, weil sie es in zehn Minuten geschafft hat, ein sehr deprimierendes Thema gut zu erklären. Sie hat es geschafft, den Maler für das Publikum nachvollziehbar zu charakterisieren, sein Werk zu beschreiben, und zu erklären, was er erreichen wollte und wie das in die Zeit passte. Ein großartiger Vortrag, trotzdem funktioniert der nicht im Wettkampf-Modus, vielleicht, weil die Leute nicht sofort erkennen, dass es ein guter Vortrag ist, sondern erst dann, wenn sie zu Hause sind und nochmal eine halbe Stunde darüber nachgedacht haben.

SIP: Da du es gerade angesprochen hast: Welche Rolle spielt der Wettbewerb für einen Science-Slam – im Positiven wie im Negativen?

Remfort: Der Wettbewerb spielt für die Veranstalter meist eine große Rolle, aber genauso auch für das Publikum. Aber nach meiner Beobachtung ist er für die meisten Science-Slammer an sich eher unwichtig. Ausnahmen bestätigen natürlich auch hier die Regel, es gibt natürlich ein paar Leute, die ich im Laufe der Jahre kennengelernt habe, denen es unglaublich wichtig war, zu gewinnen. Aber dem größten Teil war es vollkommen egal, und viele fanden es sogar eher unangenehm, dass am Ende unbedingt noch abgestimmt werden musste. Es gibt auch verschiedenste Varianten abzustimmen, mit Murmeln in einen Hut werfen, zehn Tafeln mit Punkten verteilen. Aber egal, welches System benutzt wird, es ist immer irgendwie ungerecht. Bei der Tafelbewertung ist es immer die Frage, wer sie gerade ausgehändigt bekommt, wie viel er oder sie mit dem umgebenden Publikum redet oder auch nicht. Die fairste beziehungsweise für mich schönste Methode abzustimmen – wenn es denn unbedingt sein muss – ist einfach Applaus. Entweder es ist ein*e Slammer*in dabei, bei der oder dem das Publikum mehrheitlich findet „ja das war eindeutig der beste

---

1   ‚Helnwein: Gewalt, Missbrauch und Hitler in der Kunst' – Jutta Teuwsen beim #50 Science Slam Berlin. https://www.youtube.com/watch?v=FEQcDCUnKwg, Zugegriffen: 19.09.2019.

Vortrag!", da hört man dann einen deutlichen Unterschied. Man kann dann ganz klar sagen, wer gewonnen hat und es gibt keinen Zweiten, Dritten, Vierten, Fünften und so weiter, sondern alle anderen haben auch ihren Applaus bekommen. Und wenn man keinen klaren Unterschied hört, dann teilen sich eben zwei die Trophäe oder das Bier am Abend, oder was auch immer es als kleinen Gewinn gibt.

SIP: Mit Blick auf deinen Karriereweg, insbesondere in der Wissenschaft: Wie wurde deine Aktivität als Science-Slammer aufgenommen? Hat dir der Science-Slam in deiner Karriereentwicklung geholfen?

Remfort: Ich habe ja neben den Science-Slams auch schon viel Wissenschaftskommunikation gemacht, durch Podcasts oder durch Vorträge an Kinderunis oder Ähnliches. Mein Professor hat mich damals immer unterstützt, er fand das super und war am Ende richtig stolz darauf. Das hat soweit geführt, dass er auf der DPG-Tagung, wo er dieses Jahr war, an der Garderobe von einer Studentin angesprochen wurde, ob er der Professor Buck ist, bei dem Nicolas[2] und Reinhard promoviert haben. Sie hat unseren Podcast gehört und dabei seinen Namen mal aufgeschnappt. Er hat mich dann einen Tag später angerufen, weil er sich darüber so gefreut hat. Er fand es immer gut und auch wichtig, dass man auch kommuniziert, was man als Wissenschaftler*in macht. Ich habe aber auch von Kolleg*innen gehört, dass denen von ihren Professor*innen verboten wurde, an Science-Slams teilzunehmen, weil sie es für Zeitverschwendung hielten. Allgemein wurde es aber in den meisten Fällen eher positiv aufgefasst.

SIP: Mittlerweile trittst du nur noch selten bei Science-Slams auf. Wenn du auf deine Zeit als Science-Slammer und die Science-Slam-Community zurückblickst, was ist dein Resümee zu Science-Slams?

Remfort: Es ist ein unglaublich schönes Format, bei dem junge Wissenschaftler*innen oder generell Wissenschaftler*innen über ihre Arbeit sprechen können, und eine Menge Leute hören ihnen zu. Das finde ich unglaublich toll an dem Format, ich fände es schön, wenn es mehr davon gäbe. Es ist aber auch leider teilweise ein sehr missverstandenes Format, weil es eine Welle gab (die eventuell sogar noch anhält), wo es hip war, wo Science-Slam das coole, neue Ding war, und jede Firmenfeier plötzlich einen Science-Slam haben wollte. Ich weiß nicht, wie viele Anfragen ich da bekommen habe, ob ich einen Science-Slam machen könnte – ich als einzelne

---

2   Nicolas Wöhrl, mit dem Reinhard Remfort unter anderem den Podcast „Methodisch inkorrekt!" und die darauf aufbauende Bühnenshow durchführt.

Person. Die haben nicht verstanden, dass zu einem Science-Slam eigentlich mehrere Leute gehören, dass ein einzelner Vortrag kein Science-Slam ist, sondern dass das ein Beitrag zu einem Science-Slam ist. Nichtsdestotrotz bleibt es aber ein sehr schönes Format. Ich würde mich freuen, wenn das weiter gedeihen würde, und wenn das irgendwie auch mal ein bisschen Einzug in die Uni halten würde, dass also den Studierenden im ersten, zweiten Semester beigebracht wird, wie man ordentliche Vorträge hält. Denn das kann man dabei lernen, Science-Slams eignen sich wunderbar, um das Halten von Vorträgen zu lernen, in jeglicher Form. Ebenso fände ich es schön, wenn, wie ich vorhin angesprochen habe, die Veranstalter*innen auch würdigen würden, dass sie an einem Science-Slam-Abend nur Geld verdienen, weil da Leute auf der Bühne stehen. Ich finde es eine Unsitte, dass keine Honorare gezahlt werden, wenn das Geld vorhanden ist.

SIP: Neben deinen früheren Auftritten als Science-Slammer hast du auch ein populärwissenschaftliches Buch veröffentlicht und machst Podcasts – insbesondere „Methodisch Inkorrekt!" zusammen mit Nicholas Wöhrl. Zu letzterem habt ihr auch eine erfolgreiche Bühnenshow, mit der ihr durch Deutschland tourt. Bist du durch die Science-Slams zum hauptberuflichen Wissenschaftskommunikator geworden?

Remfort: Ich würde dir gegenüber jetzt gerne ja sagen, aber nein, ganz so ist es nicht. Ich habe, wie gesagt, vorher schon Kindervorlesungen gehalten, ich habe vorher populärwissenschaftliche Vorträge gehalten, ich habe verschiedene Podcasts gemacht. Science-Slams sind dabei nur ein Baustein gewesen, aber es war definitiv ein wichtiger Teil, weil ich viele Leute kennengelernt habe und Kontakte in der Branche knüpfen konnte.

Rhetorik und Sprache in Science-Slams

Spiel mit dem Publikum
Zur Rhetorik des Science-Slams

Olaf Kramer

Zusammenfassung

In einer komplexen Mischung aus Nähe- und Distanzkommunikation konkurrieren Wissenschaftler*innen bei einem Science-Slam um die Aufmerksamkeit ihres Publikums. Dafür bedarf es einer spezifischen Adressatenorientierung der Slammer*innen, geschickt eingesetzter Körpersprache, stimmlicher Präsenz sowie gezielt eingesetzter sprachlicher Mittel, welche die komplexen wissenschaftlichen Inhalte für das Setting eines Science-Slams reduzieren und veranschaulichen. Anhand des Slams „Dienliche Defekte" von Reinhard Remford wird in diesem Beitrag untersucht, wie das Spiel mit Angemessenheitspostulaten das Publikum unterhält, Slammer*innen und Zuhörer*innen interagieren, Wissen vermittelt und in letzter Instanz überzeugt werden kann. Wissenschaftliche Erkenntnisse in Science-Slams zu verpacken, ist eine geschickte Möglichkeit, Wissen in die Gesellschaft zu tragen. Im zweiten Teil des Beitrags wird auf das Potenzial dieses Formats noch einmal näher eingegangen und gleichzeitig auftretende Risiken für die Wissenskommunikation werden aufgezeigt.

Schlüsselbegriffe

Rhetorik, Wissenskommunikation, Adressatenorientierung, Performanz, Rekontextualisierung, Argumentation, Komik, Angemessenheit, Interaktion/Partizipation, kommunikative Kompetenz

© Springer Fachmedien Wiesbaden GmbH, ein Teil von Springer Nature 2020

P. Niemann et al. (Hrsg.), *Science-Slam*,
https://doi.org/10.1007/978-3-658-28861-7_5

Wissenschaftliche Themen verhandelt in Musikclubs und Kneipen, Wissenschaftler*innen auf der Bühne statt im Seminarraum: das Format Science-Slam setzt auf ungewöhnliche Konstellationen, um Aufmerksamkeit für Forschung zu erzeugen und das Bild von Wissenschaftlerinnen und Wissenschaftlern in der Öffentlichkeit zu verändern. Wie bei jeder Präsentation werden im Slam verschiedene mediale Darbietungsweisen miteinander verbunden: Visuell kodierte Informationen, textuelle Ebene und performative Umsetzung mit Körper und Stimme wirken zusammen. Rhetorisch gesehen tritt der Slammer bzw. die Slammerin in direkten Austausch mit dem anwesenden Publikum (situative Ebene des Slams), wird aber zugleich zur Vermittlungsinstanz einer in der Regel zuvor vorbereiteten visuellen Informationsdarbietung, die tendenziell einer unidirektionalen Logik des Sendens folgt (dimissive Ebene des Slams), weil sie spontane Änderungen nur beschränkt zulässt (vgl. Knape 2005, S. 30). Spezifisch für den Slam ist ein agonales Setting, das in der Tradition des antiken Redewettstreits gesehen werden kann (vgl. Neumann 1992, S. 261f.). Gerade dieser Wettbewerbscharakter befördert, dass die Slammerinnen und Slammer rhetorisch-persuasiv agieren, da es gilt, die Zuhörerinnen und Zuhörer zu überzeugen, um den Sieg im Slam zu erringen. Damit wird zugleich dem Publikum als Jury eine aktive Rolle zugeschrieben, die Partizipation befördert; Zuhörerinnen und Zuhörer selbst werden in einem Slam zu Akteur*innen und sind nicht nur passive Rezipient*innen.

Slams sind inzwischen zumeist auf eine crossmediale Vermarktung angelegt, sie werden bei YouTube und anderen sozialen Medien geteilt und kommentiert (zu Science-Slams auf YouTube vgl. auch den Beitrag von Boy in diesem Band). Der Slam bringt damit unterschiedliche mediale Konstellationen – direkt situative, dimissive, aber auch partizipatorische Elemente – zusammen. Diese komplexe mediale Konstellation scheint für die öffentliche Wirksamkeit des Formats zentral zu sein. Die direkte Interaktion mit dem Publikum erlaubt es dem Redner bzw. der Rednerin, spontan zu agieren, dabei wird er*sie oft zum Vermittler bzw. zur Vermittlerin zwischen der vorab geplanten visuellen Informationsdarbietung und den Adressierten. Die dem Format eingeschriebenen Gegensätze zwischen situativer Einbindung, die spontane Aktionen erlaubt, und der Darbietung vorab vorbereiteter Informationen werden häufig genutzt, um Komik-Effekte zu erzielen. In der sozial-medialen Verbreitung liefert die spontane Interaktion mit dem Publikum eine Folie für eine authentisch wirkende Kommunikation. Die ganze Konstellation ist also antithetisch konstruiert: Eine Rednerin oder ein Redner an einem ungewöhnlichen Ort, aktuelle Forschung, die doch unterhalten soll, ein agonaler Wettbewerb, der immer auch Comedy-Einlagen belohnt, Ortsgebundenheit der Performance und universelle Verfügbarkeit der Aufzeichnung treffen aufeinander. Erfolgreiche Slammerinnen und Slammer gewinnen durch die Online-Darbietung in den sozialen Medien an Bekanntheit und ein Image, das ihrem Auftritt vor Ort dann wiederum einen spezifischen Nimbus verleiht; auch damit entsteht ein Kontrast aus Distanz und Nähe. Auf solche Kontraste hin sind Science-Slams angelegt und sie verleihen dem Format sein spezifisches Profil. Der Slam „Dienliche Defekte" von Reinhard Remfort aus dem Jahr 2013, den ich im Folgenden gelegentlich als Beispiel heranziehen und näher analysieren werde, fügt sich paradigmatisch in dieses Schema. Er soll daher eine Analysefolie bieten, um die Eigenheiten eines erfolgreichen Slams aus einer produktionsorientierten, rhetorischen Perspektive zu betrachten, um Hinweise für die erfolgreiche Gestaltung von Slam-Auftritten zu gewinnen.

1   Zwischen Wissenschaft und Unterhaltung: Rhetorische Adressatenorientierung im Science-Slam

Während wissenschaftliche Vorträge in der Regel auf die Übermittlung von Informationen und die rationale Argumentation ausgerichtet sind, spielt in Science-Slams immer auch die Unterhaltung des Publikums eine Rolle. Ziel ist es, dem Publikum die Relevanz eines Themas nahezubringen, die Zuhörerinnen und Zuhörer von den rednerischen Fähigkeiten des bzw. der Slammenden zu überzeugen und sie emotional zu beeinflussen – um sie am Ende in einer Abstimmung dazu zu bewegen, für einen bestimmten Slammer oder eine bestimmte Slammerin abzustimmen. Ein Slam ist damit nicht nur auf die Übermittlung von Informationen ausgerichtet, sondern auch auf Persuasion, auf die Überzeugung des Publikums. Schon Aristoteles weist in seiner Rhetorik darauf hin, dass ein Redner über logos, ethos und pathos wirken kann, wenn es ihm um die Überzeugung seiner Zuhörer geht (Aristoteles Übers. 2007, I, 2, 3–6). Neben der argumentativen Sachebene einer Rede (logos) hat auch die Emotionalität Einfluss auf die Wahrnehmung der Zuhörerinnen und Zuhörer (pathos-Ebene). Zudem entfalten das persönliche Auftreten von Redenden und ihr Image kommunikative Wirkung, sie legen fest, wie Zuhörer und Zuhörerinnen auf Informationen reagieren (ethos-Ebene). Die Zuhörenden „wollen nicht nur unterrichtet, sondern auch unterhalten werden" (Quintilian Übers. 2006, Inst. or. IV, 1, 57), wie der römische Rhetoriklehrer Quintilian in seiner Rhetoriktheorie lakonisch anmerkt. Gerade durch den Wettbewerbscharakter des Slams ergibt sich dieses rhetorische Setting. Mit der Fokussierung auf die Sachebene, die innerhalb des Wissenschaftssystems gefordert und geboten ist, steht Wissenschaftskommunikation seit jeher in Gefahr, Zuhörerinnen und Zuhörer zu verlieren, da letztlich ja nur das Sachargument zählen kann und soll. Ein Science-Slam ist demgegenüber deutlich anders positioniert, denn das Setting eines solchen Events weckt die Erwartung der Besucherinnen und Besucher, unterhalten zu werden, die eine Slam-Veranstaltung regelmäßig auch erfüllen wird. Damit werden wissenschaftsexterne Kriterien wie der Unterhaltungswert eines Vortrags sowie Image und Ausstrahlung der Rednerin oder des Redners zu Erfolgskriterien.

Die agonale Ausrichtung des Events sorgt rhetoriktheoretisch gewendet für eine konsequente Adressatenorientierung und eine rhetorische Aufbereitung der wissenschaftlichen Inhalte. So ist ein Slam in besonderem Maße dazu geeignet, auch über die eigene Fachcommunity hinaus zu wirken, weil er Adressatinnen und Adressaten in einer umfänglichen Art und Weise anspricht und sie am Ende zu einer Handlung, nämlich der positiven Stimmabgabe zu bewegen sucht. Der Slam ist somit ein Beispiel für eine rhetorisch-persuasive Kommunikationsform und sein Setting ein ganz anderes als das häufig eher auf Informationsübermittlung angelegte Szenario, mit dem Wissenschaftlerinnen und Wissenschaftler intern kommunizieren.

Die Beeinflussung der Adressierten einer Rede durch emotionale Elemente und durch das Image des Redners bzw. der Rednerin sind in der antiken Rhetoriktheorie vor allem mit Einleitung und Schluss einer Rede verbunden. Das Erlangen von Wohlwollen (captatio bene volentiae) und die Herstellung von Aufmerksamkeit und Interesse (attentum parare) haben deshalb am Eingang einer Rede, dem prooemium, ihren Platz (vgl. Ueding und Steinbrink 2005, S. 260f.). Wobei Quintilian den Redner zugleich davor warnt, Emotionalität und Selbstinszenierung als rhetorische Kunstgriffe aufscheinen zu lassen: „[S]orgfältig muß man es in diesem Teil der Rede vermeiden, Argwohn zu erwecken, weshalb sich im Prooemium die sorgfältige Kunst am Wenigsten zeigen darf" (Quintilian Übers. 2006, Inst. or. IV, 1, 56). Der Eingang einer Rede sollte also emotionale Wirkungen entfalten, Glaubwürdigkeit und Sympathie sollten dabei jedoch nicht als Ergebnis eines planvollen strategischen Kalküls wahrgenommen werden, weil sonst das Misstrauen der Adressierten geweckt werden könnte. Daraus ergibt sich das antike dissimulatio-artis-Gebot, nach dem es zu vermeiden gilt, den Adressierten rhetorische Strategien zu offenbaren, um die eigene Wirksamkeit nicht zu gefährden. Coolness und Leichtigkeit, die für viele Slams kennzeichnend sind, aktualisieren gewissermaßen solche rhetorischen Überlegungen und sind in der Tradition rhetorischer Verhaltensideale zu sehen (vgl. Schmölders 1986).

Auch Reinhard Remfort bemüht sich am Eingang seines Slams darum, eine positive Atmosphäre zu schaffen und sich selbst als sympathischen und vertrauenswürdigen Redner darzustellen. Er beginnt mit einem Versuch das Wohlwollen der Zuhörerinnen und Zuhörer zu finden, also einer captatio bene volentiae, die in der Feststellung mündet, dass man „unter Freunden" sei. Er versucht, eine identifikatorische Ebene zwischen den Zuhörerinnen und Zuhörern und sich selbst zu schaffen. Auffallend ist zudem, dass er konsequent bemüht ist, mit dem Publikum zu interagieren („Sind Physiker hier?"), und dabei durch Witze und komische Effekte die Stimmung zu lockern versucht, so dass der Vortrag von einer positiven Emotionalität getragen wird. Die Darstellung der eigenen Biographie (keine Zulassung zum Medizinstudium, Faulheit als ursprünglicher Beweggrund für das Fach Physik, Beschluss eine Promotion anzustreben) stellt auf der einen Seite die eigene Kompetenz des Slammers für das Thema heraus, ist zugleich aber von Selbstironie durchzogen, die ganz dem Rat Quintilians folgend diese Inszenierung nicht als Ergebnis einer ausgetüftelten Strategie erscheinen lässt. Damit gelingt Remfort ein Auftakt, der das Wohlwollen des Publikums sichert und ihn zudem als kompetenten und sympathischen Redner präsentiert. Obwohl wir in der Einleitung zunächst nur wenig über das Thema des Slams erfahren, kann sie trotzdem als Schlüssel zum Erfolg von Remforts „Dienliche Defekte"-Slam gesehen werden, da in diesem Teil eine positive Einstellung des Publikums erzeugt wird, die eine sichere Basis für den Auftritt darstellt.

Schon diese Einleitung des Slams sprengt das stilistische Repertoire traditioneller Wissenschaftskommunikation, setzt aber rhetorisch gekonnt ein Adressatenkalkül um, das dazu geeignet ist, Zuhörerinnen und Zuhörer zu interessieren, zu motivieren und sie zu unterhalten. Viele Slams liefern am Eingang im Vergleich zu einem bloß informierenden fachwissenschaftlichen Vortrag ein solches emotional-motivationales Surplus, um den Bedingungen des Slams und den konkreten Interessen der Zuhörenden gerecht zu werden und ihre Formaterwartungen zu bedienen. Da Science-Slams als Event immer auch Unterhaltung versprechen, ist ein erfolgsorientierter Slammer oder eine solche Slammerin geradezu darauf angewiesen, die Erwartungshaltungen der Zuhörerinnen und Zuhörer zu erfüllen. Gebrochen werden sollten solche Genreerwartungen allenfalls sehr wohlüberlegt, doch auch Slams, die zu Beginn ihr Publikum bewusst überfordern und irritieren finden sich bisweilen und können durch einen gewissen Überraschungseffekt erfolgreich sein – wenn es der Slammer bzw. die Slammerin denn nicht zu weit treibt.

Ebenso artikuliert sich eine konsequente Adressatenorientierung immer wieder auch in spontanen Äußerungen, was ebenso auf die agonale Ausrichtung von Slams verweist. Durch die Möglichkeit zur direkten Interaktion mit dem Publikum haben Slammerinnen und Slammer ja die Chance, auf die Stimmungslage des Publikums Rücksicht zu nehmen und spontan auf einzelne wie kollektive Äußerungen von Zustimmung oder Missfallen zu antworten. Damit ergibt sich in vielen Slams aber auch in der sachlichen Darstellung des eigenen Themas eine starke Orientierung auf Unterhaltungseffekte, auf die die Zuhörerinnen und Zuhörer meist unmittelbar positiv reagieren. Schließlich besuchen diese einen Slam auch, um sich unterhalten zu lassen, ganz so wie es das abendliche Club-Setting verspricht (vgl. dazu auch den Beitrag von Niemann et al. in diesem Band). Die heterogene Zusammensetzung des Publikums, zu dem ja in der Regel nicht nur Fachexpertinnen und -experten gehören, lässt zudem am Ende vor allem emotional gefärbte Wertungen zu, weil das Publikum häufig gar nicht beurteilen kann, welcher Slam der wissenschaftlich innovativste, solideste oder aufwändigste Beitrag des Abends war.

2   Wissenschaft auf der Bühne: Performanz im Science-Slam

Der performativen Aufführung des Vortrags kommt im Science-Slam eine besondere Bedeutung zu, da der Slam im Gegensatz zum klassischen Fachvortrag eine stärkere Fokussierung auf den Auftritt, die nonverbale und stimmliche Wirkung von Rednerin oder Redner, mit sich bringt. Rhetorisch ist dabei zunächst das konkrete Setting wichtig: Meist ist ein Slam ein Auftritt auf einer Bühne, die Slammenden werden von Scheinwerfern beleuchtet und in den Mittelpunkt der Aufmerksamkeit gerückt. Sie agieren in einer Umgebung, in der sonst Theaterstücke, Konzerte oder Comedyabende stattfinden – und allein dieser räumliche Kontext erzeugt eine ganz andere Wahrnehmung von Redner bzw. Rednerin als ein Vortrag in einem sachlich funktionalen Hörsaal. Während das Rednerpult eine Fokussierung auf den Text der Rede mit sich bringt und der Körper des Redners bzw. der Rednerin nur eingeschränkt wahrgenommen wird, hat körperliche Präsenz auf der offenen Bühne eine viel größere Bedeutung und verlangt auch nach einer anderen Art von Körpersprache als das Rednerpult in einem Hörsaal. Wie bei vielen neueren Kommunikationsformaten ist das Rednerpult im Slam ja zumeist verschwunden, die Rednerin oder der Redner frei im Raum positioniert (vgl. Kramer 2019, S. 253–260). Damit aber verschwindet meist auch der vorformulierte, abgelesene Text von der Bühne: Entweder sprechen Slammende frei oder sie lernen ihre Texte auswendig. Damit aber kann sich ein Slammer wie Remfort auch performativ konsequent in Richtung der Zuhörenden ausrichten, Blickkontakt suchen, auf der Bühne und durch Gesten Nähe zu den Zuhörerinnen und Zuhörern herstellen. Gerade die offene Positionierung auf der Bühne lässt den Slammer oder die Slammerin für die Zuhörenden erst als Person greifbar werden (vgl. Abb. 1).

Abb. 1   Screenshot aus der Aufzeichnung der Science-Slam-Präsentation von Reinhard Remfort „Dienliche Defekte" im Rahmen der Deutschen Meisterschaft im Science-Slam 2016 in Darmstadt, TC:01:52. Quelle: (Video) Helene Giquel, Jens Kanold, Andre Liegl.

Die offene Bühne müssen die Slammenden für sich erobern, die proxemische, d. h. räumliche, Situation ist viel komplexer als in einem Szenario, bei dem die Positionierung der Rednerin oder des Redners im Raum – etwa durch das oben angesprochene Pult – stärker fixiert ist. Dabei treten auch Kleidung und Aussehen der Slammenden stärker in den Vordergrund. Die Eroberung der Bühne geschieht im Fall Remforts durch Bewegungen über den gesamten Bühnenraum schon gleich zu Beginn des Slams. Sein Auftritt in einem jugendlich-nerdigen Look schafft Glaubwürdigkeit und Identifikationspotential für viele Zuhörerinnen und Zuhörer. Insgesamt lässt sich bei Remfort eine eher lässige Redehaltung beobachten, die entspannt wirken soll und eher mit einer gesprächigen Darbietung als einem belehrenden Vortrag einhergeht. Auch die Gestik spielt bei Remfort – wie auch in vielen weiteren Slams – durch die freie Positionierung im Raum eine große Rolle. Es lassen sich dabei rhythmische Gesten finden, die den Sprechertext begleiten und damit zum Teil auch an Darstellungsgewohnheiten bei YouTube und anderen sozialen Kanälen erinnern, wo eine stark rhythmisierte Sprache zum Erkennungsmerkmal vieler Influencer geworden ist. Außerdem finden sich im „Dienliche Defekte"-Slam viele Interaktionsgesten, die dazu dienen, Kontakt mit dem Publikum herzustellen. Typisch für ein Präsentationssetting sind schließlich deiktische Gesten, die entweder generell auf die Folienpräsentation verweisen oder einzelne Aspekte von Folien hervorheben und die Aufmerksamkeit der Zuschauerinnen und Zuschauer lenken (vgl. Lobin 2009, S. 25–51). Solche Zeigehandlungen sorgen auch dafür, dass sich Remfort als Vermittler zwischen wissenschaftlichem Inhalt und Adressierten inszenieren kann und er dadurch in die Rolle des Erklärers rückt.

Auch stimmlich spiegelt sich die eher entspannte Grundhaltung Remforts in einem tendenziell dialogischen Sprechstil, einem stärker narrativen als belehrenden Gestus. Im Grunde können wir ein inszeniertes Gespräch unter Freunden beobachten, das auf die Bühne gerückt wird und so Nahbarkeit und Zugänglichkeit vermittelt. Dazu gehört auch eine Artikulation, die manchmal eher unsauber nachlässig ist, es bisweilen aber auch darauf anlegt, durch Lautstärke und eine abgesenkte Stimme Präsenz zu erzeugen. Sprachspielerische Elemente, Rhythmisierung, das onomatopoetische Spiel mit Klängen und Laustärkevariationen sowie das Spiel mit dem Mikrofonklang eröffnen eine ästhetische Wirkungsebene des Slams.

Deutlich wird somit, dass der wissenschaftliche Vortrag im Slam abweicht von traditionellen Szenarien einer akademischen Vorlesung, zugleich aber Aufführungspraktiken aufgreift, die in anderen Kontexten zu finden sind. Eine Nähe zum TED-Talk etwa ist bei aktuellen Slams zu erkennen, auch wenn ein Slam meist „rauer" aufgeführt wird, weniger poliert wirkt als viele TED-Talks. Hier wird auch der Einfluss immens populärer Social-Media-Influencer auf die Präsentationskultur greifbar, die in ähnlicher Art und Weise mit Rhythmus, Sprechgeschwindigkeit und Artikulation arbeiten. Im Slam wird Wissenschaft auf die Bühne gerückt und performativ auch bühnengerecht umgesetzt. Durch den gesprächigen Charakter, den Remfort in seinem Slam umsetzt, ist das Format dabei trotzdem auf Nähe und Authentizität ausgerichtet. Auch spielerische Elemente gehören dabei zur Ästhetik des Slams, erlaubt doch das Setting das Spiel mit den Zuschauerinnen und Zuschauern, die spontane Reaktion, die eine gewisse Leichtigkeit und Coolness im Auftreten fordert.

3   Rekontextualisierung von Wissen: Sprache und Argumentation im Science-Slam

Slams nutzen zumeist – und das gilt auch für den Slam von Reinhard Remfort – in großem Umfang sprachliche Mittel, die auf die Veranschaulichung komplexer Inhalte, Verständlichkeit und emotionale Reaktionen des Publikums zielen. Bilder und Vergleiche sollen komplexe wissenschaftliche Inhalte zugänglich machen, gehen freilich zugleich in der Regel mit einer Komplexitätsreduktion einher, die in

Kauf genommen wird, um die Anschlussfähigkeit von Informationen zu erhöhen. Narrative Elemente setzen die eigene Biographie und Erfahrungen im Labor um, häufig allerdings ohne, wie bei TED-Talks üblich, das gesamte Forschungsergebnis und seine Bedeutung narrativ zu rahmen und auf ein zentrales Erlebnis zuzuspitzen. Remfort setzt beispielsweise eher narrative Episoden ein, Mikroerzählungen, die aber ihrerseits viel dazu beitragen, ihm als Redner Kontur zu verleihen und seine Forschung in ihrem prozeduralen Charakter greifbar zu machen.

Immer wieder nutzt Remfort auch Übertreibungen und Ironie als eine Form uneigentlichen Sprechens, was innerhalb des Wissenschaftssystems selbst dem Wesen nach nicht akzeptabel ist. Ihrer Form nach verlangen Slams dagegen nach Unterhaltung und Komik, die sich auf diese Weise erreichen lassen. Zentrales Mittel im Slam von Reinhard Remfort ist dabei die Konfrontation von Sprachniveaus. „Epitaxie hochreiner Diamantschichten zur Untersuchung oberflächennaher NV-Störstellen" ist etwa der Titel des Forschungsprojekts, der jedoch umgehend persifliert wird. Remfort spricht dann davon, dass es darum gehe, auf Materialien „mit dem Laser draufrum[zu]braten" oder er erzählt von Teilchen, die „zurückwinken". Gerade diese Kombination der Sprachniveaus sorgt durch ihre Unangemessenheit für komische Effekte. Ähnlich wirken die beständigen Kommentierungen und Ironisierungen von Forschungsergebnissen und naturwissenschaftlichen Erkenntnissen. Wir finden damit eine Sprache vor, die anders funktioniert als das sachliche Beschreibungsvokabular der Naturwissenschaften, eine Sprache, die nicht nur auf präzise Informationsübermittlung aus ist, sondern auf eine Verständlichkeit jenseits eines reinen Fachpublikums – und auf Unterhaltung.

Wissenschaftliche Argumentationen werden von Remfort – wie auch in vielen anderen Slams – durchaus angedeutet, etwa wenn logische Strukturen aufgebaut werden, Schlussfiguren zu finden sind, die aus einzelnen Experimenten Konsequenzen ziehen, induktive und deduktive Muster liefern oder imitieren. Zudem werden immer wieder eigene Laborerlebnisse geschildert. Zumindest in Aspekten wird so der Forschungsprozess bei Remfort sichtbar und er überwindet die Fokussierung auf eine reine Ergebniskommunikation, die in der naturwissenschaftlichen Wissenschaftskommunikation häufig dominiert. Insofern ist das Slam-Format durchaus geeignet, die Abläufe hinter wissenschaftlicher Forschung zu rekonstruieren. Gleichzeitig bemüht sich Remfort um die beständige Rekontextualisierung von Erkenntnis und Wissen, darum Anschluss an die Erfahrungen und Lebenswirklichkeit der Adressaten und Adressatinnen zu finden. Er nutzt damit eine zentrale Strategie zur Popularisierung komplexer Inhalte, die Calsamiglia und van Dijk propagieren (2004, S. 139–146). Remfort versucht, nachvollziehbare und anschauliche Beispiele zu finden, wobei sich zugleich immer die Tendenz zur komischen Überzeichnung findet: wenn er etwa Modelle am Frühstücktisch baut oder argumentiert, dass Ort und Geschwindigkeit in der Quantenphysik nicht gleichzeitig zu messen seien, um dann sogleich abstruse Konsequenzen für Tempokontrollen im Straßenverkehr abzuleiten. Der komische Effekt, also der Lacher, ist Remfort bei solchen Beispielen und Vergleichen sicher, während die wissenschaftliche Präzision solcher Aussagen zum Teil eher kritisch zu beurteilen ist. Gerade die Gratwanderung zwischen wissenschaftlicher Präzision, dem Bestreben, durch Veranschaulichung und Rekontextualisierung, Wissensinhalte verständlich und zugänglich zu machen, und dem Versuch, die Zuhörerinnen und Zuhörer zu unterhalten, ist eine der zentralen Herausforderungen für das Format Science-Slam.

4   Komik durch gezielte Verletzung von Angemessenheitsrelationen

Im Slam von Reinhard Remfort ist Komik ein kommunikatives Mittel, das für seinen Erfolg ohne Zweifel eine große Rolle spielt. Sie wird dabei durch verschiedene Techniken erzeugt. Zunächst einmal gibt es auf der sprachlichen Ebene zu verortende Komik, etwa durch einzelne unangebrachte Wörter, dann wird etwa Schrödingers Versuchsanordnung als „Höllenmaschine" eingeführt. Auch unpassende Vergleiche und Bilder sind eine Technik um Komik zu erzeugen, etwa wenn schwache Signale erklärt werden, indem Remfort äußert, man erkenne das Signal nur „wenn drei andere Physiker mit spitzen Hüten um das Messgerät tanzen". Auch narrativ und performativ ausgestaltete Witze finden sich bei Remfort, solche erzählten Witze werden dabei oft auch performativ stark akzentuiert und in einer zielgerichteten Dramaturgie dargeboten. Auf einer anderen Ebene liegt die spontane Komik, die sich in der direkten Interaktion mit dem Publikum ergibt, das sind schlagfertige Reaktionen im Dialog, gezielte Übertreibungen und Sticheleien. Häufig wird diese Interaktion mit den Zuschauerinnen und Zuschauern auch über rhetorische Fragen eingeleitet. Schließlich findet sich auch noch Komik, die visuell umgesetzt wird, das sind im wissenschaftlichen Kontext unpassende und überraschende Visualisierungen, etwa wenn Comicfiguren auf den Folien zu finden sind, die mit Lasern auf ein Kristallgitter schießen (vgl. Abb. 2). Häufig entsteht Komik im Kontext der visuell kodierten Informationen zudem dadurch, dass sprachliche Darstellung und visuell dargebotene Information nicht zueinander passen. Wir sehen dann wissenschaftliche Ergebnisse in Charts und Grafiken, die durch sprachliche Erläuterungen und Umschreibungen begleitet werden (vgl. Abb. 2), die stark umgangssprachlich sind oder völlig disparate Referenzebenen miteinander kombinieren.

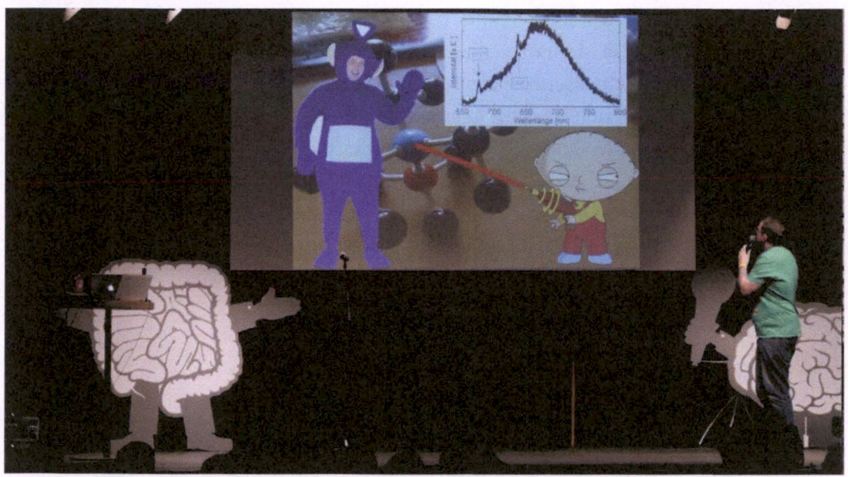

Abb. 2   Ausschnitt aus der Aufzeichnung der Science-Slam Präsentation von Reinhard Remfort „Dienliche Defekte" im Rahmen der Deutschen Meisterschaft im Science-Slam 2016, TC: 04:32. Quelle: Science-Slam Darmstadt.

Im Grunde kann man argumentieren, dass Komik beim Slam als eine Form des „comic relief" eingesetzt wird: Die Spannung, die durch ein komplexes und herausforderndes Thema bei den Zuhörerinnen und Zuhörern entsteht, wird durch sprachliche und visuelle Distanzierungen, erzählte Witze oder Komik, die sich im Zusammenspiel mit dem Publikum ergibt, abgefedert. Rhetorisch gesehen, ergeben sich diese komischen Effekte durch Verstöße gegen das aptum-Postulat, also eine Verletzung der Angemessenheit von Kommunikation. Für Joachim Ritter ist Lachen ein Spiel zwischen dem Ausgrenzenden und dem Ausgegrenzten, das Aspekte des Lebens, die durch Moral und Höflichkeit unterdrückt werden, aufnimmt und artikuliert (vgl. Ritter 1989, S. 66ff.). Entsprechend trägt das Lachen erheblich zur captatio bene volentiae, also zur Herstellung eines positiven Kommunikationsklimas, bei und wird im Slam auch in diesem Sinne eingesetzt. Der Slammer oder die Slammerin distanziert sich damit häufig vom wissenschaftlichen Thema ebenso wie von Sprach- und Verhaltensnormen, denen sich Wissenschaftlerinnen und Wissenschaftler normalerweise unterstellen müssen. Damit aber formuliert er oder sie ein Identifikationsangebot für das Publikum. Während also genau besehen die Komikeinlagen im Slam mit Blick auf die Stimmigkeit der Worte und Visualisierungen zum wissenschaftlichen Inhalt unangemessen sind, erfüllen sie dennoch die Aptumerwartungen der Zuschauerinnen und Zuschauer, die ja beim

Slam auch die feste Erwartung haben, unterhalten zu werden (vgl. dazu auch den Beitrag von Niemann et al. in diesem Band). Damit gehört der kalkulierte Verstoß gegen die innere Angemessenheit eines Textes zu den Erkennungsmerkmalen des Slams, weil sich durch den Verstoß gegen die Regeln der inneren Angemessenheit komische Effekte erzielen lassen. Gleichwohl bleibt das äußere Aptum gewahrt, da der Slam konsequent auf die Adressatinnen und Adressaten ausgerichtet ist (vgl. Abb. 3). Das Setting lässt schließlich eher die Sprachregeln des lockeren Gesprächs unter Freunden zum Maßstab werden, nicht die sachliche Sprache der Wissenschaft.

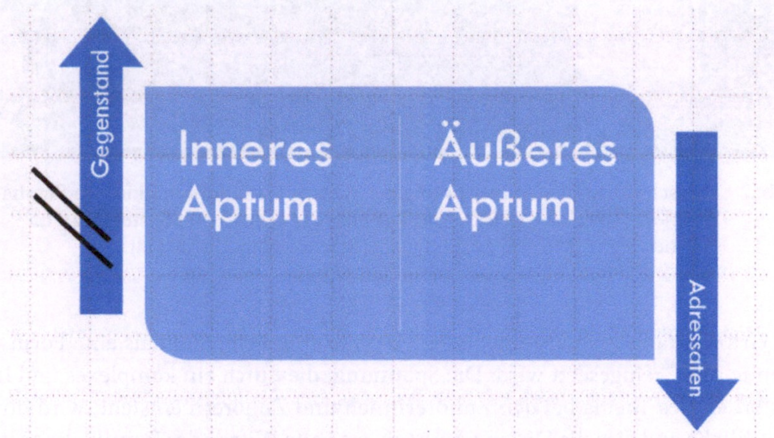

Abb. 3 Strategische Verletzung der inneren Angemessenheit mit Bezug auf den wissenschaftlichen Gegenstand der Präsentation bei gleichzeitiger konsequenter Adressaten-Orientierung im Science-Slam.

So gehört der Einsatz von Komik beim Science-Slam auf der einen Seite zu den Stärken des Formats, weil er die Veranstaltung für das Publikum erst attraktiv macht, Distanzerfahrungen, die viele gegenüber aktueller Forschung und auch Wissenschaftlerinnen und Wissenschaftlern hegen, auflöst. Zugleich aber führt das agonale Setting des Slams dazu, dass das Format die Neigung hat in Comedy-Veranstaltungen zu kippen, weil häufig der oder die Witzigste gewinnt.

5 Science-Slam als Interaktionsform

Science-Slams bringen wissenschaftliche Themen in die Öffentlichkeit, durch ihren dialogischen Ansatz sorgen sie auch für eine partizipatorische Darbietung von Information und überwinden damit eine Wissenschaftskommunikation, die lediglich im Sinne einer unidirektionalen Push-Kommunikation auf die Öffentlichkeit zugeht (vgl. Wefer 2012). Slams leisten somit einen Beitrag zur gesellschaftlichen Verankerung und Verortung von Wissenschaft. Dabei greift der Slam kommunikative Entwicklungen der letzten Jahre auf, fügt sich ein in das Regiment der eher kurzen Formate, das Twitter, Facebook, YouTube führen. Auch die mehrfache Kodierung von Information im Slam wird aktuellen medialen Entwicklungen gerecht: Wissenschaftliche Inhalte liegen häufig in visueller Form vor, man denke nur an die Datenbilder, in denen komplexe Informationen heute der Öffentlichkeit häufig erst zugänglich gemacht werden können (vgl. Adelmann et al. 2009). Der Slam reagiert dabei auf die hohe Bedeutung der Präsentation als eine Form der Wissensdarstellung, die immer mehr den traditionellen Vortrag im Wissenschaftsbereich verdrängt, er stellt zudem durchaus auch ein unterhaltsam angelegtes Trainingsformat dar, in dem man visuelle Gestaltung ebenso wie das Formulieren und Aufführen von Texten einüben kann; Kompetenzen also, die in vielen Bereichen gefordert werden. Er leistet damit einen Beitrag zur Ausbildung zentraler kommunikativer Kompetenzen bei den Slammenden.

Zugleich befördert die Agonalität des Slams, wie wir gesehen haben, aber auch komische Effekte, die nicht immer der wissenschaftlichen Auseinandersetzung gerecht werden. Beim Science-Slam gewinnt am Ende häufig der oder die Witzigste. Die Qualität der vorgestellten Forschung, ihr Innovationsgehalt sind im Vergleich für die Bewertung häufig sekundär und können oft vom Publikum auf der Basis der dargestellten Informationen auch gar nicht beurteilt werden. Zugleich aber fördert die agonale Struktur auch Kürze, Pointierung, Anschaulichkeit und die Suche nach lebensweltlichen Rekontextualisierungen von wissenschaftlicher Forschung. Insofern ist das Format Science-Slam mit vielen positiven Effekten verbunden und sorgt dafür, wissenschaftliche Forschung in die Gesellschaft zu tragen. Zugleich können im Format angelegte Eigenheiten aber auch die Absicht, aktuelle wissenschaftliche Ergebnisse zu teilen, hintertreiben, wenn ein zu großer Fokus auf den Unterhaltungsaspekt des Formats gelegt wird.

Die Schaffung von festen Formaten hilft dabei, wissenschaftliche Themen in die Öffentlichkeit zu tragen, das beweisen Science-Slam, TED-Talk und viele andere Formatinitiativen in der gegenwärtigen Wissenschaftskommunikation. Gleichzeitig fügt sich der Slam ebenso wie andere in den letzten Jahren entstandene Formate in eine Eventkultur (vgl. Lampe 2016). Wichtig ist es daher, immer wieder die

Frage zu stellen, ob die Dynamik, die ein Event entfaltet, nicht am Ende zu sehr von der Wissenschaft wegführt. Es ist daher ebenso notwendig, Kommunikationsformate regelmäßig weiterzuentwickeln. In diesem Zusammenhang sollten auch Slamveranstaltende und Slam-Master sich regelmäßig fragen, ob sie noch auf dem richtigen Weg sind. Ein Bundessieg wie der von Remfort lenkt viel Aufmerksamkeit auf einen Slam – gerade bei diesen großen Veranstaltungen sollte daher die inhaltliche Qualität und der wissenschaftliche Gehalt eines Slams ein wichtiges Bewertungskriterium sein.

Wenn man solche korrektiven Überlegungen aufnimmt, ermöglicht ein Science-Slam es, in spannender Weise Wissenschaft in die Öffentlichkeit zu tragen. Zudem hat die Slam-Kultur auch positive Auswirkungen auf die Slammenden selbst, die aus rhetorischer Perspektive unbedingt zu nennen sind: Slams steigern und verbessern nachhaltig die kommunikative Kompetenz der Akteurinnen und Akteure. Slammende gewinnen auf Dauer nicht nur Erfahrung im Bereich der visuellen Informationsaufbereitung, der Textproduktion und Performanz, sondern auch an Selbstsicherheit und Souveränität. So gesehen ist der Science-Slam auch ein Programm zur Stärkung kommunikativer Kompetenz. Und das selbst aufseiten der Zuschauerinnen und Zuschauer, die durch den Slam von neuen Gestaltungsmöglichkeiten bezüglich Grafik und Text erfahren, sich an den Auftritten der Slammenden selbst orientieren können und neue Varianten des kommunikativen Auftritts kennenlernen. Die Rolle als Jury zwingt dabei zur genauen Beobachtung, zu einer Fokussierung auch auf das „Wie" eines Auftritts.

Auch wenn Information nicht immer in Detail und Überfluss angeboten wird und bisweilen ein comedyhafter Stil dominiert, werden im Science-Slam doch aktuelle Forschungsfelder greifbar, kann durch das Format Interesse für wissenschaftliche Themen geweckt werden und die Motivation, sich mit neuen Themen intensiver auseinanderzusetzen, steigen.

Nachsatz: How to Slam?

1. Warm-up! / Witziger, aktivierender Einstieg
2. Seize the stage! / Bühnenpräsenz zeigen
3. Use the mic! / Sprache zum Klingen bringen
4. Make (narrative & visual) jokes! / Aptumverletzung
5. Have a conversation, don't lecture! / Dialog, Narration, Rekontextualisierung

Literatur

Adelmann, Ralf, Frercks, Jan, Heßler, Martina, & Hennig, Jochen. (2009). *Datenbilder. Zur digitalen Bildpraxis in den Naturwissenschaften*. Bielefeld: transcript.

Aristoteles (2007). *Rhetorik*, übers. u. hrsg. v. Gernot Krapinger. Stuttgart: Reclam.

Calsamiglia, Helena, & van Dijk, Teun A. (2004). Popularization Discourse and Knowledge about the Genome. *Discourse Studies 15(4)*, 369–389.

Knape, Joachim. (2005). The Medium is the Message? Medientheoretische Anfragen und Antworten der Rhetorik. In Joachim Knape (Hrsg.), *Medienrhetorik* (S. 17–39). Tübingen: Narr.

Kramer, Olaf. (2019). YouTube und Rostra. Redebühnen im Wandel der Zeiten. In Constanze Fröhlich, Martin Grötschel, & Wolfgang Klein (Hrsg.), *Abecedarium der Sprache* (S. 253–260). Berlin: Kulturverlag Kadmos.

Lampe, André. (2016). Science Slam als Bereicherung einer Tagung oder Konferenz. In Thorsten Knoll (Hrsg.), *Neue Konzepte für einprägsame Events: Partizipation statt Langeweile – vom Teilnehmer zum Akteur* (S. 109–124). Wiesbaden: SpringerGabler.

Lobin, Henning. (2009). *Inszeniertes Reden auf der Medienbühne: Zur Linguistik und Rhetorik der wissenschaftlichen Präsentation*. Frankfurt, New York: Campus-Verl.

Neumann, Uwe. (1992). Agonistik. In Gert Ueding (Hrsg.), *Historisches Wörterbuch der Rhetorik Bd. 1* (S. 261–284). Tübingen: Niemeyer.

Quintilianus, Marcus Fabius. (2006). *Ausbildung des Redners. Zwölf Bücher. Erster Teil: Buch I-VI*, übers. u. hrsg. v. Helmuth Rahn, Darmstadt: Wissenschaftliche Buchgesellschaft.

Ritter, Joachim. (1989). *Subjektivität. Sechs Aufsätze*. Frankfurt am Main: Suhrkamp.

Schmölders, Claudia. (1986). *Die Kunst des Gesprächs. Texte zur Geschichte der europäischen Konversationstheorie*, München: dtv.

Ueding, Gert, & Steinbrink, Bernd. (2005). *Grundriß der Rhetorik. Geschichte, Technik, Methode*, Stuttgart, Weimar: Metzler.

Wefer, Gerold. (2012). Vom Dialog über Forschungsergebnisse zum Dialog über Erkenntnisprozesse. In Beatrice Dernbach, Christian Kleinert, & Herbert Münder (Hrsg.), *Handbuch Wissenschaftskommunikation* (S. 33–36). Wiesbaden: Springer VS.

Und unterhaltsam soll es auch noch sein …
Sprachliche Strategien der Erzeugung von Unterhaltsamkeit in Science-Slams

Monika Hanauska

Zusammenfassung

Die Erforschung von Unterhaltungsangeboten hat insbesondere aus kommunikationswissenschaftlicher Perspektive eine reiche Tradition. Die Linguistik hingegen hat bislang nur wenige Ansätze zur systematischen Beschäftigung mit dem Phänomen Unterhaltung hervorgebracht. Dies mag möglicherweise auch daran liegen, dass es sich hierbei um ein Rezeptionsphänomen handelt, das nicht in den Kernbereich linguistischer Forschung fällt. Dabei lässt sich gerade aus dieser Perspektive die Frage nach der Faktur von Unterhaltungsangeboten stellen, um auf diese Weise sprachliche Strategien offenzulegen, die eingesetzt werden, um Unterhaltungseffekte zu erzeugen. Besondere Relevanz erlangt diese Frage bei solchen medialen Angeboten, die auf unterhaltsame Weise einem heterogenen Publikum wissenschaftliche Inhalte vermitteln wollen. Der vorliegende Beitrag untersucht am Beispiel der Science-Slam-Präsentation „Dienliche Defekte" von Reinhard Remfort, welche sprachlichen Mittel und Strategien eingesetzt werden, um unterhaltsame Wissenschaftskommunikation zu betreiben. Die Grundlage der Analyse stellen dabei die „Maximen der Unterhaltsamkeit", die der Sprachwissenschaftler Josef Klein (1997) in Anlehnung an Paul Grices (1989) Konversationsmaximen aufgestellt hat, dar.

Schlüsselbegriffe

Unterhaltungsmaximen, Konversationsmaximen, Pragmatik, sprachliche Strategien, Science-Slam, Perlokution, Wissenschaftskommunikation, Unterhaltung, Unterhaltsamkeit

© Springer Fachmedien Wiesbaden GmbH, ein Teil von Springer Nature 2020 69
P. Niemann et al. (Hrsg.), *Science-Slam*,
https://doi.org/10.1007/978-3-658-28861-7_6

In den vergangenen Jahren haben sich zahlreiche Initiativen herausgebildet, die bestrebt sind, wissenschaftliche Erkenntnisse und Forschung einer breiten Öffentlichkeit zu vermitteln und auf diese Weise nicht nur ein besseres Verständnis von und für Forschungsansätze(n), -methoden und -ergebnisse(n) in der Gesellschaft zu gewährleisten, sondern auch die Akzeptanz von Wissenschaft und Forschung zu erhöhen. Seit 1999 – im Zuge des sog. PUSH-Memorandums[1] – verpflichten sich führende Wissenschaftsorganisationen zu einem verstärkten Dialog mit der Gesellschaft über wissenschaftliche und forschungsbasierte Inhalte. Ein wesentlicher Aspekt hierbei ist die Frage, wie heterogene Bevölkerungsgruppen an Wissenschaft und Forschung herangeführt und für diesbezügliche Themen interessiert und begeistert werden können. Aus dieser Frage heraus haben sich verschiedene Formen und Formate entwickelt, in denen die Vermittlung wissenschaftlicher Inhalte an ein nicht-wissenschaftliches Publikum wie auch die Einbeziehung von Laien in Forschungskontexte im Fokus stehen. Zu denken ist hierbei etwa an Wissenschaftsfestivals, FameLabs, Science Cafés, Projekte im Bereich Citizen Science oder Science-Slams. Vielen dieser Formate ist dabei ein Ansatz gemein, mit dem Berührungsängste gegenüber der oftmals als trocken und langweilig vorverurteilten Wissenschaft abgebaut werden sollen: Sie setzen auf eine unterhaltsame Auseinandersetzung mit wissenschaftlichen Inhalten, um einen niedrigschwelligen Zugang zu ihren Gegenstandsbereichen zu ermöglichen. Dabei machen sie sich Erkenntnisse der Medienpsychologie und Kognitionsforschung zunutze, wonach eine unterhaltsame Vermittlung von Fakten die Aufnahme und Verarbeitung derselben verbessern könne (vgl. Vorderer 2001, S. 249f.; Mangold 2004). Während die genannten Formate und die damit zusammenhängenden Vermittlungsformen in den vergangenen Jahren auch zunehmend zum Gegenstand wissenschaftlicher Untersuchungen wurden (übergreifend Niemann et al. 2017; zu Wissenschaftsfestivals z.B. Münder 2012; zu Famelabs z.B. Zarkadakis 2010; zum Science Café z.B. Navid und Einsiedel 2012), ist der Frage nach den konkreten sprachlichen Strategien, mit denen Unterhaltsamkeit erzeugt werden soll, bislang wenig Beachtung geschenkt worden. Der folgende Beitrag möchte daher anhand einer exemplarischen Untersuchung des Science-Slam-Vortrags „Dienliche Defekte" von Reinhard Remfort diesem Aspekt nachgehen, um zum einen ein Instrumentarium vorzustellen, anhand dessen die Erzeugung von Unterhaltsamkeit linguistisch untersucht werden kann und zum

---

1   Public Understanding of Sciences and Humanities (PUSH): Auf Initiative des Stifterverbandes der deutschen Wissenschaft hin wurde in einer gemeinsamen Erklärung vereinbart, Wissenschaft und Forschung besser in der Gesellschaft zu verankern (vgl. https://www.stifterverband.org/ueber-uns/geschichte-des-stifterverbandes/push-memorandum, Zugegriffen: 02.06.2019).

anderen erste Erkenntnisse zu liefern, welcher Strategien sich Science-Slammer*innen bedienen, um wissenschaftliche Inhalte für ein heterogenes, nicht-fachliches Publikum aufzubereiten. Damit soll ein erster Aufschlag für weitergehende Untersuchungen sprachlicher Strategien der unterhaltsamen Wissenschaftsvermittlung gemacht werden, die in einem zweiten Schritt um rezeptionsorientierte Studien erweitert werden können, um die Wirkung dieser Strategien zu erforschen (vgl. hierzu auch den Beitrag von Niemann et al. in diesem Band).

1   Zwischen Wissenschaftlichkeit und Unterhaltung: die Anforderungen des Formats „Science- Slam"

Die besondere Modellierung des Formats „Science-Slam" stellt neben der Anforderung, die eigene Forschungsarbeit einem fachfremden und möglicherweise akademisch nicht vorgeprägten Publikum auf unterhaltsame Weise zu präsentieren[2] zusätzlich die Herausforderung, dem kompetitiven Charakter des Formats sowie der zeitlichen Begrenzung der Präsentation auf in der Regel zehn Minuten gerecht zu werden. Science-Slam-Präsentationen stehen damit in einem Spannungsverhältnis, das zum einen aus den Anforderungen, die der wissenschaftliche Gegenstand mit sich bringt, besteht. Zu denken sei hier beispielsweise an die hohe Komplexität, den Voraussetzungsreichtum bezüglich des nötigen Fachwissens und der Verortung in den Forschungsdiskurs und an eine differenzierte Herangehensweise an Methodik und Umgang mit Wissen, Nichtwissen sowie mit Irrtümern und Fehleinschätzungen. Zum anderen spielen Anforderungen des Formats und die Anforderungen des Publikums eine wesentliche Rolle. Hier sei etwa an den Wunsch nach Unterhaltung und verständlicher, möglichst geradliniger Darbietung sowie an unterschiedliche Vorkenntnisse und Wissensstände bezüglich des Themas zu denken. Der Konzeption einer Science-Slam-Präsentation müssen daher verschiedene Vorüberlegungen vorausgehen, wie dieses Spannungsverhältnis am besten aufgelöst werden kann. Dabei spielt der Aspekt des unterhaltsamen Zuschnitts des Gegenstandes eine tragende Rolle, berührt dabei aber auch die Frage, wie das Adjektiv „unterhaltsam" inhaltlich gefasst wird. Dies betrifft zum einen die Art, wie die einzelnen Slammer*innen für sich Unterhaltsamkeit definieren, zum anderen aber auch ihre Annahmen darüber, was ihr Publikum als unterhaltsam empfinden könnte, wodurch es sich also unterhalten lässt.

---

2   Grummt (2015, S. 8) spricht diesbezüglich von einer „Transformation von wissenschaftlichem Wissen in unterhaltsames Wissen".

Unterhaltungserleben ist ein individuelles und positiv bewertetes Rezeptionsphänomen, das auf eine Gemengelage aus verschiedenen ineinander verzahnten Faktoren
wie die inhaltliche Ausrichtung und ästhetische Gestaltung eines Kommunikats,
die individuellen Anlagen der Rezipient*innen sowie die situative Rahmung des
Rezeptionsgeschehens zurückzuführen ist (vgl. Dohle und Bernhard 2013, S. 249).
Das Gefühl von Unterhaltung kann sich sowohl passiv in Form von Regeneration und Erholung von anstrengenden Tätigkeiten einstellen als auch aktiv durch
die Bewältigung spielerischer, dabei aber unverbindlicher und konsequenzloser
Herausforderungen einstellen (vgl. Hartmann 2006, S. 9). Als Kernelement des
Unterhaltungserlebens wird immer wieder angenehmes Empfinden bzw. Vergnügen genannt (vgl. Bosshardt 1997, S. 45f.; Vorderer 2001, S. 254; Oliver und Raney
2011, S. 984)[3], das durch unterschiedlich geartete Stimuli ausgelöst werden kann.[4]
Hierzu können sowohl Komik und Humor als auch die Vermittlung alltagsbezogener Aha-Erlebnisse gehören. Dementsprechend kann Unterhaltungserleben
hedonistisch mit einer starken Betonung komikerzeugender Stimuli aufgefasst
werden, eudämonistisch[5] mit einer starken Betonung zum Nachdenken anregender
Stimuli wie auch als eine Mischung dieser beiden Ausformungen betrachtet werden
(vgl. Oliver und Raney 2011).

In die Gestaltung der Science-Slam-Präsentation, die wissenschaftlichen *und*
unterhaltenden Ansprüchen genügen soll, können insofern Stimuli eingehen, die
nach den Vorstellungen der Slammer*innen sowohl einer hedonistischen als auch
einer eudämonistischen Konzeption von Unterhaltung entsprechen sollen. Die
damit verbundene Frage ist, wie die Stimuli gestaltet sind und welche Annahmen
ihrer Verwendung zugrunde liegen. Die folgenden Ausführungen nehmen also
eine produktionsästhetische Perspektive ein und versuchen aus linguistischem
Blickwinkel das Potenzial zur Unterhaltung als Eigenschaft medialer Angebote
zu beleuchten.

---

3   Einen zusammenfassenden Überblick über verschiedene Ansätze der Unterhaltungsforschung bietet Wünsch (2000).

4   Dabei handelt es sich jedoch keineswegs um eine Reiz-Reaktions-Kette, wie behavioristische Theorien es nahelegen, da nicht jeder Stimulus, der Unterhaltung auslösen soll,
    tatsächlich zu diesem Effekt führt (vgl. Vorderer 2001, S. 249).

5   Eine eudämonistische Konzeption von Unterhaltungserleben geht davon aus, dass Rezipient*innen im Konsum medialer Angebote auch intellektuelle Anregungen, die u. a.
    zur Bewältigung des täglichen Lebens beitragen oder Selbstverwirklichung begünstigen
    können, suchen (vgl. Oliver und Raney 2011, S. 985ff.).

2 Linguistische Perspektive auf Unterhaltung und Unterhaltsamkeit

Sprachwissenschaftliche Untersuchungen zum Themenkomplex Unterhaltung und Unterhaltsamkeit sind rar gesät.[6] Einen vielversprechenden, doch nicht weiter verfolgten Ansatz bieten zwei Arbeiten von Josef Klein (1996, 1997), die die Basis für die nachfolgenden Ausführungen bilden.

In Anlehnung an die von Paul Grice in seinem wegweisenden Aufsatz „Logic and Conversation" (1975) aufgestellten Konversationsmaximen stellt Klein Überlegungen dazu an, welche kategorialen Merkmale Unterhaltsamkeit zugrunde liegen. Dabei betrachtet er die Grice'schen Konversationsmaximen (Maximen der Quantität, der Modalität, der Qualität und der Relevanz) unter der Prämisse der mentalen Verarbeitung von Kommunikationsangeboten. Der zugrundeliegende Gedanke besteht dabei darin, dass die Maximen insofern wirkungsbezogene Implikationen beinhalten, als sie erwünschte und zu vermeidende Wirkungen der Äußerungen beim Gesprächspartner antizipieren und damit auch grundlegende Dimensionen der mentalen Verarbeitung von Äußerungsinhalten darstellen (vgl. Klein 1997, S. 180ff.).

Während Klein zufolge das primäre Verarbeitungsziel in der Informationskommunikation der Wissenserwerb durch die Rezipient*innen ist, steht bei der Unterhaltungskommunikation Entspannung als Ziel im Vordergrund (vgl. Klein 1997, S. 183). Um dieses Ziel umsetzen zu können, muss ein Kommunikationsangebot sowohl der kognitiven Verarbeitungskapazität der Rezipient*innen Rechnung tragen als auch das Prozess-Ziel sowie die Präferenzen bei der Wahl des Aufmerksamkeitsfokus der Rezipient*innen in den Blick nehmen. Konkret bedeutet das, dass Kommunikationsangebote sowohl in quantitativer als auch in struktureller Hinsicht so gestaltet sein müssen, dass sie in angemessener Weise für Abwechslung (Maxime der Quantität) und Eingängigkeit (Maxime der Modalität) sorgen. Aus Perspektive der Unterhaltungskommunikation geht es also darum, wie viele Anreize (in Form von Informationen, Interaktionsangeboten, o. ä.) geboten werden und wie abwechslungsreich sie präsentiert werden[7], damit die Rezipient*innen sie als unterhaltsam wahrnehmen können. Zudem geht es um die Aufbereitung des Inhaltes in einer eingängigen und leicht verstehbaren Form. Hinsichtlich des grundlegenden Ziels

---

6   Zwar finden sich die Begriffe „Unterhaltung", „unterhaltsam" und „Unterhaltsamkeit" durchaus in Titeln linguistisch ausgerichteter Arbeiten, doch nur wenige gehen auch dezidiert auf eine theoretische Fundierung dieser Begriffe mit sprachwissenschaftlichen Mitteln ein.

7   Vgl. hierzu auch die Annahmen des Limited Capacity Model (z. B. Lang 2000).

des Kommunikationsprozesses, Entspannung zu erzeugen, soll das Kommunikationsangebot Unbeschwertheit garantieren (Maxime der Qualität) und damit auf Leichtigkeit und Unverbindlichkeit[8] hin ausgelegt sein. Hinsichtlich der Wahl des Aufmerksamkeitsfokus soll das Angebot Interessantheit aufweisen (Maxime der Relevanz), um die emotionale Beteiligung der Rezipient*innen zu gewährleisten (vgl. Vorderer und Hartmann 2009, S. 533f.). Klein betrachtet diese vier Kategorien der Abwechslung, Eingängigkeit, Unbeschwertheit und Interessantheit als konstitutiv für Unterhaltungsangebote, die je nach Genre unterschiedliche Ausprägungen und Gewichtungen haben können (vgl. Klein 1996, S. 113f.).

In Anlehnung an die Kommunikationsmaximen, die Grice formuliert hat, lassen sich mit Klein (1997, S. 185) die folgenden vier Unterhaltungsmaximen aufstellen:

1. Mache deine Präsentation abwechslungsreich!
2. Schaffe eine angenehme, entspannte und unbeschwerte Atmosphäre![9]
3. Präsentiere Interessantes!
4. Gestalte deine Präsentation eingängig!

Für die Umsetzung dieser Maximen lassen sich verschiedene Strategien nutzbar machen, die sowohl auf rein sprachlicher Ebene angesiedelt sein können als auch zusätzliche Kommunikationsmodi wie Gestik, Mimik, Bilder und Geräusche sowie Performanz (vgl. hierzu Dynkowska et al. 2012, S. 40ff.) heranziehen. Damit werden über diese unterschiedlichen Strategien Stimuli gesetzt, die darauf abzielen, Unterhaltsamkeit zu erzeugen. Hierbei bleibt jedoch zu berücksichtigen, dass trotz aller Bemühungen der Präsentierenden Unterhaltung ein Rezeptionsphänomen bleibt und daher nicht erzwungen werden kann. Um mit der Terminologie der Sprechakttheorie zu sprechen: Die Stimuli, die Präsentator*innen setzen, sind als perlokutionäre Akte[10] des UNTERHALTEN-WOLLENS zu betrachteten (vgl. Klein

---

8 Unverbindlichkeit bedeutet in diesem Kontext nicht, dass die Inhalte keine Relevanz für die Rezipient*innen hätten, sondern vielmehr, dass sich aus ihrer Rezeption keine unmittelbaren Konsequenzen für die Rezipient*innen (z. B. in Form eines Wissenstests, den sie im Anschluss an die Rezeption absolvieren müssten) ergeben.

9 Die Formulierung dieser Maxime weicht von der Kleins („Vermeide in deiner Präsentation moralisch und emotional Belastendes") ab, da sie meines Erachtens zu eng gefasst ist. Wie die Unterhaltungsforschung in den letzten Jahren deutlich herausgestellt hat, können durchaus auch belastende Inhalte so aufbereitet werden, dass das Endprodukt den Effekt der Unterhaltung hervorbringt (vgl. Dohle und Bernhard 2013, S. 250; Früh 2002; Früh 2003).

10 Sprechhandlungen, mit denen eine Wirkung bei den Rezipient*innen erzielt werden soll (vgl. Rolf 1982, S. 265).

1996, S. 115ff.), können mit Weidner (2017, S. 2) also als Unterhaltungs*potenziale* eines Medienangebots betrachtet werden, die durch bestimmte kommunikative Verfahren hervorgebracht werden. Die Wirkung, die diese perlokutionären Akte bei den Rezipient*innen hervorbringen, können den perlokutionären Effekt (zum Begriff vgl. Luge 1991; Rolf 1982) der UNTERHALTUNG haben, müssen es aber nicht zwangsläufig (man denke beispielsweise an einen ungelenken Gastgeber, der versucht, seine Gäste mit müden Witzen zu unterhalten, diese sich dadurch jedoch eher gelangweilt fühlen). Das kann einerseits an der rezeptiven Einstellung des Publikums liegen – wenn sich das Publikum oder Einzelne partout nicht unterhalten lassen wollen – (vgl. Müller 2002, S. 84f.), das kann aber andererseits auch daran liegen, dass die sprachlichen Strategien, die der/die Vortragende zur Umsetzung der sprachlichen Äußerungen gewählt hat, ungeeignet sind, um die damit verbundene Intention umzusetzen. So ist es durchaus möglich, bewusst gegen die Unterhaltungsmaximen zu verstoßen, also Strategien einzusetzen, die nicht den kategorialen Merkmalen der Abwechslung, Eingängigkeit, Unbeschwertheit und Interessantheit entsprechen. Mithilfe der Einsetzung von Implikaturen, also von Schlussprozessen, die die Rezipient*innen eigenständig und mit dem Wissen um das eigentliche Kommunikationsziel Unterhaltung leisten müssen, können solche Verstöße wie die Verwendung komplizierter Fachsprache geheilt werden (vgl. Klein 1997, S. 185f.; zum Begriff der Implikatur vgl. Grice 1975; Liedtke 1995). Die Voraussetzung für das Funktionieren solcher Implikaturen ist jedoch, dass das Publikum die mit den Verstößen verbundene Intention erkennt bzw. erkennen kann, es sich also um kompetente und kooperative Rezipient*innen handelt. Sehr deutlich wird dieses Spiel mit dem vermeintlichen Verstoß gegen die Unterhaltungsmaximen im Vortrag von Reinhard Remfort, als er auf das Thema seiner Dissertation zu sprechen kommt. Naturgemäß ist hier die Verwendung von Fachsprache zu erwarten, steht aber gleichzeitig im Konflikt mit der Maxime der Eingängigkeit. Dennoch entscheidet sich Remfort dafür, den Titel seiner Arbeit mit allen fachsprachlichen Termini zu nennen, wohlwissend, dass nur ein geringer Teil seines Publikums damit etwas anfangen kann:

> beschäftigste dich noch weiter !MIT! (-) der **epitaxie hochreiner diamant-schichten zur untersuchung oberflächennaher en fau !STÖR!(.)!STELLEN!** [Defekte 3,6–4,3][11]

---

11 Das Transkript des Vortrags findet sich im Anhang dieses Aufsatzes. Die erste Ziffer der Stellenangabe bezieht sich auf den Abschnitt, die zweite, nach dem Komma stehende auf die Zeile innerhalb des Abschnitts.

Das Publikum wiederum erkennt, dass Remfort hier ganz bewusst gegen das eigentliche Ziel des Science-Slam-Vortrags – *verständliche* Wissenschaftskommunikation – verstößt und fasst dies humorvoll als ein Kokettieren mit der komplizierten und anscheinend unverständlichen Wissenschaftssprache auf.

3   Methodische Herangehensweise

Da bislang kein ausgefeiltes Analyseinstrumentarium für die Untersuchung sprachlicher Strategien zur Erzeugung von Unterhaltsamkeit zur Verfügung stand, wurden im vorliegenden Ansatz die durch Klein formulierten Unterhaltungsmaximen als Ausgangspunkt genommen, um anhand eines konkreten Beispiels, nämlich des Science-Slam-Vortrags „Dienliche Defekte" von Reinhard Remfort, sprachliche Mittel zu extrahieren, die der Slammer verwendet hat, um die kategorialen Unterhaltungsmerkmale der Abwechslung, Eingängigkeit, Unbeschwertheit und Interessantheit umzusetzen. Auf diese Weise können erste Erkenntnisse erzielt werden, welche sprachlichen – und damit verbunden auch visuellen und performativen Mittel als Stimuli herangezogen werden, um den perlokutionären Akt des UNTERHALTEN-WOLLENS durchzuführen.

Hierzu wurden anhand einer Video-Aufnahme des Vortrags zunächst einmal der gesprochene Text sowie Hinweise auf die mit dem Sprechtext einhergehenden Wechsel der PowerPoint-Folien nach den Prinzipien des Gesprächsanalytischen Transkriptionssystems 2 (GAT 2, vgl. Selting et al. 2009) transkribiert.

Im Anschluss daran wurde die Themenstruktur des Textes untersucht, um Aufschluss darüber zu bekommen, wie der Vortrag aufgebaut ist und welche Themen dabei eine Rolle spielen. Dabei wurde differenziert zwischen Themen, die direkt auf den Forschungsgegenstand bezogen sind, solchen, die der alltagsnahen Veranschaulichung des Gegenstandes dienen und solchen, die keinen direkten Bezug zum Forschungsgegenstand aufweisen, die also als Off-Topics zu betrachten sind. Auf diese Weise konnte die Wissenschaftsvermittlung von anderen Themen unterscheidbar gemacht werden.

Des Weiteren wurde der Sprechtext auf sprachlich-stilistische Mittel wie Vergleiche, Metaphern, Ironie, umgangssprachliche Ausdrücke, Klischees, semantisch vage Ausdrücke, überspitzte Darstellung sowie Gliederungs- und metakommunikative Ausdrücke hin analysiert. So konnte die ästhetische Gestaltung des Vortrags nachvollzogen werden.

Da auch das Zusammenspiel zwischen der Folienpräsentation und dem gesprochenen Text einen wesentlichen Bestandteil des analysierten Science-Slams darstellt, wurde zudem die sprachlich-deiktische Bezugnahme auf die PowerPoint-Folien in den Blick genommen.

Die aufgefundenen sprachlichen Mittel wurden schließlich in Bezug zu den Klein'schen Unterhaltungskategorien gesetzt. Die Zuweisung der sprachlichen Mittel zu den Unterhaltungskategorien kann Aufschluss über ihre spezifischen Funktionen bei der Umsetzung des perlokutionären Aktes UNTERHALTEN-WOLLEN geben. Die vorliegende Untersuchung hat damit das Ziel, anhand einer Einzelfallbetrachtung, die verwendeten Strategien zur Erzeugung von Unterhaltsamkeit explorativ zu erkunden.

4 Ergebnisse

Im Folgenden werden nun ausgewählte Ergebnisse aus der Analyse des Science-Slam-Vortrags „Dienliche Defekte" präsentiert und kontextualisiert.

Wesentlich ist hierbei die durchchoreographierte Inszenierung der Präsentation: Alle Elemente, die im Vortrag zum Einsatz kommen, seien es nun rein sprachliche oder audiovisuelle Mittel oder das Zusammenspiel von gesprochenem Text und Folien-Präsentation sind aufeinander abgestimmt und geplant eingesetzt. Insofern ist es gerechtfertigt, den eingesetzten Mitteln eine grundsätzliche Intentionalität im Sinne der Erzielung bestimmter perlokutionärer Akte zuzuschreiben.

4.1 Maxime 1: Mache deine Präsentation abwechslungsreich!

Die Unterhaltungskategorie der Abwechslung wird in Remforts Präsentation auf einer makrostrukturellen Ebene durch die Performanz erzeugt, auf einer mesostrukturellen Ebene durch die Gliederung des Gesamttextes und auf einer mikrostrukturellen Ebene durch Strategien der Wortwahl.

Hinsichtlich der performatorischen Umsetzung besteht die Strategie, mit der Abwechslung erzeugt werden soll, in einem orchestrierten Zusammenspiel auditiver und visueller Kommunikationsmodi, indem der Einsatz der Stimme in Tonfall, Tonhöhe, Betonung und Lautstärke auf die Gestik, Mimik sowie auf die in den PowerPoint-Folien verwendeten Bilder und Texte abgestimmt sind. Remfort bewegt sich während seines Vortrags auf der Bühne hin und her, sodass sich der Blickpunkt der Zuschauer*innen beständig verändert. Zudem bereichern insgesamt 21 PowerPoint-Folien den Vortrag, die durch Einblendungen während des Sprechens animiert werden und sich dadurch zusätzlich in ihrer Erscheinung verändern. Auf diese Weise werden während der knapp 15-minütigen Präsentation zahlreiche unterschiedliche Sinneseindrücke erzeugt, die ein hohes Maß an Abwechslungsreichtum der performativen Darbietung zur Folge haben.

Auch die Gliederung des Vortrages trägt dem Anspruch auf Abwechslung dahingehend Rechnung, dass eine deutliche Alternanz von „harter" Wissenschaftsvermittlung, die direkt auf Remforts Forschungsthema und die damit verbundenen Grundlagentheorien bezogen ist, veranschaulichenden Beispielen und Erläuterungen, mit denen häufig auch ein Alltagsbezug für die Zuschauer*innen hergestellt werden soll und Off-Topic-Themen, die nur lose mit dem Vortragsthema verknüpft sind, vorgenommen wird. *In nuce* lässt sich dies an einer Passage, in der Remfort einen Exkurs zur Quantentheorie macht, verdeutlichen. In Bezug auf Max Planck und dessen Entdeckung, dass alle Einheiten in der Natur in festen Paketen vorkommen, reflektiert Remfort humorig über die Benennung der Quanten, über die Entdeckung derselben sowie über die Verleihung des Nobelpreises für diese Entdeckung

der hat nämlich FESTgestellt (.)der herr planck dass die enerGIE die aus diesem Ofen rauskommt also die WÄRmestrahlung (und) das ganze LICHT und so (.) dass diese energie die da RAUSkommt da nich kontinuierlich RAUSplätschert sondern immer nur in FESten einzelnen paKEten also immer so DISkrete einzelne pakete (.) und die dinger hat er QUANten genannt (--) ((schnalzt mit der zunge)) (--) ich hätt die PLANCKS genannt <<lachend> aber> (Folie: schwarzer Hintergrund) CHANCE vertan (.) oh FALscher knopf (--) (Folie: Max Planck, Überschrift Crashkurs Quantentheorie, Diagramm) so °hh ähm der DINger der hat die dinger QUANten genannt also diese energiepakete die da RAUSkommen (.) °h und ähm (---) ich muss ja sagen hätte ICH in münchen studiert wie der herr planck wär mir an GANZ anderer stelle aufgefallen dass alle größen in der natur immer in so also in so QUANten vorkommen in sogenannten MASSeinheiten also (Folie: Bedienung auf dem Oktoberfest mit acht vollen Maßkrügen) FESten paketen °hh ähm ((lacht)) das_n naTURgesetz und viel viel HÄRter als das is (.) dass der TYP (.) für diese erKENNTnis (-) also NUR für diese erkenntnis dass die energie die da rausfällt in FESten paketen rauskommt (.) der hat dafür einen noBELpreis bekommen (---) zu dieser zeit hat man für so_n SCHEIß n nobelpreis bekommen (--) das geht heut nicht (Folie: Barack Obama) mehr ((lacht)) heut ₁[((publikum lacht und klatscht))]₁ ₁[muss man was LEISten um_n nobelpreis zu bekommen]₁ ₂[((publikum klatscht))]₂ ₂[(---) und diese folie tut mir seit der letzten WAHL echt leid]₂ ₃[((lacht))]₃ ₃[((publikum lacht))]₃ äh is schon ALT der vortrach (-) [Defekte 11,1–15,4].

Diese drei Reflexionen haben keine unmittelbare Funktion für die Vermittlung der wissenschaftlichen Inhalte, dennoch dienen sie an dieser Stelle, an der sehr komplexes Wissen verhandelt werden muss, der Auflockerung, da sie nach der intellektuellen Herausforderung, die das Nachvollziehen der quantentheoretischen Ansätze bedeutet, kognitive Entlastung bieten und Spannungszustände durch Komik lösen.

Auch die Verwendung unterschiedlicher Wortschatzressourcen wird strategisch eingesetzt, um Abwechslung zu erzielen. Sehr deutlich wird dies anhand der Verwendung fachsprachlicher Begriffe, die in einem Vortrag mit Wissenschaftsbezug nicht fehlen können und der Verwendung von umgangssprachlichen Begriffen, die häufig auch bewusst einer unterneutralen[12] Stilschicht entspringen oder durch ihre semantische Vagheit im krassen Gegensatz zur Erwartung terminologischer Präzision stehen:[13]

> wenn wir im laBOR sind (Folie: Stewie Griffin aus Family Guy mit brennender Laserpistole) und auf so_m en fau zentrum mi_m diaMANTgitter (.) mit nem laser **rumBRA:ten** (.) dann können wir dieses en FAU zentrum auch in verSCHIEdene zustände anREgen (.) [Defekte 30,5–31,3]

> und wenn man sowas HAT (-) ((schnalzt mit der zunge)) DANN (.) bildet sich eine en FAU (---) FEHLstelle oder ZENtrum oder wie au=imma=ma **dit ding** nennen MÖCHte °h das steht für nitrogen VAcancy (--) klingt **HIPper** °h (---) und die **DINger** (-) die (-) unterSUCH ich in meiner doktorarbeit [Defekte 5,9–13]

Auf diese Weise wird ein abwechslungsreicher Sprachstil erzeugt, der zwischen den Ansprüchen an fachsprachliche Terminologie und rezipientenorientiertem Zuschnitt oszilliert. Dabei ist jedoch Abwechslung nicht das einzige Ziel, das durch diese strategische Verwendung umgangssprachlicher Begriffe und Wendungen erreicht werden soll, sondern sie spielt auch in die Umsetzung der zweiten und der vierten Unterhaltungsmaxime hinein, wie im Folgenden noch gezeigt wird.

---

12 Mit unterneutral werden Ausdrücke und Äußerungen beschrieben, die stilistische Markierungen wie vulgär, salopp, derb oder familiär aufweisen. Da mit diesen Attribuierungen häufig auch eine Wertung einhergeht, wird darauf im Sinne einer objektiven linguistischen Deskription verzichtet.

13 Zur Unterscheidung sind die fachsprachlichen Ausdrücke durch Unterstreichung und die umgangssprachlichen durch Fettung markiert.

4.2   Maxime 2:
Schaffe eine angenehme, entspannte Atmosphäre!

Viele der bereits angesprochenen Off-Topics haben auf der mesostrukturellen Ebene nicht nur die Funktion, den Vortrag abwechslungsreich zu gestalten, sondern
sollen durch ihre inhaltliche Ausrichtung dazu beitragen, die Distanz zwischen
Slammer*in und Publikum zu überwinden. Dies erscheint insbesondere deshalb
nötig, weil die/der Vortragende aufgrund des Formats Science-Slam unweigerlich
die Rolle einer Wissenschaftlerin bzw. eines Wissenschaftlers einnimmt, selbst
wenn sie/er außerhalb des institutionellen Rahmens des Wissenschaftssystems
auftritt.[14] Durch die Einführung durch die/den Moderator*in, die Nennung des
Forschungsthemas und die damit assoziierte Fachlichkeit und Abgehobenheit ist
eine mögliche Barriere zwischen Slammer*in und Publikum vorhanden, die der
Schaffung einer entspannten Atmosphäre entgegenstehen könnte. Remfort verwendet daher zahlreiche seiner Off-Topics dazu, diese Barriere abzubauen und sich als
„ganz normalen Menschen wie du und ich" zu inszenieren und gleichzeitig durch
Betonung eigener Unzulänglichkeiten um Sympathien zu werben.

> als ich ACHTzehn neunzehn war und grade so mi(t)=m Abi durch war (.) öhm
> **hab ich viel zu viel gesoffen und geKIFFT °h (.) um auch nur in die NÄhe
> von so_m medizinstudienplatz zu kommen** (-) ((schnalzt mit der zunge))
> und was macht man dann als **kleiner dicker achtzehn jähriger JUNge** (.) **der
> zu viel SÄUFT und morgens nich ausm bett kommt** (--) und **nich weiß w
> wie man sich anZIEHT und so** ((lacht)) man sucht sucht sich n=JOB (.) wo
> ERStens der dresscode scheißegal is [((lacht))] [((publikum lacht))] und ZWEI-
> tens (.) wo n gewisser alkoHOLlevel akzeptiert is oder schlicht und einfach
> nich auffällt °h [((publikum lacht))][(-)] hab ich geMACHT [Defekte 2,2–10]

---

14 Hill (2018, S. 195) verweist zwar darauf, dass sich die Slammer*innen mit ihren Auf-
    tritten von der Wahrnehmung als Wissenschaftler*innen im konventionellen Kontext
    der Wissenschaftskommunikation (etwa bei wissenschaftlichen Vorträgen) abgrenzen
    möchten. Dennoch bleibt zu bedenken, dass sie dem Publikum zunächst einmal als
    Vertreter*innen des institutionalisierten Wissenschaftssystems präsentiert werden, da
    sie in ihren Rollen als Doktorand*in, Postdoc, Forscher*in etc. eingeführt werden. Die
    Abgrenzungsarbeit, die die Slammer*innen vornehmen, erfolgt dann in ihrer Präsentation
    einerseits durch ihr Auftreten, ihre Bekleidung, ihre Sprache, andererseits aber auch
    durch Äußerungen, mit denen sie, wie beispielsweise Remfort, ihre Rolle als „typische"
    Wissenschaftler*innen dekonstruieren.

So nutzt Remfort hier seine Selbstinszenierung einerseits, um sich selbst als sympathischen „modest man" (Hill 2018, S. 211) zu präsentieren, andererseits aber auch,
um die Hemmschwelle gegenüber der Disziplin Physik abzubauen, indem er einen
vorgeblich lockeren und formlosen Umgang in diesem Arbeitsumfeld insinuiert
und damit Physiker*innen als etwas skurrile, aber doch ganz alltägliche Menschen
einführt. Auf diese Weise versucht er, Vorbehalte gegenüber der Physik als unzugänglich und schwer verständlich außer Kraft zu setzen und eine gemeinsame Basis
zu schaffen, auf der dann die weiteren Ausführungen aufgebaut werden können.

Eine damit in Verbindung stehende Strategie auf der mikrostrukturellen Ebene
ist die Aktivierung von Klischeewissen, mit dem Remfort in seiner Präsentation
immer wieder spielt, um die Erdung der Physik und der in dieser Disziplin arbeitenden Wissenschaftler*innen voranzutreiben und die Distanz zum Publikum
zu minimieren. Durch die Nennung von Klischees wie der Frauenmangel in den
Naturwissenschaften oder die Schwierigkeiten von männlichen Physikern bei der
Partnersuche greift er auf Stereotypenwissen bei seinem Publikum zurück[15] und
versucht dieses zu ironisieren, um auf diese Weise zum einen Heiterkeit zu erzeugen, zum anderen aber auch durch das befreiende Lachen über Physiker*innen die
mögliche Barriere zwischen sich und seinen Rezipient*innen abzubauen und auf
diese Weise eine auf Sympathie basierende Atmosphäre zu erzielen.[16]

> und dann sach=ich immer das ist die TRAUrige geschichte wenn man ph=äh
> wenn man halt PHYsik studiert (.) **das war auch das UNrealistischste an
> dem FILMausschnitt vorhin ne PHYsikerin (-) nich der kittel [sondern ne
> PHYsikerin (.) man trifft die leider]** [(((publikum lacht))]] sehr sehr SELten
> **physiker ham nämlich keinen sex** ((lacht)) die MEISten zumindest nich (das
> PRANgere ich an) an dieser STELle [Defekte 1,10–13]

Daher nutzt er auch immer wieder überzeichnete Darstellungen, die eine Inkongruenz zu den vom Publikum erwarteten seriösen Arbeitsmethoden in der Physik
eröffnen und auf diese Weise komische Effekte erzeugen sollen (vgl. Kothoff 2017,
S. 114). Wieder steht im Fokus, Physiker*innen als etwas skurrile Wissenschaftler*innen zu zeichnen und damit einerseits ein Stereotypenwissen zu aktualisieren

---

15 Dieses Stereotypenwissen über Naturwissenschaftler*innen wird nicht zuletzt durch
   Fernsehserien wie „The IT Crowd", „The Big Bang Theory" oder „Numbers" populärkulturell tradiert und verfestigt.

16 Schnurr (2010, S. 311) verweist darauf, dass selbstironischer Humor ein zielführendes
   Mittel sein kann, um zwischen Personen, die sich nicht kennen, Solidarität zu erzeugen,
   da die/der Sprecher*in deutlich macht, dass sie/er sich selbst nicht allzu ernst nimmt.

und andererseits durch die deutliche Kennzeichnung des unernsten Charakters
dieser Überzeichnungen für Belustigung zu sorgen:

> also=ähm (---) jetzt LERNT ihr was fürs leben wenn n PHYsiker von nem
> unglaublich deutlich(en) nicht zu übersehenden sigNAL redet (.) meinte=er so
> ne verrauschte KURve mit zwei kleinen PEAKS die man nur bei VOLLmond
> sieht oder wenn drei andere PHYsiker mit spitzen hüten um das MESSgerät
> [tanzen ((lacht)) [Defekte 9,2–5]

> HOHLraumstrahlung ist nichts andres als die strahlung eines HEIßen
> HOHlen raumes (-) der hat also jahre lang in münchen gesessen und in_n
> Ofen gekuckt [Defekte 10,11–12]

Auf der lexikalischen Ebene wird schließlich versucht, durch die Verwendung inad-
äquater Benennungen für wissenschaftliche Sachverhalte Belustigung hervorzurufen.
Hier treten die oben bereits angesprochenen umgangssprachlichen Ausdrücke in
einen weiteren funktionalen Zusammenhang. Die bewusste Ersetzung wissenschaftlich präziser Terminologie durch Begriffe, die einer unterneutralen Stilschicht
entstammen und/oder eine vage Semantik aufweisen, stellt eine Distanzierung von
Praktiken der institutionalisierten Wissenschaftskommunikation dar. Da dies auch
den Rezipient*innen in der Regel klar ist, soll auf diese Weise ein komischer Effekt
erzeugt werden, der zugleich die Hierarchie zwischen dem Wissenschaftler auf der
Bühne und dem nicht-wissenschaftlichen Publikum überwinden soll.

> bei so_nem en FAU zentrum passiert was ZIEMlich cooles wenn man da
> mit_m laser **drauf rum BALlert** [Defekte 7,2–3]

> zu dieser zeit hat man **für so_n SCHEIß** n nobelpreis bekommen (--) [De-
> fekte 14,5–6]

> SO (.) was hat **DER ganze mist** jetzt mit dem zu tun was **der dicke tätowier-
> te mann** am ANfang erzählt hat ((lacht)) das mit den en FAU zentren (-)
> [Defekte 30,3–5]

Auf makrostruktureller Ebene schließlich wird das orchestrierte Zusammenspiel von gesprochenem Text und Abfolge der Folienpräsentation dazu genutzt,
komische Effekte zu erzielen. Auch hier wird mit der Gestaltung der Folien eine
deutliche Abgrenzung von traditionelleren Formen der Wissenschaftskommunikation bezweckt, da Figuren der Populärkultur wie Doc Brown aus „Zurück in die

Zukunft", Stewie Griffin aus „Family Guy", Bart Simpson aus „die Simpsons" oder Spongebob aus der gleichnamigen Zeichentrickserie einen wichtigen Anteil an den visuellen Elementen auf den Folien darstellen. Die Einblendung dieser Bilder in Kombination mit wissenschaftlichen Abbildungen und einem Text, der sowohl wissenschaftliches Vokabular als auch umgangssprachliche Ausdrücke enthält, kann dabei Überraschungsmomente auslösen, die wiederum für Erheiterung beim Publikum sorgen sollen:

> so_n en FAU zentrum hab ich bei meinen (**Folie: Fotografie eines Modells eines NV-Zentrums**) eltern mal beim frühstück NACHgebaut [...]ähm so_n en fau zentrum] ähm LEBT in einem diamantgitter also das SCHWARZE hier das sind KOHlenstoffatome die sind tetraedrisch geBUNden und bilden einen kristall °h und das en fau zentrum ist jetzt NICHTS anderes °h als (.) ein stickstoffaTOM und eine LEERstelle in diesem GITter (.) das heißt da wo sonst n KOHlenstoffatom is is jetzt n STICKstoffatom und (.) gegenübe:r da fehlt einfach (.) öh ein aTOM und wenn man sowas HAT (-) ((schnalzt mit der zunge)) DANN (.) bildet sich eine en FAU (---) FEHLstelle oder ZENtrum [...] wie also dieses unterSUchen wie n guter PHYsiker das halt MACHT wenn er etwas hat was=er nich KENNT (.) er nimmt es, SCHLEPPT es in sein laBOR (.) sucht sich (**Folie bleibt, Einblendung Stewie Griffin aus „Family Guy" mit Laserpistole**) den FETtesten laser den=er finden kann (-) und (**Folie bleibt, Einblendung Laserstrahl**) BRÄT so lange mit_m brennenden laser drauf rum bis IRgendwas passiert (.) [4,15–7,2]

Die Performanz von Text („sucht sich den FETtesten laser den=er finden kann"// „BRÄT so lange mit_m brennenden laser drauf rum") und Bild (Stewie mit Laserpistole// Laserstrahl) ist hierbei genau aufeinander abgestimmt und führt zu den oben beschriebenen Überraschungsmomenten, da das Publikum die Einblendungen dieser Figuren der Unterhaltungskultur nicht erwartet.

Mit derlei Strategien versucht Remfort zu verhindern, dass die Vortragssituation zu stark den Mustern institutionalisierter Wissenschaftskommunikation entspricht (vgl. auch Hill 2015, S. 128f.) und dadurch ein hierarchisches Gefälle zwischen dem belehrenden Vortragenden und dem belehrten Publikum entsteht, was seinem Ziel, eine entspannte und angenehme Grundsituation zu erzeugen, entgegenstehen könnte.

4.3 Maxime 3: Präsentiere Interessantes!

Beim Zuschnitt der Präsentation auf die Fokuspräferenzen der Rezipient*innen müssen die Slammer*innen zahlreiche Vorannahmen fällen, welche Bereiche ihrer Forschungsthemen das Interesse des Publikums treffen könnten. Die dabei auftretenden Unbekannten sind die Zusammensetzung des Publikums, die von Science-Slam zu Science-Slam unterschiedlich ausfallen kann und die damit in Zusammenhang stehenden Einzelinteressen, das jeweilige Vorwissen sowie die Offenheit der einzelnen Rezipient*innen, sich auf Themen einzulassen, die nicht zum engeren Kern ihrer Fokuspräferenzen gehören. Die Slammer*innen stehen daher vor der Aufgabe, ihre Präsentationen so zu gestalten, dass sie bei noch nicht mit dem Thema Vertrauten Interesse wecken und bei bereits mit Vorwissen Ausgestatteten das Interesse wachhalten können.

Daher ist zunächst auf mesostruktureller Ebene wichtig, den Forschungsgegenstand mit all seinen Einzelaspekten und Details auf wenige Teilbereiche einzugrenzen und herauszustellen, warum es sich hierbei um das Elementare und Präsentationswürdige des Themas handelt. Im Falle des vorliegenden Science-Slam-Beitrags handelt es sich um eine Beschränkung auf drei Teilaspekte: Zum einen wird das namengebende Konzept der NV-Zentren erläutert. Hierzu wird zu einer überblicksartigen Erläuterung der theoretischen Grundlagen in Form eines „Crash-Kurses Quantenphysik" ausgeholt. Daran schließt sich eine Darstellung der Anwendungsmöglichkeiten der Forschung an, also ein Hinweis auf den allgemeinen Nutzen. Auf diese Weise lässt sich die Komplexität des Themas auf einige wenige, aber wesentliche Aspekte reduzieren, die in unterschiedlicher Weise die Rezipient*innen erreichen. Während die Vorstellung des Konzepts „NV-Zentrum" zunächst einmal bei den meisten Rezipient*innen auf wenig Vorkenntnisse stoßen dürfte und somit durch seine Neuheit Interesse wecken könnte, wird beim zweiten Teilkomplex „Quantenphysik" auf rudimentäres Vorwissen gesetzt, wenngleich ein Großteil der Rezipient*innen auch hier keine tieferen Kenntnisse mitbringen dürfte. Doch das Gefühl, schon einmal etwas von Quantenphysik gehört zu haben und die Aussicht, dies in einem kurzen Crashkurs nahegebracht zu bekommen, könnten den Boden für Interesse bereiten. Schließlich wird durch die Nennung von Anwendungsbereichen ein Bezug zur Alltagswelt der Rezipient*innen hergestellt („kann könnte man zum beispiel VIEL bessere (.) magnetresonanztomographen bauen die diese BILder [= MRT-Aufnahme, M.H.] n bisschen (-) SCHÖner machen", Defekte 32,13–33,2) und so wiederum versucht, ein grundlegendes Interesse für das Thema herzustellen.

Jedoch kann die Umsetzung der Kategorie Interessantheit nicht allein auf die Auswahl der Themenbereiche bauen, sondern bedarf weiterer sprachlicher Strategien, um das Interesse der Rezipient*innen beizubehalten.

Durch die kataphorische Verwendung hyperbolischer Bewertungen wie beispielsweise im untenstehenden Beleg versucht Remfort die Erwartungen seiner Rezipient*innen auf das Folgende zu erhöhen und somit auch kleine Spannungsbögen einzubauen. Ehe er erklärt, was das Außergewöhnliche an den NV-Zentren ist, leitet er dies durch die folgende Beschreibung ein:

und die DINger (-) die (-) unterSUCH ich in meiner doktorarbeit ähm **die MAchen nämlich was ZIEMlich cooles die sind für_n physiker U:Nglaublich intressant** °h ähm (-) ((schluckt)) ((schnalzt mit der zunge)) und das mach ich FOLgendermaßen das mach ich SO (.) wie also dieses unterSUchen wie n guter PHYsiker das halt MACHT wenn er etwas hat was=er nich KENNT (.) er nimmt es, SCHLEPPT es in sein laBOR (.) sucht sich (Folie bleibt, Einblendung Stewie Griffin aus „Family Guy“ mit Laserpistole) den FETtesten laser den=er finden kann (-) und (Folie bleibt, Einblendung Laserstrahl) BRÄT so lange mit_m brennenden laser drauf rum bis IRgendwas passiert (.) und bei so_nem en FAU zentrum **passiert was ZIEMlich cooles** wenn man da mit_m laser drauf rum BALlert (--) das (Folie bleibt, Einblendung winkender Tinky Winky aus den „Teletubbies“) !WINKT! zuRÜCK [Defekte 5,12–8,1]

Die Auflösung des Spannungsbogens zögert er jedoch noch hinaus, indem er zunächst erklärt, wie ein Physiker vorgeht, um zur Erkenntnis der außergewöhnlichen Eigenschaften des NV-Zentrums zu gelangen. Erst dann greift er noch einmal mithilfe einer weiteren antizipativen hyperbolischen Bewertung („passiert was ZIEMlich cooles") auf, was die Besonderheit der NV-Zentren ist. Dabei werden zusätzliche performative Mittel wie die Betonung der Adverbien oder das Schnalzen mit der Zunge eingesetzt, mit denen einerseits das Interesse gelenkt und andererseits der Spannungsbogen ausgebaut werden soll.

Auch die Verknüpfung mit den alltagsweltlichen Erfahrungsbereichen der Rezipient*innen ist eine Strategie, um Interesse für das Thema zu wecken bzw. dieses aufrecht zu erhalten. Insbesondere bei abstrakten Inhalten, wie sie etwa in Remforts „Crashkurs" zur Quantenphysik vermittelt werden, ist die Rückführung in konkrete Zusammenhänge, die sich den Rezipient*innen leichter erschließen, von besonderer Bedeutung, um die Aufmerksamkeit des Publikums beizubehalten. So beendet Remfort seine Ausführungen zur Heisenbergschen Unschärferelation mit dem Hinweis auf die Unmöglichkeit einer genauen Bestimmung von Ort und

Geschwindigkeit bei der Verkehrsüberwachung und trifft damit ein Thema, das
für fast alle Rezipient*innen eine alltägliche Relevanz aufweist:

un das_n fundamentales (-) öhm physikalisches GRUNDgesetz und ne ver-
DAMMT gute dikussionsgrundlage (.) wenn die netten herrn (Folie: zwei
Polizisten mit Gerät zur Geschwindigkeitsüberwachung) in grün das nächste
mal glauben euch mit HUNdertzwanzig [((publikum lacht))] [in der dreißigerzone geblitzt zu haben (-) weil ENTweder ihr seid hundertzwanzig gefahren]
O:der ihr wart in der dreißigerzone [((publikum lacht))] [(-) ((schnalzt mit
der zunge)) EINS von beidem beides gleichzeitig GEHT schlicht und einfach
nich (-) UNschärfe halt °h (--) [Defekte 18,17–19,5]

4.4   Maxime 4:
Gestalte deine Präsentation eingängig!

Der letztgenannte Punkt der Herstellung von Alltagsbezügen ist nicht nur hinsichtlich der Generierung von Interesse für das Forschungsthema bedeutend,
sondern auch für die Sicherung des Verständnisses und damit auch funktional
für die Umsetzung der Kategorie „Eingängigkeit". Hinzu kommen weitere Strategien sowohl auf der Meso- als auch auf der Mikroebene, die darauf abzielen, das
komplexe und voraussetzungsreiche Thema für ein möglichst breites Publikum
begreifbar zu machen.

So haben sprachliche in Kombination mit visuellen Gliederungsmarkern, Zu-
sammenfassungen und Bezugnahmen auf bereits Gesagtes oder noch Folgendes
die Funktion, den Aufbau der Präsentation transparent und nachvollziehbar zu
halten, wie die folgenden Beispiele zeigen:

das war punkt EINS im (.) crashkurs quantentheorie alles auf der welt
taucht in FESten paketen auf (.) in sogenannten QUANten **insgesamt gibts
DREI punkte** durch die ihr durch müsst beim crashkurs quantentheorie
dann machen wir weiter mit den en FAU zentren **punkt nummer ZWEI** (.)
ist die sogenannte Unschärferelation [Defekte 15,5–15,9]

Darüber hinaus nutzt Remfort zahlreiche Paraphrasierungen und Reformulie-
rungen, um Bezüge deutlich zu machen und wissenschaftliche Sachverhalte mit
einfachen, anschaulichen Worten zu erklären. Im folgenden Beispiel etwa sorgt er
durch die mit *also* eingeleitete Reformulierung dafür, dass den Rezipient*innen

klar wird, was mit dem auch alltagssprachlich verwendbaren Begriff *Energie* im quantenphysikalischen Kontext gemeint ist:

> der hat nämlich FESTgestellt (.) der herr planck dass die enerGIE die aus diesem Ofen rauskommt **also die WÄRmestrahlung (und) das ganze LICHT und so (.)** dass diese energie die da RAUSkommt da nich kontinuierlich RAUSplätschert [Defekte 11,1–4]

Mithilfe von bildhafter Sprache, mit Metaphern, Vergleichen und Analogien versucht er überdies, abstrakte Inhalte anschaulicher zu präsentieren und so den Rezipient*innen den Zugang zum Gegenstand zu erleichtern. Dabei ist auch die Verwendung umgangssprachlicher Begriffe und Wendungen von Relevanz, mit denen fachsprachliche Termini umschrieben werden.

Besonders eindrucksvoll unternimmt er die Veranschaulichung abstrakter Inhalte am Ende seiner Präsentation, wenn er versucht, die einzelnen Aspekte seiner Ausführungen noch einmal zusammenzuführen und zu konkretisieren. Dabei nimmt er in seinem „Gleichnis" Anleihen an der Alltagswelt seiner Rezipient*innen und überträgt metaphorisch das Konzept der überlagerten angeregten Zustände auf den Konzeptbereich Party, um den Rezipient*innen vorzuführen, wie sie sich die Gleichzeitigkeit verschieden angeregter Zustände mittels eigenen Erfahrungserlebens vorstellen können:

> ALles extrem abstrakt und sehr sehr schwer zu erKLÄren (.) UND um euch die mathematik dahinter zu erSPARN hab i? euch das mit den senSOren aber trotzdem IRgendwie n stückchen näher zu bringen (.) hab ich euch=äh ein BEIspiel mitgebracht ein GLEICHnis sozusagen (--) ähm (.) wie ihr euch das VORstellen könnt mit den überlagerten zuständen (.) und den senSOren (-) und ZWAR (--) ((schnalzt mit der zunge)) stellt euch VOR (-) (Folie: Spongebob Schwammkopf) ihr seid auf ner PARty (-) auf dieser PARty (-) bringt ihr euch SELBST (-) in einen (Folie bleibt, Einblendung Beck's Bierflasche) angeregten ZUstand (-) ((publikum lacht)) funktioniert MEIStens (Folie bleibt, Einblendung Spongebob Schwammkopf und Patrick Star Arm in Arm, betrunken) recht gut [(((publikum lacht))][(((lacht)) das problem] an diesem EInen zustand is (-) der is (.) energetisch sehr !HOCH! also angeregt (.) ihr PÖbelt viel RUM (.) seid unerTRÄGlich und so nä und es is !EIN! einzelner angeregter zustand (-) jetzt ham wir aber grade was geLE:RNT es gibt meistens !MEHR! als EInen angeregten zustand (.) und genauso is das auch auf der PARty (.) ihr könnt nicht nur in diesem Obersten zustand ange?=also euch ANregen (.) sondern (.) es gibt noch ANdere zustände die sind zwar auch

(Folie bleibt, Einblendung Joint) ANgeregt (--) aber enerGEtisch (Folie bleibt,
Einblendung Spongebob Schwammkopf vor einem Cannabis-Blatt) n TIcken
niedriger [(((publikum lacht))] [(((lacht)) ne also da=is man auch] ANgeregt
hängt aber eher so in der Ecke und WILL nicht mehr (.) ne (.) oder einem is
alles eGAL und jetzt kommt das RICHtig coole an der natur was uns auch
die QUANtenmechanik schon beigebracht hat (--) ((schnalzt mit der zunge))
(-) die zustände sind GLEICHberechtigt (--) zu DEUTSCH heißt das (.) ihr
müsst euch nich entSCHEIden [(((publikum lacht))] [(((lacht)) ne (-)] ihr könnt
eine überLAgerung bilden (--) und habt quasi (Folie: 21 verschiedene Bilder
von Spongebob Schwammkopf) ein HAUfen an zuständen den ihr bilden
könnt aus verschiedenen angeregten überLAgerten zuständen] (.) °h euch
steht dieser komplette vektorraum an DROgen offen [Defekte 34,5–40,3]

Auf diese Weise wird das abstrakte Konzept, das Remfort mithilfe des „Crashkurses"
hergeleitet hat, nachvollziehbarer, da ein Bezug zum mutmaßlichen Alltagserleben der
Rezipient*innen hergestellt wird und auf dieser Grundlage Ähnlichkeiten zwischen
dem Ausgangsbereich der physikalischen Überlagerung angeregter Zustände und
dem Zielbereich der Überlagerung verschiedener Formen der drogeninduzierten
Bewusstseinsmanipulationen hergestellt werden.

5   Zusammenfassung und Interpretation der Ergebnisse

Die Analyse der Science-Slam-Präsentation von Reinhard Remfort zeigt deutlich, dass verschiedenste Strategien eingesetzt werden, um die vier kategorialen
Merkmale von Unterhaltsamkeit zu erfüllen. Gleichzeitig ist auch festzustellen,
dass einzelne Strategien (etwa die Verwendung umgangssprachlicher Termini
oder die Bezugnahme auf Alltagserfahrungen) mehreren Funktionen gleichzeitig
dienen. Daraus geht auch hervor, dass die Abgrenzung der kategorialen Merkmale
voneinander nicht immer eindeutig möglich ist, da es das Zusammenwirken der
Merkmale ist, welches Unterhaltsamkeit erzeugt. Überdies wird nicht zuletzt in
Bezug auf die Kategorien Interessantheit und Eingängigkeit deutlich, dass es klare
Bezüge zwischen Informations- und Unterhaltungskommunikation geben kann,
da ähnliche Strategien genutzt werden, um Informationen zu vermitteln und zu
versuchen, Unterhaltung zu erzeugen.

   Die bei Remfort besonders dominant angewandten Strategien der Unterhaltungskommunikation lassen sich wie folgt den einzelnen Kategorien zuordnen:

Unterhaltungsmaxime	verwendete Strategien
Abwechslung	• Multimodale Präsentation • Alternation von Fach- und Umgangssprache • Wechsel zwischen Wissenschaftsvermittlung und Off-Topics
Unbeschwertheit	• Abbau der Distanz zwischen Slammer*in und Publikum • Schaffung von Sympathie durch Off-Topics • ironisierende Aktivierung von Klischeewissen • Verwendung überzeichneter Darstellungen • Verwendung inadäquater Bezeichnungen für wissenschaftliche Zusammenhänge • Erzeugung komischer Effekte durch orchestrierte Text-Folien-Performanz
Interessantheit	• Bewusste Auswahl der zu präsentierenden Aspekte nach Gesichtspunkten der Interessenssteuerung der Rezipient*innen • Erwartungssteigerung durch antizipative hyperbolische Bewertungen • Verknüpfung mit alltagsweltlichen Erfahrungsbereichen der Rezipient*innen
Eingängigkeit	• Verknüpfung mit alltagsweltlichen Erfahrungsbereichen der Rezipient*innen • Herstellung von Transparenz des Aufbaus durch sprachliche Mittel • Paraphrasierung und Reformulierung wissenschaftlicher Sachverhalte • Verwendung von bildhafter Sprache zur Veranschaulichung abstrakter Inhalte

Es ist feststellbar, dass zahlreiche der Strategien, die Remfort anwendet, der Kategorie „Unbeschwertheit" zugeordnet werden können. Auffällig ist in diesem Zusammenhang zudem, dass diese Strategien vornehmlich darauf abzielen, Komik zu erzeugen. Daraus lässt sich ableiten, dass das hedonistische Konzept von Unterhaltung bei Remforts Gestaltung seines Science-Slam-Beitrags eine wichtige Rolle spielt. Dennoch zeigt die Analyse auch, dass er viele Strategien anwendet, die der Kategorie „Eingängigkeit" zugeordnet werden können. Damit versucht er, die Zugänglichkeit zu seinem Forschungsgegenstand zu erhöhen und intellektuelle Herausforderungen zu minimieren, die als kognitive Hemmnisse empfunden werden und damit der Erzielung eines Unterhaltungseffekts entgegenstehen könnten.

Dass diese Gewichtung der einzelnen Unterhaltungskategorien durchaus erfolgsversprechend ist, macht nicht nur die Tatsache deutlich, dass Remfort 2013 mit dem hier analysierten Vortrag die deutsche Science-Slam-Meisterschaft für sich entscheiden konnte. Auch der allgemeinere Hinweis von Eisenbarth und Weißkopf (2012, S. 159), wonach diejenigen Beiträge am erfolgreichsten zu sein scheinen, „die die Balance zwischen Witz und Ernst, zwischen hohem wissenschaftlichem Anspruch und Verständlichkeit wahren", deutet in diese Richtung. Die Grundstrategie, die in vorliegendem Science-Slam-Beitrag angewendet wird, beruht auf eben diesen Säulen und versucht, Unterhaltsamkeit dadurch zu erzeugen, dass auf der einen Seite das Publikum zum Lachen angeregt wird, zum anderen aber die anspruchsvollen Inhalte so heruntergebrochen werden, dass sie auch wenig Physik-Bewanderte nicht überfordern und so die grundsätzliche Bereitschaft, sich unterhalten zu lassen, aufrechtzuerhalten.

Bei aller Betonung der sprachlichen Strategien, die in diesem Science-Slam-Beitrag zum Einsatz kommen, sollte jedoch nicht übersehen werden, dass auch die multimodale Präsentation einen wesentlichen Anteil an der möglichen Erzeugung von Unterhaltsamkeit hat, also auch die makrostrukturelle Ebene der Performanz nicht außer Acht gelassen werden sollte.

6 Fazit und Ausblick

Die genaue Untersuchung eines Science-Slam-Beitrags konnte zeigen, dass die Kategorien der Unterhaltsamkeit, die Klein herausgearbeitet hat, ein fruchtbares Grundgerüst bilden können, um Kommunikationsangebote auf sprachlicher Ebene auf Strategien zu untersuchen, mit denen Unterhaltsamkeit erzeugt werden soll. Dabei konnte ein erstes Set an verschiedenen Strategien ausgemacht werden.

In einem weiteren Schritt bietet es sich an, diese Strategien an anderen Science-Slam-Präsentationen zu überprüfen, um herauszufinden, ob es sich hierbei um geläufige Mittel handelt, um Stimuli für ein Unterhaltungserleben zu setzen, ob in anderen Präsentationen zusätzliche oder gänzlich andere Mittel Verwendung finden und wie die Gewichtung hinsichtlich der vier kategorialen Merkmale von Unterhaltsamkeit in verschiedenen Science-Slam-Beiträgen ausfällt: Ob also wie bei Remfort eher einem hedonistischen Prinzip von Unterhaltsamkeit gefolgt wird und daher die Kategorie „Unbeschwertheit" eine stärkere Gewichtung aufweist oder ob andere Kategorien wie etwa „Interessantheit" deutlicher ausgeprägt sind.

Eine größer angelegte Studie könnte daher genauere Erkenntnisse darüber bringen, mit welchen Vorstellungen Science-Slammer*innen versuchen, dem Anspruch an Unterhaltsamkeit gerecht zu werden und welche sprachlichen Strategien sie dabei für geeignet halten.

Literatur

Primärquelle: Defekte = Remfort, Reinhard: *Dienliche Defekte*. Transkript der Science-Slam-Präsentation vom 16.12.2016 in Darmstadt. Transkribiert von Melissa Bonnano.

Bosshart, Louis. (1997). Unterhaltungs-Trilogien. Zur Kategorisierung medien-vermittelter Unterhaltung. *Medienwissenschaft 1/2*, 43–47.
Dohle, Marco, & Bernhard, Uli. (2013). Unterhaltungserleben als Wirkung der Medienrezeption. In W. Schweiger, & A. Fahr (Hrsg.), *Handbuch Medienwirkungsforschung* (S. 247–262). Wiesbaden: Springer.
Dynkowska, Malgorzata, Lobin, Henning, & Ermakova, Vera. (2012). Erfolgreich Präsentieren in der Wissenschaft? Empirische Untersuchungen zur kommunikativen und kognitiven Wirkung von Präsentationen. *Zeitschrift für Angewandte Linguistik 57 (1)*, 33–65.
Eisenbarth, Britta, & Weißkopf, Markus. (2012). Science Slam: Wettbewerb für junge Wissenschaftler. In Beatrice Dernbach, & Felicitas von Aretin (Hrsg.), *Handbuch Wissenschaftskommunikation* (S. 155–164). Wiesbaden: Springer.
Früh, Werner (Hrsg.). (2002). *Unterhaltung durch Fernsehen. Eine molare Theorie.* Unter Mitarbeit von Anne-Kathrin Schulze, Wünsch und Carsten. Konstanz: UVK.
Früh, Werner. (2003). Triadisch-dynamische Unterhaltungstheorie (TDU). In Werner Früh, & Hans-Jörg Stiehler (Hrsg.), *Theorie der Unterhaltung. Ein interdisziplinärer Diskurs* (S. 27–56). Köln: Herbert von Halem Verlag.
Grice, Paul. (1975/1996). Logik und Konversation. In Ludger Hoffmann (Hrsg.), *Sprachwissenschaft. Ein Reader* (S. 163–182). Berlin, New York: de Gruyter.
Grummt, Daniel. (2015). Sociology goes Public. Der Science Slam als geeignetes Format zur Vermittlung soziologischer Erkenntnisse? In Stephan Lessenich (Hrsg.), *Routinen der Krise – Krise der Routinen. Verhandlungen des 37. Kongresses der Deutschen Gesellschaft für Soziologie in Trier 2014* (S. 1–12). http://publikationen.soziologie.de/index.php/kongressband_2014/article/view/120. Zugegriffen: 15. März 2019.
Hartmann, Thilo. (2006). *Die Selektion unterhaltsamer Medienangebote am Beispiel von Computerspielen. Struktur und Ursachen.* Köln: von Halem.
Hill, Miira. (2015). Science Slam und die Geschichte der Kommunikation von wissenschaftlichem Wissen an außeruniversitäre Öffentlichkeiten. In Julia Engelschalt, & Arne Maibaum (Hrsg.), *Auf der Suche nach den Tatsachen. Proceedings der 1. Tagung des Nachwuchsnetzwerks „INSIST", 22.-23. Oktober 2014, Berlin* (S. 127–141). http://nbn-resolving.de/urn:nbn:de:0168-ssoar-454743. Zugegriffen: 15. März 2019.
Hill, Miira. (2018). Science Slam und die (Re)Präsentation von Wissenschaft. Neue Einsichten des Kommunikativen Konstruktivismus über Wissenschaftskommunikation in der Popkultur. In Jo Reichertz, & René Tuma (Hrsg.), *Der Kommunikative Konstruktivismus bei der Arbeit* (S. 187–217). Weinheim, München: Juventa Verlag.
Klein, Josef. (1996). Unterhaltung und Information. Kategorien und Sprechhandlungsebenen. Medienlinguistische Aspekte von TV-Akzeptanzanalysen mit dem Evaluationsrecorder. In Ernest Hess-Lüttich, Werner Holly, & Ulrich Püschel (Hrsg.), *Textstrukturen im Medienwandel* (S. 107–120). Frankfurt am Main, Berlin, Bern u. a.: Peter Lang.
Klein, Josef. (1997). Kategorien der Unterhaltsamkeit. Grundlagen einer Theorie der Unterhaltung mit kritischem Rückgriff auf Grice. In Rolf Eckard (Hrsg.), *Pragmatik. Implikaturen und Sprechakte* (S. 176–188). Opladen: Westdeutscher Verlag.

Kotthoff, Helga. (2017). Linguistik und Humor. In Uwe Wirth (Hrsg.), *Komik. Ein interdisziplinäres Handbuch* (S. 112–122). Stuttgart: J. B. Metzler.

Lang, Annie. (2000). The Limited Capacity Model of Mediated Message Processing. *Journal of Communication 50 (1)*, 46–70. DOI: 10.1111/j.1460-2466.2000.tb02833.x.

Liedtke, Frank (Hrsg.). (1995). *Implikaturen. Grammatische und pragmatische Analysen*. Tübingen: Niemeyer.

Luge, Elisabeth. (1991). Perlokutionäre Effekte. *Zeitschrift für Germanistische Linguistik 19*, 71–86.

Mangold, Roland. (2004). Infotainment und Edutainment. In Roland Mangold, Peter Vorderer, & Gary Bente *Lehrbuch der Medienpsychologie* (S. 528–542). Göttingen: Hogrefe.

Müller, Eggo. (2002). Wann ist (Fußball) Unterhaltung? Bemerkungen zu einer Pragmatik der Unterhaltung. *montage/av 11 (2)*, 78–86.

Münder, Herbert. (2012). Voneinander lernen: das Netzwerk der europäischen Science Festivals (Eusea). In Beatrice Dernbach, & Felicitas von Aretin (Hrsg.), *Handbuch Wissenschaftskommunikation* (S. 93–98). Wiesbaden: Springer.

Navid, Erin L., & Einsiedel, Edna F. (2012). Synthetic biology in the Science Café: what have we learned about public engagement? *JCOM 11 (04)*. DOI: 10.22323/2.11040202.

Niemann, Philipp, Schrögel, Philipp, & Hauser, Christiane. (2017). Präsentationsformen der externen Wissenschaftskommunikation. Ein Vorschlag zur Typologisierung. *Zeitschrift für Angewandte Linguistik 67*, 81–113.

Oliver, Mary Beth, & Raney, Arthur. (2011). Entertainment as Pleasurable and Meaningful. Identifying Hedonic and Eudaimonic Motivations for Entertainment Consumption. *Journal of Communication 61*, 984–1004.

Rolf, Eckhard. (1982). Perlokutionäre Akte und perlokutionäre Effekte. In Klaus Detering, Jürgen Schmidt-Radefeldt, & Wolfgang Sucharowski (Hrsg.), *Sprache erkennen und verstehen. Akten des 16. Linguistik-Kolloquiums Kiel 1981 Bd. 2* (S. 262–271). Tübingen: Niemeyer.

Schnurr, Stephanie. (2010). Humour. In Miriam A. Locher, & Sage L. Graham (Hrsg.), *Interpersonal Pragmatics* (S. 307–326). Berlin, New York: de Gruyter.

Selting, Margret et al. (2009). Gesprächsanalytisches Transkriptionssystem 2 (GAT 2). *Gesprächsforschung – Online-Zeitschrift zur verbalen Interaktion 10*, 353–402. http:// http:// www.gespraechsforschung-ozs.de. Zugegriffen: 15. März 2019.

Stifterverband. (1999/2019). Memorandum zu Public Understanding of Sciences and Humanities. https://www.stifterverband.org/ueber-uns/geschichte-des-stifterverbandes/push-memorandum. Zugegriffen: 02. Juni 2019.

Vorderer, Peter. (2001). It's all entertainment—sure. But what exactly is entertainment? Communication research, media psychology, and the explanation of entertainment experiences. *Poetics 29 (4–5)*, 247–261. DOI: 10.1016/S0304-422X(01)00037-7.

Vorderer, Peter, & Hartmann, Thilo. (2009). Entertainment and Enjoyment as Media Effects. In Jennings Bryant, & Mary Beth Oliver (Hrsg.), *Media Effects. Advances in Theory and Research*, (S. 532–550). New York, London: Routledge.

Weidner, Beate. (2017). Zwischen Information und Unterhaltung. Multimodale Verfahren des Bewertens im Koch-TV. *Gesprächsforschung – Online-Zeitschrift zur verbalen Interaktion 18*, 1–33. http://www.gespraechsforschung-ozs.de. Zugegriffen: 15. März 2019.

Wünsch, Carsten. (2002). Unterhaltungstheorien. Ein systematischer Überblick. In Werner Früh (Hrsg.) unter Mitarbeit von Anne-Kathrin Schulze und Carsten Wünsch, *Unterhaltung durch Fernsehen. Eine molare Theorie* (S. 15–48). Konstanz: UVK.

Zarkadakis, George. (2010). FameLab: A Talent Competition for Young Scientists. *Science Communication 32 (2)*, 281–287. DOI: 10.1177/1075547010368554.

Rezeption von Science-Slams

Erkenntnis, Emotionen & Entdeckung
Eine Rezeptionsstudie zur Rolle der Unterhaltung in Science-Slams

Philipp Niemann, Laura Bittner, Christiane Hauser
und Philipp Schrögel

Zusammenfassung

Der Science-Slam ist eine Präsentationsform der Wissenschaftskommunikation, die eine hohe Event- und Unterhaltungsorientierung aufweist – und dafür in der öffentlichen Diskussion mitunter scharf kritisiert wird. Dieser Beitrag rückt explizit das Verhältnis von Wissensvermittlung und Unterhaltung im Science-Slam in den Fokus. In einer empirischen Studie wird dies aus einer primär rezipientenorientierten Perspektive mit einem Mehr-Methodendesign aus Publikumsbefragungen (n=469), Eye-Tracking-Studien und Interviews mit Slammer*innen (n=18) bei drei ausgewählten Veranstaltungen untersucht. Die Ergebnisse zeigen, dass das Publikum Unterhaltung als zentral für Science-Slams ansieht, aber ebenso ein großes Interesse an der Wissensvermittlung hat. Während die Bewertung der individuellen Präsentationen (n=20) dies mit hohen Werten für beide Aspekte bestätigt, zeigt sich auf der visuellen Ebene ein anderes Bild: Hier erhalten die wissenschaftlichen Elemente deutlich mehr Aufmerksamkeit als die unterhaltenden. Für die Science-Slammer*innen selbst sind beide Aspekte zwar eng miteinander verknüpft, Priorität hat für die meisten von ihnen aber der wissenschaftliche Inhalt. Der Science-Slam ist somit als Präsentationsform zu sehen, die wissenschaftliche Inhalte und Unterhaltung vereint – und zwar auf Augenhöhe.

Schlüsselbegriffe

Science-Slam, Wissenschaftskommunikation, Präsentationsformen, Eye-Tracking, Rezeptionsstudie, Unterhaltung

© Springer Fachmedien Wiesbaden GmbH, ein Teil von Springer Nature 2020 95
P. Niemann et al. (Hrsg.), *Science-Slam*,
https://doi.org/10.1007/978-3-658-28861-7_7

1   Hintergrund

1.1   Science-Slams in der Wissenschaftskommunikation

Ein Science-Slam ist ein Vortragswettbewerb, bei dem Wissenschaftler*innen – typischerweise Doktorand*innen – ihre eigene Forschung vorstellen. Die Kurzvorträge sind auf zehn Minuten Dauer beschränkt und werden allgemeinverständlich und unterhaltsam präsentiert. Das Publikum bewertet die Präsentationen und kürt eine*n Sieger*in (Eisenbarth und Weißkopf 2012; Erlemann 2011). Charakteristisch für die Form des Science-Slams ist zum einen die Rahmung des Events. Es handelt sich meist um moderierte Abendveranstaltungen außerhalb von Wissenschaftseinrichtungen, beispielsweise in Clubs, Kultur- und Jugendzentren, um sich von den traditionellen akademischen Abendvorträgen und öffentlichen Vorlesungsreihen abzusetzen (Hill 2015). Neben der Rahmung des Events ist zum anderen die Gestaltung der einzelnen Präsentationen der Wissenschaftler*innen spezifisch für Science-Slams. Vorgabe ist es, die eigene Forschung, beispielsweise Abschlussarbeit, Promotionsvorhaben oder Forschungsprojekt, verständlich und unterhaltsam vorzutragen. Bei Science-Slams ist neben dem wissenschaftlichen Inhalt der Unterhaltungswert eine zentrale Komponente, daher gestalten die Slammer*innen ihre Präsentationen meist umfangreich aus: Es sind alle Hilfsmittel erlaubt, ob PowerPoint-Folien, Videos, Experimente, Verkleidungen oder Requisiten.[1]

1.2   Rezeptionsorientierte Betrachtung von Science-Slams als Präsentationsform

Als multimodale Vortragsform der Wissenschaftskommunikation, bei der neben der gesprochenen Sprache der Slammer*innen immer auch andere kommunikative Modi wie Bild, Video, Audio, geschriebener Text oder Gestik und Mimik zum Einsatz kommen, kann der Science-Slam als Präsentation aufgefasst werden (zum Präsentationsbegriff siehe Bucher et al. 2010, S. 376). Analytisch gesehen sind bei Präsentationen insbesondere drei zentrale Modibereiche zu differenzieren: der Modus der gesprochenen Sprache der Vortragenden, der visuelle Modus (etwa Bild, Text, Design) sowie der performative Modus (etwa Zeigehandlungen des*der Vortragenden oder seine*ihre Mimik) (Bucher und Niemann 2015, S. 76). Standardbeispiel für eine solche Vortragsform in der Wissenschaftskommunikation ist die

---

1   Eine ausführlichere Darstellung der Form des Science-Slams findet sich in der Einleitung dieses Sammelbandes.

Präsentation mittels der Software PowerPoint (oder vergleichbarer Software), die auch bei der Mehrheit von Science-Slams zum Einsatz kommt.

Zur Systematisierung von Präsentationsformen der Wissenschaftskommunikation wurde eine Typologie vorgeschlagen, die vier Klassifikationskriterien differenziert: den Grad der Multimodalität, den Grad der Interaktivität, den Grad der Performanz sowie den Grad der Event- und Unterhaltungsorientierung einer Präsentation (Niemann et al. 2017).

Bei der Bestimmung des Grads der **Multimodalität** ist die Frage zu klären, wie viele und welche Kommunikationsmodi bei Science-Slams zum Einsatz kommen. Als Kommunikationsmodus wird neben Text und Bild auch „Design, Typografie, Farben, Grafiken, Piktogramme oder operationale Zeichen, Musik, Sound etc." (Bucher 2010, S. 42) verstanden.

Der Grad der **Interaktivität** von Science-Slams hängt zum einen davon ab, in welchem Maße sie den Austausch bzw. die Interaktion zwischen Menschen oder Gruppen von Menschen – also dem Publikum – ermöglichen, die sog. „Interaktion [...] durch ein Medium" (Höflich 1997, S. 98). Darüber hinaus ist von Relevanz, welche angebotsseitigen Potenziale zur Interaktion zwischen Präsentation und Rezipient*innen vorhanden sind (vgl. „Interaktion mit einem Medium" (Höflich 1997, S. 98)), also letztlich, wie dialogorientiert die Slammer*innen während der Präsentationen agieren.

Der Grad der **Performanz** von Science-Slams bemisst sich nach dem Ausmaß der Inszenierung von wissenschaftlichen Inhalten durch Slammer*innen über das Verbale hinaus. Aspekte, die dabei eine Rolle spielen, sind beispielsweise Mimik und Gestik, Stimmdynamik, Dialekt, Körpereinsatz und Bewegung oder der Einsatz von Requisiten.

Der Grad der **Event- und Unterhaltungsorientierung** von Science-Slams kann anhand von empirisch zugänglichen Parametern aus verschiedenen Funktionsbereichen von Unterhaltung identifiziert werden: Ablenkung und Zeitvertreib, Geselligkeit und Gemeinschaft sowie persönlicher Bezug zum Thema des Slams.[2]

Eine detaillierte Analyse von Science-Slams von Niemann et al. (2020) auf Basis der vorgestellten Typologie kommt zu dem Ergebnis, dass sich die Form des Science-Slams primär durch ein sehr hohes Maß an Event- und Unterhaltungsorientierung auszeichnet. Insgesamt betrachtet weist die Form aber auch einen hohen Grad an Multimodalität, Interaktivität und Performanz auf, wobei die genauen Ausprägungen der Aspekte bei einzelnen Präsentationen von Science-Slams stark variieren können (Niemann et al. 2020).

---

2 Die Ausführungen zu den Klassifikationskriterien der Typologie von Präsentationsformen basieren auf Niemann et al. (2017).

Neben der Analyse der Form steht die Rezeption einzelner Präsentationen im Fokus der hier vorgestellten Forschung zu Science-Slams. Theoretische Grundlage ist dabei ein handlungstheoretisch fundierter Rezeptionsbegriff, wie Hans-Jürgen Bucher ihn entwickelt hat (grundlegend Bucher 2012). Rezeption ist demnach eine „regelhafte, kompetenzbedingte und angebotsabhängige Sequenz von Aneignungshandlungen" (Bucher 2005, S. 91, dort bezogen auf WWW-Angebote), bei der aktive Nutzer*innen – vergleichbar mit einem klassischen face-to-face-Gespräch – mit medialen Angeboten, bzw. im konkreten Fall mit den Science-Slam-Präsentationen, in einen quasi-dialogischen Austausch treten (Bucher 2012, S. 24; Niemann 2015, S. 40). Mit Blick auf den Unterhaltungsaspekt von Science-Slams ist in diesem Kontext relevant, inwieweit sich die Aneignungshandlungen der Rezipient*innen auf diejenigen Elemente von Science-Slam-Präsentationen beziehen, denen Unterhaltungspotenzial zugeschrieben werden kann. Dabei kann es sich grundsätzlich um sämtliche Elemente der Präsentationen handeln, etwa Bilder oder Textteile auf PowerPoint-Folien, sprachliche Äußerungen der Slammer*innen oder Requisiten, die diese einsetzen.

1.3   Unterhaltung im Science-Slam

Die hohe Event- und Unterhaltungsorientierung, die die Analyse von Science-Slams deutlich gemacht hat, spielt auch in der öffentlichen Diskussion dieser Präsentationsform der Wissenschaftskommunikation immer wieder eine Rolle: Science-Slams werden von ihren Kritiker*innen als forschungsferne, bunte Unterhaltung dargestellt (Griem 2018; Thiel 2018, S. 3). Magnus Klaue (2015) spricht gar von einer „Mischung aus Populismus, Hybris und Witzlosigkeit" (S. 543) und unterstellt Slammer*innen die Vorstellung, „dass sich die Wissenschaften den Massen nur nahebringen lassen, wenn man sich an deren beschränkten Alltagsverstand, Bodenständigkeit und Unterhaltungsbedürfnis anpasst" (ebd.).

Vor diesem Hintergrund stellt dieser Beitrag das Verhältnis von Unterhaltung und wissenschaftlichem Inhalt in den Mittelpunkt der Betrachtung von Science-Slams aus einer primär rezipientenorientierten Perspektive. Welche Relevanz hat Unterhaltung bei den Erwartungen des Publikums an diese Präsentationsform? Und welche Rolle spielt der Unterhaltungsaspekt sowie der Aspekt der Inhaltsvermittlung bei der Rezeption einzelner Science-Slam-Präsentationen? Da letztere Frage nicht ohne fundierte Kenntnis der Rezeptionsgegenstände zu klären ist, werden auch die Unterhaltungspotenziale von individuellen Science-Slam-Präsentationen und deren konkreter wissenschaftlicher Inhalt in den Blick genommen. Zur Vervollständigung des Bildes wird zudem die Sicht der Slammer*innen selbst auf Unterhaltung und Wissensvermittlung sowie auf die Relevanz dieser Aspekte für das Publikum betrachtet.

Das Phänomen „Unterhaltung" ist in der kommunikationswissenschaftlichen Rezeptionsforschung nicht eindeutig geklärt. So konstatieren Vorderer und Reinecke (2012) mit Blick auf die entsprechende Forschung, „dass die Beschreibung und Erklärung ihres Gegenstand[s] (Unterhaltung) unterdifferenziert geblieben ist" (S. 20). Konsensfähig ist die Vorstellung von einem hedonischen Unterhaltungserleben, das primär auf Wohlbefinden „im Sinne von Vergnügen (>pleasure<)" (Vorderer und Reinecke 2012, S. 18) abzielt. Jüngere Forschung geht darüber hinaus von einer weiteren, komplexeren und intensiveren Form des Unterhaltungserlebens aus (non-hedonisch), die mit dem Begriff „Appreciation" charakterisiert werden kann (Vorderer und Reinecke 2012 sowie 2015). Umstritten bleibt, ob es dabei um „eine Form der Befriedigung grundlegender Bedürfnisse" (Vorderer und Reinecke 2012, S. 21) geht oder um die „durch die Rezeption ausgelöste Empfindung persönlicher Bedeutsamkeit (>Meaningfulness<)" (Vorderer und Reinecke 2012, S. 21). Gemünzt auf einen hedonischen Unterhaltungsbegriff stellen Wirth und Schramm (2005) fest: „In this way, the layperson's understanding is not too far away from what our science has found out about the phenomenon of 'entertainment' so far" (S. 14). Es ist somit davon auszugehen, dass die Vorstellungen von „Unterhaltung" in der breiten Bevölkerung und auch bei Besucher*innen von Science-Slams in erster Linie in den Bereich des hedonischen Begriffsverständnisses der Kommunikationswissenschaft fallen.

2 Empirie

2.1 Untersuchungsmaterial und Forschungsmethoden

Für die detaillierte Untersuchung der Rezeption von Science-Slams wurden Science-Slam-Veranstaltungen ausgewählt, die verallgemeinerbare Aussagen über die Präsentationsform ermöglichen: das Finale der deutschen Science-Slam-Meisterschaften 2016 sowie eine Best-of-Veranstaltung (mit renommierten Slammer*innen, darunter vorherige Science-Slam-Finalist*innen). Beide Veranstaltungen fanden im Dezember 2016 in Darmstadt statt und zeichnen sich durch den Auftritt erfahrener Slammer*innen aus. Zudem wurde eine weitere Veranstaltung ausgewählt, die als „normaler" Science-Slam mit erfahrenen Slammer*innen und Newcomer*innen bezeichnet werden kann. Diese fand im Februar 2017 in Karlsruhe statt.[3] Als konkretes Fallbeispiel findet auch in diesem Beitrag die Science-Slam-Präsentation „Dienliche Defekte" von Reinhard Remfort immer wieder besondere Beachtung.

Bei allen Untersuchungen im Rahmen der drei skizzierten Veranstaltungen wurde ein Mehr-Methoden-Design umgesetzt. In Publikumsbefragungen wurden sowohl die allgemeine Erwartungshaltung als auch Einschätzungen der individuellen Science-Slam-Präsentationen erhoben. Interviews mit den Slammer*innen, die deren Motivation und Einschätzung zur Rolle von Unterhaltung und Wissensvermittlung abbilden, ergänzen diese. Die Operationalisierung des oben eingeführten Rezeptionskonzepts erfordert neben den klassischen Befragungsverfahren den Einsatz einer Methode, die unmittelbar an der Schnittstelle zwischen Science-Slam-Präsentationen und Rezipient*innen ansetzt und in der Lage ist, Einblick in den quasi-dialogischen Aneignungsprozess zu gewähren. Hierzu wurde die Methode der Blickaufzeichnung eingesetzt. Blickbewegungen werden in dieser Studie als Indikatoren für die Allokation von Aufmerksamkeit der Rezipient*innen aufgefasst (Bente 2004, S. 298). Sie geben u. a. sowohl Auskunft über deren Selektions- und Erschließungsstrategien als auch über den Grad von Aufmerksamkeit und Interesse hinsichtlich einzelner Elemente der Science-Slam-Präsentationen – etwa hinsichtlich ihres Unterhaltungspotenzials (siehe bezogen auf PowerPoint-Präsentationen Bucher et al. 2010, S. 385). Sämtliche Untersuchungen wurden im Rahmen des Forschungsprojekts „Science In Presentations" durchgeführt.[4]

Die Publikumsbefragung fand mittels einer standardisierten schriftlichen Befragung statt. Bei jeder der drei Science-Slam-Veranstaltungen wurden 100 Fragebögen im Saal verteilt, mit der Bitte, diese während der Veranstaltung auszufüllen. Sie beinhalteten Fragen zur allgemeinen Einstellung zu Wissenschaft, zu verschiedenen Formaten der Wissenschaftsvermittlung, zu soziodemographischen Merkmalen sowie zu den Erwartungen, mit denen die Besucher*innen zu der jeweiligen Science-Slam-Veranstaltung kamen. Diejenigen Zuschauer*innen der Science-Slams, die keinen Fragebogen auf ihren Plätzen vorfanden, wurden mittels ausgelegten Informationsmaterials dazu eingeladen, online an der identischen Umfrage teilzunehmen. Die Rücklaufquote der Publikumsbefragung ist in Tabelle 1 dargestellt.

---

3   Offenlegung: Philipp Schrögel, einer der Autor*innen dieses Beitrags war Moderator dieser Veranstaltung und deshalb in die Erhebung nicht involviert.

4   Das von der Klaus Tschira Stiftung geförderte Forschungsprojekt wird vom Nationalen Institut für Wissenschaftskommunikation (NaWik) zusammen mit dem Karlsruher Institut für Technologie (KIT) durchgeführt und beschäftigt sich seit Ende 2015 mit der Systematik und der Rezeption von Präsentationsformen der externen Wissenschaftskommunikation.

Tab. 1 Anzahl der ausgefüllten Fragebögen (insgesamt 469).

	Papierfragebogen	Onlinebefragung	Gesamt
Best-of Darmstadt	73	23	96
Deutschland-Finale Darmstadt	87	143	230
Science-Slam Karlsruhe	90	53	143

Nach einem Vergleich der Angaben zu soziodemographischen Merkmalen und einzelnen Fragen ergaben sich keine signifikanten Unterschiede zwischen den Befragten, so dass in der folgenden Auswertung die Fragebögen der schriftlichen Befragung und der Onlinebefragung gemeinsam ausgewertet werden. Dadurch ergibt sich eine Gesamtzahl von 469 Fragebögen, für einzelne Fragen kann diese Anzahl leicht geringer sein, weil nicht alle Befragten die Fragebögen vollständig ausfüllten. Die Ergebnisse dieses Teils der Publikumsbefragung finden sich in Kapitel 2.2.

Bei den Fragebögen, die vor Ort ausgeteilt wurden, gab es zusätzlich zu den oben beschriebenen Frageblöcken zu jeder einzelnen Science-Slam-Präsentation (jeweils sechs bzw. acht im Falle des Deutschland-Finales) eine weitere Seite, auf der die Rezipient*innen die jeweiligen Präsentationen unmittelbar nach deren Rezeption in Bezug auf Aspekte des Informations- und Unterhaltungswertes, der Verständlichkeit sowie der Performanz des*der Präsentierenden beurteilen konnten. Diese Fragebögen wurden von vielen, aber nicht allen Teilnehmer*innen der Befragung ausgefüllt, woraus sich z. T. erhebliche Unterschiede in der Anzahl der ausgewerteten Fragebögen ergeben. Die so gewonnenen Erkenntnisse werden in Kapitel 2.3.1 dargestellt.

Diese quantitative Befragung von Zuschauer*innen zu ihrem Rezeptionserlebnis wurde ergänzt durch Blickaufzeichnungen mit ausgewählten Teilnehmer*innen der drei Veranstaltungen. Dabei wurden jeweils ein bis zwei zufällig gewählte Personen aus dem Publikum gebeten, für zwei bis drei Präsentationen eine mobile Blickaufzeichnungsbrille aufzusetzen (SMI Eye Tracking Glasses). Nach einer technischen Vorsichtung des Materials in Bezug auf die Datenqualität verblieben für neun der Präsentationen auswertbare Blickbewegungsprotokolle. Eine detaillierte Auswertung der Ergebnisse dieser Erhebungsmethode findet sich in Kapitel 2.3.3.

Um die Vermittlungssituation aus Sicht der Präsentierenden mit Schwerpunkt auf dem Verhältnis von Wissensvermittlung und Unterhaltung besser verstehen zu können, wurden darüber hinaus Leitfadeninterviews mit 18 Science-Slammer*innen geführt, die entsprechenden Ergebnisse finden sich in Kapitel 2.3.2. Auf diese Weise kann der Entstehungskontext der einzelnen Präsentationen bei der Auswertung der Rezipient*innensicht berücksichtigt werden. Ergänzend wurden im Wesentlichen identische Fragebogen-Erhebungen im Rahmen von zwei studentischen Abschlussarbeiten und eine zusätzliche Untersuchung im Projekt „Science In Presentations" bei drei weiteren ähnlichen Formen der Wissenschaftskommunikation durchgeführt, um vergleichende Aussagen treffen zu können: bei den „Science Notes" (Schrögel et al. 2017, S. 6) in Tübingen im Januar 2017 (Bittner et al., 2018), beim „famelab" (Schrögel et al. 2017, S. 7) im März 2017 in Karlsruhe sowie bei einer „TEDx" Veranstaltung (Schrögel et al. 2017, S. 13) im November 2017 am KIT, ebenfalls in Karlsruhe (Triebler et al., 2019). Die mit Hilfe der unterschiedlichen Methoden erhobenen Daten wurden anschließend aufbereitet – etwa durch Transkription der Interviewmitschnitte oder Anlegen von Videoprotokollen für die Auswertung der Blickdaten – und damit der Auswertung zugänglich gemacht, deren Ergebnisse nachfolgend detailliert dargestellt werden.

2.2   Science-Slam-Publikum: Soziodemographie und Slam-Besuchsgründe

Das Publikum der drei untersuchten Science-Slam-Veranstaltungen ähnelte sich in Bezug auf die soziodemographischen Merkmale. Bezogen auf die Gesamtheit aller ausgefüllten Fragebögen war die Mehrheit der Zuschauer*innen männlich (56,2 %). Der Altersdurchschnitt lag bei 32 Jahren, mit einem deutlichen Übergewicht bei den 21- bis 30-Jährigen (vgl. Abb. 1).

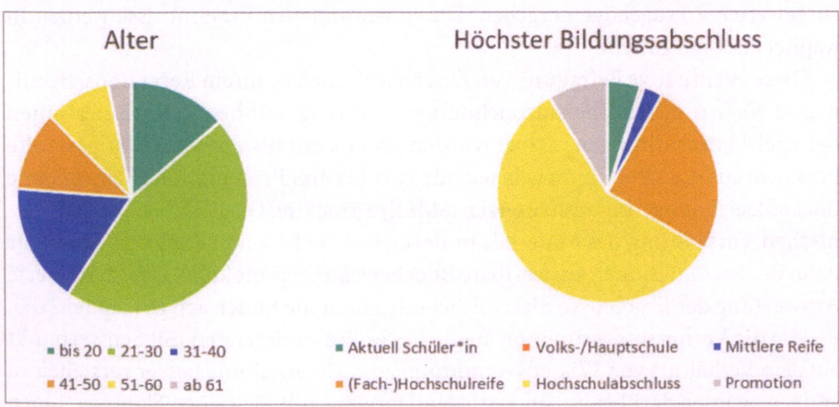

Abb. 1   Altersverteilung der befragten Teilnehmenden bei den drei untersuchten Science-Slam-Veranstaltungen (links, n=437) und ihr aktuell höchster Bildungsabschluss (rechts, n=427).

Die Zuschauer*innen waren deutlich höher gebildet als die Durchschnittsbevölkerung. Die große Mehrheit verfügt mindestens über die Hochschulreife (insgesamt: 89,7 %, davon (Fach-)Hochschulreife 24,7 %, Studienabschluss 56,5 %, Promotion 8,5 % – vgl. Abb. 1). Damit liegt die Vermutung nahe, dass Science-Slam-Veranstaltungen besonders von hoch gebildeten Rezipient*innen besucht werden, die durch ihre Ausbildung aktiv mit dem Wissenschaftssystem in Berührung kommen bzw. gekommen sind. Dazu passen auch die Antworten auf die Frage, wie groß das eigene Interesse an Wissenschaft sei. Hier antworteten mehr als die Hälfte der Befragten (56,9 %), dass sie sehr interessiert an Wissenschaft seien, ein weiteres Drittel gab an „eher interessiert" zu sein.

Gefragt nach dem Besuch von Veranstaltungen der Wissenschaftsvermittlung allgemein gab die große Mehrheit der befragten Zuschauer*innen an, selten die verschiedenen abgefragten Formate zu besuchen (vgl. Abb. 2). Museen als klassische Orte populärwissenschaftlicher Wissensvermittlung haben immerhin die Hälfte der Befragten in den vorangegangenen zwölf Monaten besucht. Alle anderen Formate, die oft auch temporär begrenzt oder einmalig stattfinden, besuchten nur wenige Zuschauer*innen der Science-Slam-Veranstaltungen vorher. Damit sind die Science-Slam-Besucher*innen allerdings immer noch deutlich häufiger zu Gast bei Veranstaltungen der Wissenschaftsvermittlung als der Bevölkerungsdurchschnitt. So gaben bei einer repräsentativen Bevölkerungsbefragung 2016 (Wissenschaftsbarometer) lediglich 3 % der Befragten an, Veranstaltungen, Vorträge oder Diskussionen über Wissenschaft und Forschung oft zu besuchen, und 14 % „manchmal" (Wissenschaft im Dialog 2016). 40 % der Befragten besuchten in den vergangenen zwölf Monaten mindestens einmal ein Wissenschafts- oder Technikmuseum. Eine Lange Nacht der Wissenschaft, einen Tag der offenen Tür oder einen Science-Slam hatten 21 % der Befragten einmal oder mehrmals im vergangenen Jahr besucht – zum Vergleich: 53,3 % der Science-Slam-Besucher*innen waren im entsprechenden Zeitraum bei einer dieser Veranstaltungen.

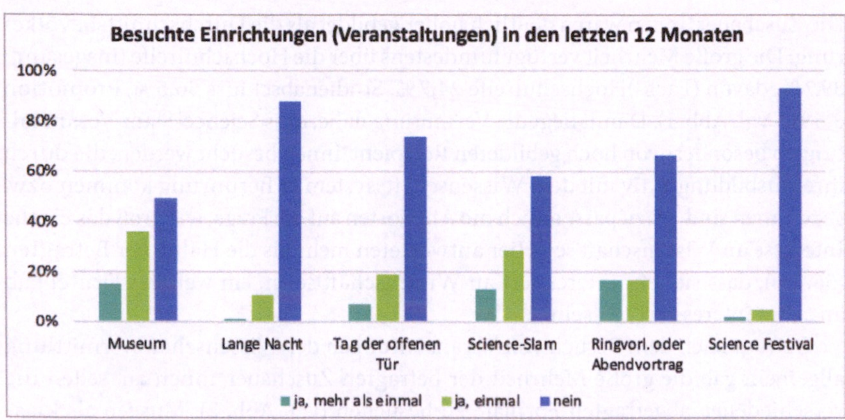

Abb. 2   „Haben Sie folgende Einrichtungen (Veranstaltungen) in den letzten 12 Monaten besucht?" (429 ≤ n ≤ 438).

Befragt nach der Relevanz unterschiedlicher Aspekte für ihren Besuch der untersuchten Science-Slam-Veranstaltungen gaben vier Fünftel der befragten Zuschauer*innen das Interesse an Wissenschaft als „sehr wichtig" oder „wichtig" an (vgl. Abb. 3). Die Erwartung, bei einem Science-Slam unterhalten zu werden, ist sogar noch leicht höher: Knapp zwei Drittel der Befragten (63,2 %) gaben dies als sehr wichtigen Grund für ihren Besuch an, ein weiteres Drittel (32 %) als wichtigen.[5] Weniger wichtig war ihnen die Tatsache, dass sie beim Besuch eines Science-Slams etwas lernen (sehr wichtig: 22,5 %, wichtig: 38,4 %).[6] Das Erleben eines*einer bestimmten Präsentierenden war für fast alle Befragten nicht ausschlaggebend für den Besuch (gar nicht wichtig: 82,7 %).

Im Vergleich zu Besucher*innen anderer, ähnlicher Veranstaltungen ist das Interesse an Wissenschaft als Besuchsgrund bei Science-Slam-Besucher*innen etwas geringer ausgeprägt (vgl. Abb. 4). Statistisch signifikante Unterschiede zeigen sich zu den Science Notes- und TEDx-Veranstaltungen, die Effekte sind jedoch klein (Science Notes: d=0,258; TEDx: d=0,304) (Cohen 1988, S. 40).

---

5   Die gefundenen Unterschiede sind statistisch signifikant, wenn auch nur mit einer kleinen Effektstärke (Cohen's d = 0,417; von kleiner Effektstärke spricht Cohen bei 0,2<d<0,5, mittlere Effektstärke liegt bei 0,5<d<0,8 vor, bei allen Werten darüber kann von starken Effekten ausgegangen werden, siehe dazu auch Cohen 1988, S. 40).

6   Mit kleiner Effektstärke beim Vergleich der Unterschiede zwischen Wissenschaft und Lernen (d=0,419) und mittlerer Effektstärke beim Vergleich der Unterschiede zwischen Unterhaltung und Lernen (d=0,781).

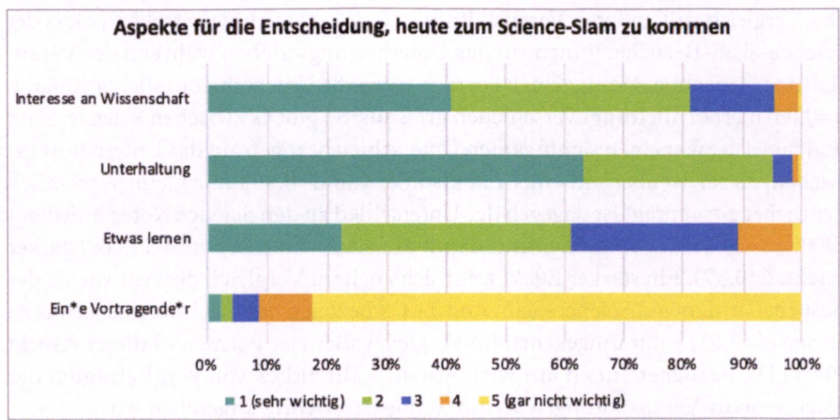

Abb. 3 „Wie wichtig waren folgende Aspekte bei Ihrer Entscheidung, heute zum Science-Slam zu kommen?" (444 ≤ n ≤ 458).

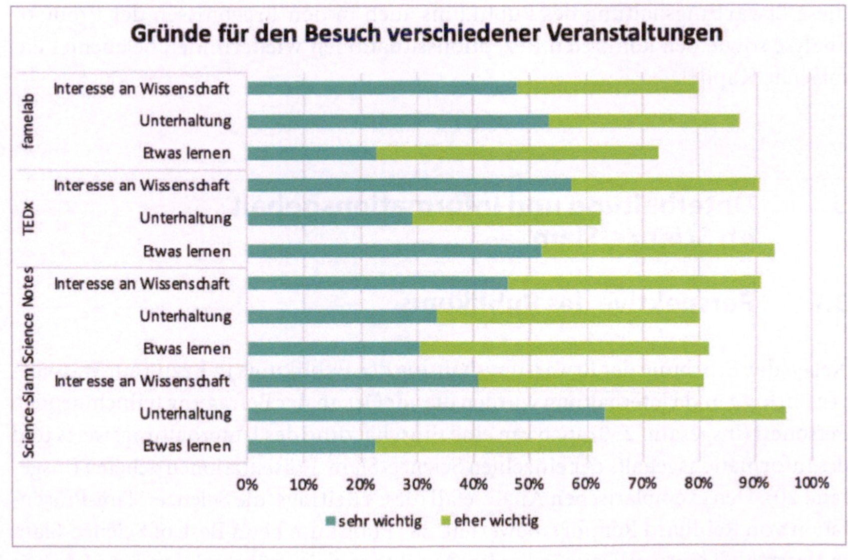

Abb. 4 „Wie wichtig waren folgende Aspekte bei Ihrer Entscheidung, heute zum Science-Slam/zu den Science Notes/zum TEDxKIT Event/famelab zu kommen?" (Science-Slam: 444 ≤ n ≤ 458 , Science Notes: 66 ≤ n ≤ 67, TEDx: 72 ≤ n ≤ 73, famelab: n = 86).

Der Vergleich mit anderen Veranstaltungen bestätigt auch den starken Fokus der Science-Slam-Besucher*innen auf das Unterhaltungserleben während der Veranstaltung. Zwischen den einzelnen Formen fallen die Unterschiede (alle signifikant, p=0,05) hierbei allerdings verschieden groß aus: So gibt es zwischen Science-Slam und famelab zwar einen signifikanten Unterschied bezogen auf das Unterhaltungserleben, dieser ist aber mit einer Effektstärke von d=0,303 nur klein. Wesentlich deutlicher ausgeprägt ist dagegen der Unterschied zu den Science Notes (mittlerer Effekt, d=0,617), noch größer und damit am stärksten ist er zum TEDx (starker Effekt, d=0,87). Ein starker Effekt zeigt sich auch im Vergleich der Antworten der Besucher*innen von Science-Slam und TEDx bezogen auf das Interesse, etwas zu lernen (d=0,81) – nur umgekehrt: Im Vergleich aller vier Formen ist dieser Aspekt für TEDx-Besucher*innen am wichtigsten, während er von den Befragten der Science-Slam-Veranstaltungen als am wenigsten wichtig angesehen wird.

Zusammenfassend kann man aus der Publikumsbefragung ableiten, dass Science-Slams bei den Zuschauer*innen stark mit unterhaltenden Aspekten assoziiert werden und dass dies auch im Vergleich mit anderen Veranstaltungsformen, bei denen Wissensvermittlung eine Rolle spielt, ein starker Fokus ist. Inwieweit sich diese Erwartungshaltung des Publikums auch in den Ergebnissen der Produktanalyse sowie den konkreten Rezeptionssituationen wiederfindet, beleuchtet das folgende Kapitel.

3   Unterhaltung und Informationsgehalt im Science-Slam

3.1   Perspektive des Publikums

Neben der Erhebung der Erwartungshaltung des Publikums in Bezug auf Wissensvermittlung und Unterhaltung wurden die vor Ort an der Befragung teilnehmenden Personen (insgesamt 250) auch um eine Einschätzung des Unterhaltungswerts und des Informationsgehalts der einzelnen Science-Slam-Präsentationen gebeten (insgesamt 20). Den exemplarischen Analysefall dieses Beitrags, die Science-Slam-Präsentation von Reinhard Remfort, bewertete das Publikum beim Best-of Science-Slam in Darmstadt beispielsweise in beiden Aspekte mit einer überwiegenden Mehrheit als mindestens gut (82,7 % bzw. 76,9 %; Angaben sehr gut & gut, vgl. Abb. 5). Dabei fällt die Bewertung des Unterhaltungswerts insgesamt und auch mit Blick auf die Kategorie „sehr gut" etwas höher aus (51,9 % zu 32,7 %, vgl. Abb. 5).

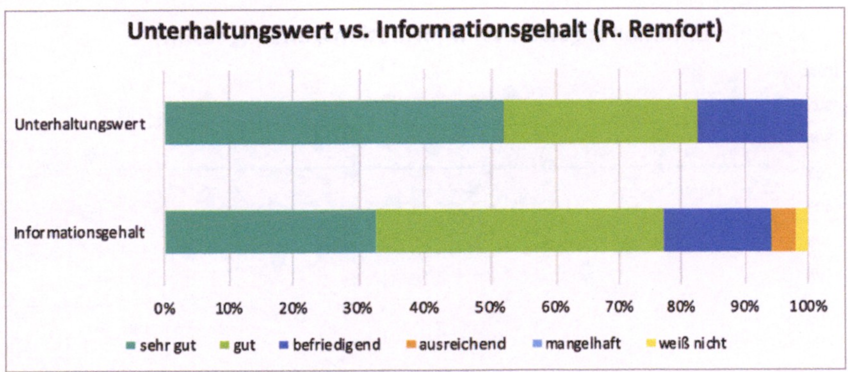

Abb. 5 „Wie schätzen Sie folgende Aspekte der Präsentation ein?" Unterhaltungswert und Informationsgehalt; 47 ≤ n ≤ 52 (Slam von Reinhard Remfort im Best of zum Finale der Deutschen Meisterschaften im Science-Slam 2016 in Darmstadt).

Im Vergleich zu allen untersuchten Science-Slam-Präsentationen liegen die beiden Bewertungen für Reinhard Remfort nahe am Median (vgl. Abb. 6 – Reinhard Remforts Präsentation ist Slam Nr. 4). In der Gesamtschau zeigt sich, dass der Median für die Bewertung des Unterhaltungswerts („sehr gut" oder „gut") bei rund 84 % liegt. Die entsprechende Bewertung des Informationsgehalts liegt mit rund 72 % leicht darunter (vgl. Abb. 6). Bei der Verteilung der einzelnen Bewertungen zeigt sich ein heterogenes Bild, mit sowohl vereinzelten besonders positiven Bewertungen (z. B. Slam Nr. 3) als auch vereinzelten weniger positiven Einschätzungen insgesamt (z. B. Präsentation Nr. 5). Bei 11 von 20 Präsentationen bewerteten die Befragten den Unterhaltungswert positiver, bei acht Präsentationen den Informationsgehalt und bei einer sind die Bewertungen gleich.

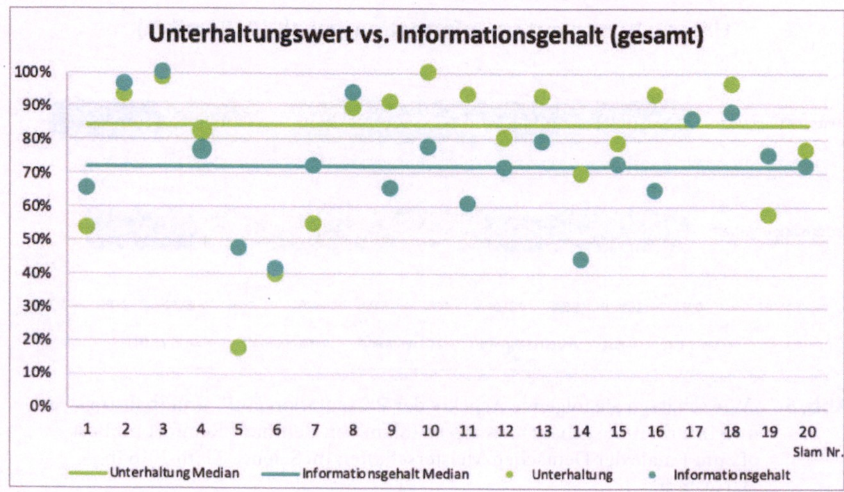

Abb. 6   Einschätzung des Publikums zum Unterhaltungswert (hellgrün) und Informationsgehalt (dunkelgrün) der 20 untersuchten Science-Slam-Präsentationen. Die Datenpunkte sind die pro Präsentation summierten Angaben für „sehr gut" und „gut", die Mediane beider Verteilungen sind als durchgehende Linien der jeweiligen Farbe eingezeichnet. ($51 \leq n \leq 89$).

Ein Blick auf die Unterschiede zwischen der Einschätzung des Unterhaltungswerts und des Informationsgehalts über die gesamte Bewertungsskala zeigt, dass diese zwar bei drei Viertel der Präsentationen signifikant sind ($p < 0{,}05$), allerdings weisen neun dieser Fälle nur eine kleine Effektstärke auf ($0{,}242 \leq d < 0{,}465$). Bei fünf Präsentationen liegt eine mittlere Effektstärke vor ($0{,}533 \leq d < 0{,}717$) und nur bei einer einzigen Präsentation (Nr. 16) ein starker Effekt ($d = 0{,}861$). Es zeigt sich also, dass es zwar Unterschiede gibt, diese aber nicht allzu stark ausgeprägt sind. Mit Blick auf die Vereinbarkeit von Information/Wissenschaftlichkeit und Unterhaltung wird damit deutlich: Zumindest aus Sicht des Publikums wird eine unterhaltende Präsentation nicht per se als besonders inhaltsleer und damit unwissenschaftlich wahrgenommen – tendenziell ist eher das Gegenteil richtig.

3.2   Perspektive der Slammer*innen

Im Nachgang zu den drei untersuchten Science-Slam-Veranstaltungen erklärten sich 18 der insgesamt 20 Science-Slammer*innen bereit, an einem telefonischen

Interview zu ihrer Sichtweise auf die eigene Präsentation und zu einer Einschätzung der Form des Science-Slams teilzunehmen.

Alle Slammerinnen und Slammer verwiesen entweder indirekt oder direkt auf ihre Motivation, mit den Science-Slam-Präsentationen der Öffentlichkeit einen Einblick in ihr eigenes Forschungsthema oder in Wissenschaft allgemein zu geben.

> *„Ich finde es tatsächlich auch toll, wenn man zeigen kann, [...] und was mir auch sehr wichtig ist, [...] dass Wissenschaft unwahrscheinlich spannend ist und dass es sich lohnt, Wissenschaft zu betreiben, weil man einfach verdammt viel lernen kann dabei." (Slammer*in 11)*

Darüber hinaus gaben 12 der Slammer*innen explizit an, dass der Spaß am Präsentieren eine wichtige Rolle für sie spielt:

> *„Für mich persönlich ist es halb die Motivation zu sagen: Ich möchte die Leute darüber informieren. Und halb, weil es mir einfach Spaß macht." (Slammer*in 8)*

Bei einigen ist dies sogar ein zentraler Bestandteil der Motivation, den sie in ihren Antworten auf ihre Persönlichkeit zurückführen:

> *„Irgendwo ist [...] sicher auch ein wenig Rampensau in mir, sonst würde man das glaube ich nicht tun. [...] Also im Großen und Ganzen geht es mir persönlich um den Spaß an der Freude." (Slammer*in 10)*

In Bezug auf die intendierte Wirkung auf das Publikum, insbesondere auf das Zusammenspiel von Unterhaltung und Wissensvermittlung, sahen alle Slammer*innen einen engen Zusammenhang zwischen beiden Aspekten. Zumeist wurde der Unterhaltung die Rolle zugeschrieben, zunächst überhaupt Publikum für eine Veranstaltung zu gewinnen und dann beim Science-Slam selber damit Aufmerksamkeit zu erzeugen:

> *„Also ich meine, man kommt da ja nicht [zu einem Science-Slam], wenn man einen traurigen Abend verleben will, sondern man will eine Gaudi haben und dann finde ich, ist eben gerade die Paarung aus, irgendwie ein bisschen wissenschaftlichem Inhalt – aber dann auch spielerisch und sehr unterhaltsam gezeigt – glaube ich schon sehr wichtig." (Slammer*in 11)*

Während insgesamt fünf der interviewten Slammer*innen beide Aspekte gleichermaßen benannten ohne eine Hierarchisierung vorzunehmen, wiesen neun dem wissenschaftlichen Inhalt und der Wissensvermittlung klare Priorität zu:

> *„Es gibt beim Science-Slam zwei zentrale Ziele: Ich möchte Wissen vermitteln und ich möchte die Leute unterhalten und bei einem wissenschaftlichen Vortrag, auch für Laienpublikum, ist halt die Unterhaltung bestenfalls ein sekundäres Ziel, mit dem ich versuche mein primäres Ziel zu erreichen, nämlich Wissen zu vermitteln.“ (Slammer*in 3)*

Diese Priorität wurde von einigen auch dem Publikum zugeschrieben:

> *„Also ich glaube, das Publikum ist extrem kritisch, dass es tatsächlich auch was lernt. Ich hatte schon Vorträge, da wurde sehr viel gelacht, ich hab‘ gedacht, die gewinnen, aber die wurden dann doch bei den Punkten abgestraft.“ (Slammer*in 9)*

Auf der anderen Seite beschrieben vier der interviewten Slammer*innen den Unterhaltungscharakter als dominierendes Element eines Science-Slam-Events, insbesondere aus Publikumssicht.

> *„Ich glaube schon, dass die Gewichtung auch beim Science-Slam eher, also jetzt in der Bewertung, auf der Unterhaltung liegt als auf der Wissensvermittlung.“ (Slammer*in 4)*

Sie selbst teilen diese Priorisierung jedoch nicht und äußerten teilweise direkt oder indirekt den Wunsch nach einer stärkeren Gewichtung des wissenschaftlichen Inhalts:

> *„Also ich glaube auf jeden Fall, dass das Entertainment so wichtig, so sehr im Vordergrund ist [...]. Es ist schade, weil ich finde, dass das manchmal auch auf Kosten geht von dem Inhaltlichen. [...] ich finde, teilweise geht die Wissenschaft komplett unter, was eigentlich Sinn und Zweck der Sache sein sollte.“ (Slammer*in 1)*

Insgesamt zeigen die Interviews, dass die Slammerinnen und Slammer eine sehr differenzierte und reflektierte Sicht auf die Form des Science-Slams haben. Der Vermittlung von Wissenschaft kommt dabei die zentrale Rolle zu, während Unterhaltung als unterstützendes Hilfsmittel bei dieser gesehen wird – die Balance zwischen beiden Aspekten wird von vielen Slammer*innen selbst kritisch reflektiert.

3.3   Rezeptionsbefunde

Das Verhältnis von Unterhaltung und Wissenschaft soll im Folgenden auf der Ebene der konkreten Rezeption der Science-Slam-Präsentationen betrachtet werden. Durch die Analyse der Blickbewegungsdaten, die von einzelnen Proband*innen während der untersuchten Science-Slams erhoben wurden (vgl. Kapitel 2.1), kann sowohl Aufschluss über die Art der für die Rezeption verfügbaren Inhalte gewonnen werden (Produktebene), als auch über den Grad der visuellen Aufmerksamkeit und des Interesses für diese Inhalte bei den Rezipient*innen.

Die Auswertung der Blickbewegungsdaten erfordert zunächst eine passende Aufbereitung, in deren Rahmen bestimmte Aufmerksamkeitsbereiche – sogenannte Areas of Interest (AOIs) – festgelegt werden (vgl. Abb. 7). Dazu wurde ein Kategoriensystem entwickelt, das auf einer ersten Ebene eine Differenzierung zwischen verschiedenen Elementen der Science-Slam-Präsentationen vornimmt (Vortragende vs. Inhalte der PowerPoint-Folien[7]). Die einzelnen Elemente der PowerPoint-Folien wurden dann in einem zweiten Schritt auf einer inhaltlichen Ebene den Kategorien „Wissenschaft", „Unterhaltung" und „Hybrid" zugeteilt. Zu „Wissenschaft" gehören dabei all die Elemente, die so auch in einem wissenschaftlichen Vortrag zu sehen sein könnten, wie z. B. Diagramme zu Forschungsergebnissen, entsprechende Textbausteine oder wissenschaftliche Formeln (vgl. Abb. 7, dunkelgrün). In der Kategorie „Hybrid" befinden sich Elemente, die zwar einen inhaltlichen Bezug zum wissenschaftlichen Thema der jeweiligen Science-Slam-Präsentation aufweisen, aber z. B. aufgrund ihrer Darstellungsform (persönliches Foto, Zeichnungen im Comic-Stil, Zeichentrickfiguren) so normalerweise in wissenschaftlichen Vorträgen nicht zu finden sind (vgl. Abb. 7, dunkelblau). Als „Unterhaltung" eingeordnet werden schließlich die Elemente, die keinen oder nur einen sehr geringen Bezug zum Inhalt aufweisen und als reine Unterhaltungselemente in der Präsentation eingebaut sind (Beispiel: Referenzen auf prominente Personen und popkulturelle Phänomene, wie z. B. in Abb. 7, hellgrün).

---

7   Für eine ausführliche und theoretische Begründung dieser Differenzierung siehe Bucher et al. (2010).

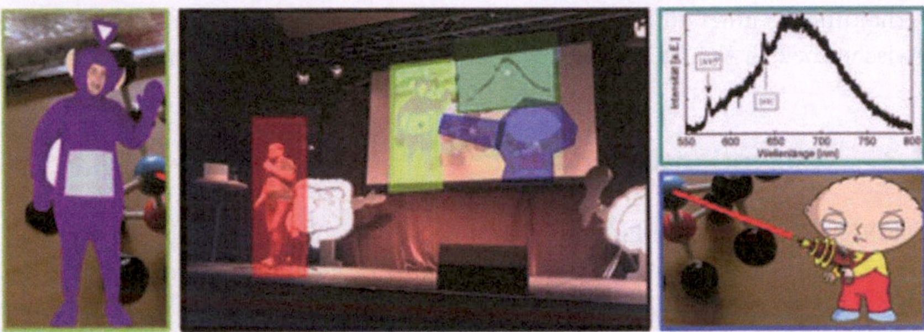

Abb. 7   Markierung von AOIs im Vortrag von Reinhard Remfort mit Beispielen für die Zuordnung zu den Kategorien Wissenschaft (dunkelgrün, rechts oben), Hybrid (dunkelblau, rechts unten) und Unterhaltung (hellgrün, links). Der Vortragende ist rot gekennzeichnet.

Basierend auf diesen angelegten AOIs und ihrer Zuordnung zu den Kategorien „Wissenschaft", „Unterhaltung" und „Hybrid" kann in einer quantitativen Analyse die „Sichtbarkeit" jeder Kategorie für die Rezipient*innen berechnet werden, indem die Zeitdauer der einzelnen Elemente einer Kategorie aufsummiert wird. Bezogen auf die Gesamtdauer der jeweiligen Science-Slam-Präsentation gibt die „Sichtbarkeit" damit an, wie viel Zeit die jeweiligen Elemente in dem entsprechenden Slam einnehmen. Für die als Beispiel ausgewählte Science-Slam-Präsentation von Reinhard Remfort (vgl. Abb. 8) fällt auf, dass der Vortragende die gesamte Zeit seines Slams über im Blickfeld des Publikums ist (100 %). Bedenkt man aber, dass er auf einer Bühne mit einem gewissen räumlichen Abstand zu den Zuschauer*innen präsentiert, ist dies nicht weiter verwunderlich. Mit Blick auf die Kritik an der vermeintlichen Vernachlässigung der wissenschaftlichen Inhalte zugunsten von Unterhaltungsaspekten bei Science-Slams zeigt die Analyse der PowerPoint-Folien einen interessanten Befund: mit knapp 60 % überwiegt hier die Sichtbarkeit der wissenschaftlichen Elemente gegenüber der Sichtbarkeit der hybriden (48,5 %) und der unterhaltenden Elemente (46,2 %) (vgl. Abb. 8).

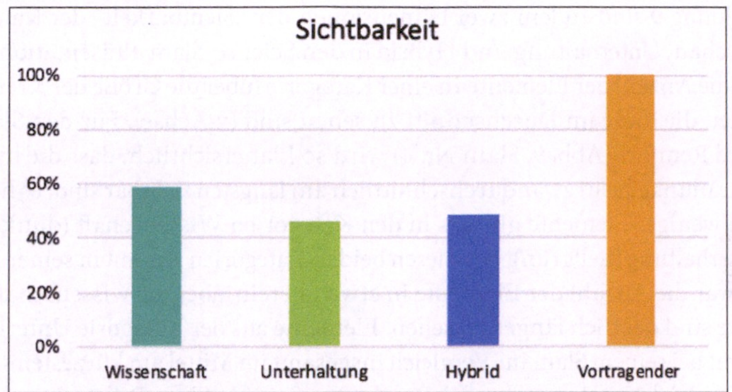

Abb. 8 Sichtbarkeit der Elemente sortiert nach den drei Kategorien der Folieninhalte (Wissenschaft, Unterhaltung, Hybrid) und für den Vortragenden prozentual über die gesamte Vortragszeit für die untersuchte Präsentation von Reinhard Remfort.

Dass diese Verteilung keine Ausnahme darstellt, zeigen die Analysen der acht weiteren Science-Slam-Präsentationen, zu denen verwertbare Blickdaten vorliegen (vgl. Abbildung 9).[8]

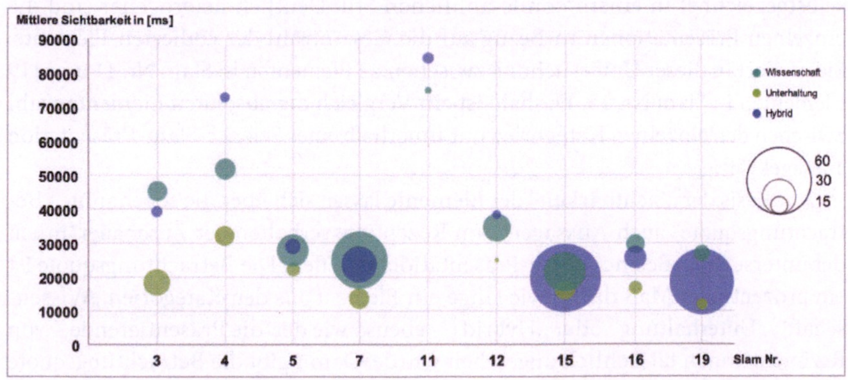

Abb. 9 Mittlere Sichtbarkeit für die drei Kategorien der AOIs (Wissenschaft, Unterhaltung, Hybrid) in neun verschiedenen Science-Slam-Präsentationen. Die Nummerierung der einzelnen Slams entspricht der in Abbildung 6.

---

8 Der*die Vortragende wird in dieser Darstellung nicht berücksichtigt, da er*sie in allen Slams die ganze Zeit über zu sehen war.

In Abbildung 9 sind zudem zwei Dimensionen der „Sichtbarkeit" der Kategorien Wissenschaft, Unterhaltung und Hybrid in den Science-Slam-Präsentationen dargestellt: die Anzahl der Elemente in einer Kategorie (über die Größe der Kreise) und die Dauer, die diese im Durchschnitt zu sehen sind (y-Achse). Für den Slam von Reinhard Remfort (Abb. 9, Slam Nr. 4) wird so klar ersichtlich, dass die hybriden Elemente (dunkelblau) zwar durchschnittlich am längsten sichtbar sind, es hier aber deutlich weniger Elemente gibt als in den Kategorien Wissenschaft (dunkelgrün) und Unterhaltung (hellgrün). Bei diesen beiden Kategorien stimmt in seiner Präsentation zwar die Anzahl der Elemente in etwa überein, aber die wissenschaftlichen Elemente sind deutlich länger zu sehen. Elemente aus der Kategorie Unterhaltung sind somit bei seinem Slam im Vergleich insgesamt im Mittel am kürzesten sichtbar.

Im Vergleich mit den anderen betrachteten Science-Slam-Präsentationen sieht man, dass dies auch allgemein zu gelten scheint: Auch in den anderen acht Slams ist die mittlere Sichtbarkeit für die unterhaltenden Elemente am niedrigsten, unabhängig von ihrer Anzahl – und darüber hinaus zudem noch einmal kürzer als in dem Slam von Reinhard Remfort. Im Gegensatz dazu verzeichnen wiederum die wissenschaftlichen Elemente neben einer längeren mittleren Sichtbarkeit bei den meisten Präsentationen auch die größte Anzahl. Lediglich die beiden Slams Nr. 15 und Nr. 19 unterscheiden sich hierbei wesentlich durch ihre auffallend hohe Zahl hybrider Elemente (vgl. Abb. 9). Diese beiden Vorträge gehören bezogen auf ihr Design zu einem bestimmten Typ von Präsentationen: Sie sind durchgehend selbstgezeichnet in einem comic-ähnlichen Stil. Deutlich heterogener sind die einzelnen Präsentationen in Bezug auf die Gesamtzahl der codierten Elemente: Sie variiert in dieser Untersuchung zwischen 22 Elementen in Slam Nr. 11 und 119 Elementen in Slam Nr. 15. Deshalb ist ein Vergleich der absoluten Elementanzahl zwischen den einzelnen Kategorien nur innerhalb einer Science-Slam-Präsentation aussagekräftig.

Auf Basis der „Sichtbarkeit" der Elemente lassen sich über die sogenannte „Betrachtungsquote" auch Aussagen zum Rezeptionsverhalten der Zuschauer*innen der untersuchten Science-Slam-Präsentationen treffen. Die Betrachtungsquote ist ein prozentuales Maß dafür, wie lange ein Element aus den Kategorien „Wissenschaft", „Unterhaltung" oder „Hybrid" – ebenso wie der*die Präsentierende – von Rezipient*innen tatsächlich angesehen wurde. Damit gibt die Betrachtungsquote „Aufschluss über den Grad der Aufmerksamkeit und des Interesses" (Bucher et al. 2010, S. 385). Im Slam von Reinhard Remfort entfällt analog zur Sichtbarkeit mit 26,2 % die meiste Aufmerksamkeit auf den Vortragenden (vgl. Abb. 10), der demnach ein wichtiger Faktor in der Präsentation zu sein scheint. Auch bezogen auf die Folieninhalte zeigen sich Parallelen zwischen Sichtbarkeit und Betrachtungsquote: Die wissenschaftlichen Elemente erhalten mit 9,5 % wiederum die meiste

Aufmerksamkeit, gefolgt von den Hybriden (6,8 %), während auf die unterhaltenden Elemente mit 5,7 % auch hier am wenigsten entfällt.[9]

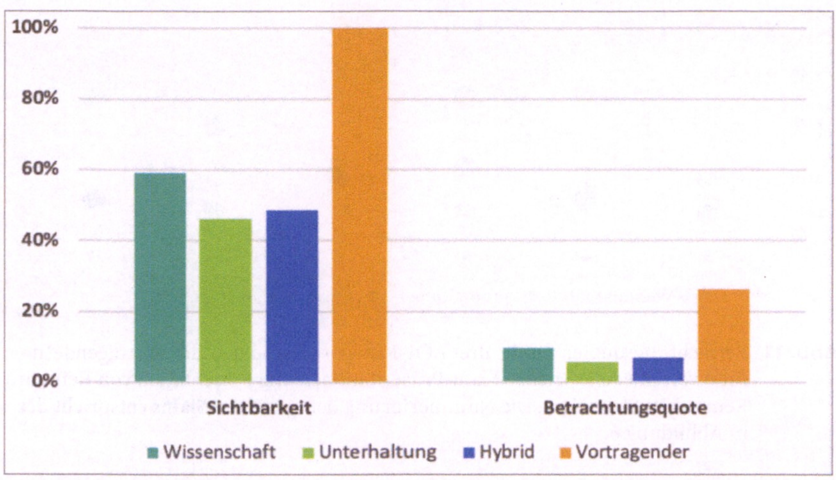

Abb. 10 Die Sichtbarkeit der Elemente im Vergleich zur Betrachtungsquote für die Präsentation von Reinhard Remfort.

Der Vergleich mit weiteren Science-Slam-Präsentationen zeigt auch hier in der Tendenz ein ähnliches Verhalten, insgesamt ergibt sich jedoch ein differenzierteres Bild als bei der Sichtbarkeit (vgl. Abb. 11). Aufgrund der Datenqualität können hier nur fünf weitere Slams herangezogen werden, von denen – zusätzlich zu Remforts Slam (4) – zwei aus dem Best of (3–5) und drei aus dem Finale der Deutschen Meisterschaften im Science-Slam 2016 (7, 11, 12) stammen.

---

9   Die deutliche Diskrepanz zwischen den Werten der Sichtbarkeit und denen der Betrachtungsquote ist damit zu erklären, dass die Zuschauer*innen bei der Rezeption der Science-Slam-Präsentationen auch auf Bereiche schauen, die nicht mit AOIs abgedeckt sind, wie z. B. auf Dekorationselemente auf der Bühne, oder sich im Publikum umgucken, und diese Zeit daher in der Darstellung „fehlt".

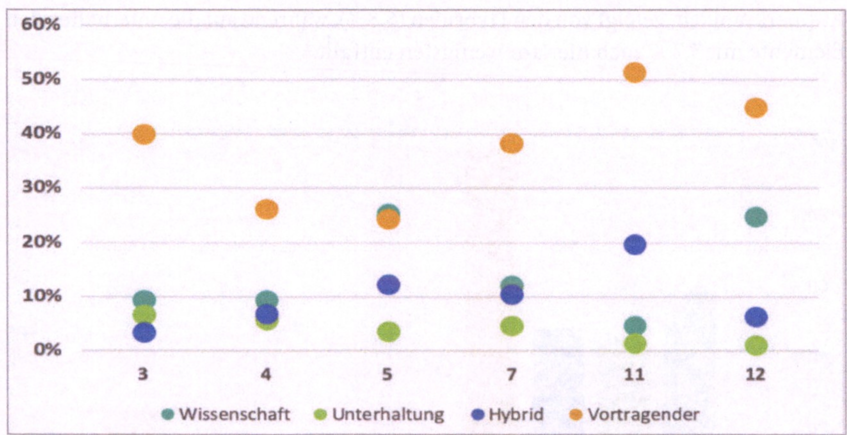

Abb. 11 Betrachtungsquoten für die drei AOI-Kategorien und den*die Vortragende*n für 6 verschiedene Science-Slam-Präsentationen; die Präsentation von Reinhard Remfort ist Slam Nr. 4. Die Nummerierung der einzelnen Slams entspricht der in Abbildung 6.

Auf die Vortragenden entfällt auch bei den meisten dieser Science-Slam-Präsentationen mit Abstand die meiste Aufmerksamkeit, nur bei Nr. 5 liegt er*sie an zweiter Stelle knapp hinter den wissenschaftlichen Elementen. Lässt man den*die Vortragende*n außen vor und betrachtet nur die Inhalte der PowerPoint-Folien mit den drei Kategorien Wissenschaft, Hybrid und Unterhaltung, erhält erstere in insgesamt fünf der sechs Science-Slam-Präsentationen am meisten Aufmerksamkeit (inklusive Slam Nr. 5). Auf Unterhaltungselemente entfällt bei fünf der sechs Slams die geringste Aufmerksamkeit, die hybriden Elemente ordnen sich dazwischen ein. Ein Sonderfall ist Slam Nr. 11: Elemente der Kategorie „Hybrid" erhalten mit Abstand am meisten Aufmerksamkeit. Hier gilt es daran zu erinnern, dass diese Präsentation von den sechs hier betrachteten am wenigsten PowerPoint-Folien und auch insgesamt die geringste Anzahl an Elementen in den Kategorien Wissenschaft/ Unterhaltung/Hybrid hat. Zudem fallen rund 59 % der Folienelemente dieses Slams in die Kategorie „Hybrid".

Bei der Rezeption einer Präsentation können einzelne Elemente nicht nur einmal, sondern auch mehrmals und/oder abwechselnd angeschaut werden. Um dies in der Auswertung zu berücksichtigen und detaillierte Aussagen über die Rezeption jenseits einer summierten Gesamtbetrachtungszeit treffen zu können, soll für die nachfolgende Analyse auch berücksichtigt werden, wie lange genau die

Rezipient*innen durchschnittlich pro Einzelbetrachtung bei einem Element verweilten. Hierbei ist mit Blick auf die Forschungsfrage insbesondere das Verhältnis der Verweildauer in den Kategorien Wissenschaft und Unterhaltung interessant.[10] Um kürzere Betrachtungszeiten, wie sie beispielsweise beim unwillkürlichen Streifen von Elementen auftreten, auszuschließen, wird in der weiteren Analyse nur das obere 50 %-Perzentil der nach durchschnittlicher Betrachtungsdauer sortierten Elemente – unabhängig von deren Kategorisierung – berücksichtigt. Die Analyse zeigt dann, dass bei vier der fünf betrachteten Science-Slam-Präsentationen (Nr. 3, 5, 7, 12) deutlich mehr wissenschaftliche Elemente als unterhaltende betrachtet werden (vgl. Abb. 12).

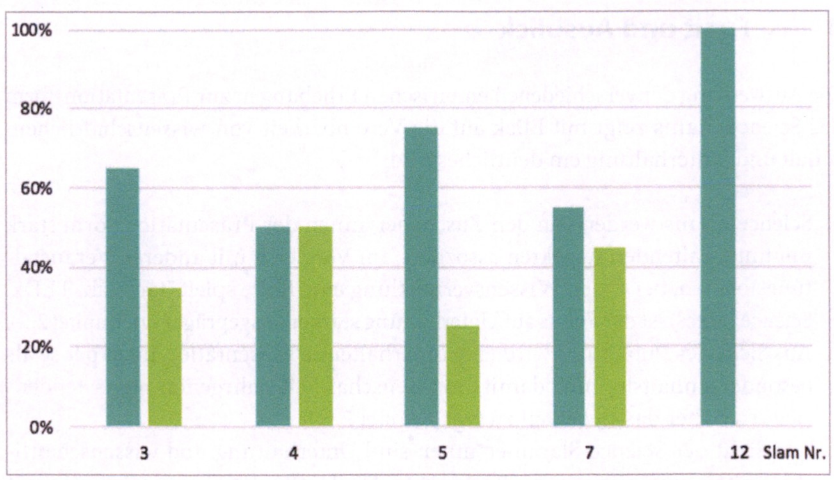

Abb. 12 Anteil der AOIs der Kategorien Wissenschaft und Unterhaltung im oberen 50 %-Perzentil (sortiert nach der durchschnittlichen Betrachtungsdauer in den AOIs) für fünf verschiedene Science-Slam-Präsentationen. Die Nummerierung der einzelnen Slams entspricht der in Abbildung 6.

Die Analyse deutet vor dem Hintergrund der Befunde zur „Sichtbarkeit" und unter Berücksichtigung der Tatsache, dass die visuelle Aufmerksamkeit der Zuschauer*innen von Science-Slam-Präsentationen nur auf einer begrenzten Anzahl von

---

10 Daher wird Slam Nr. 11 aufgrund der geringen Anzahl von Elementen in diesen Kategorien bei der nachfolgenden Analyse nicht berücksichtigt.

Elementen liegen kann, auf eine Bevorzugung wissenschaftlicher Inhalte gegenüber unterhaltenden Elementen hin.

Anhand der Blickdaten lässt sich also sagen, dass sowohl hinsichtlich der reinen Sichtbarkeit als auch hinsichtlich der Betrachtungsquote auf die unterhaltenden Elemente deutlich weniger Zeit entfällt als auf die wissenschaftlichen Elemente. Es zeigen sich also im Hinblick auf die visuelle Aufmerksamkeitsallokation empirisch keine Anzeichen dafür, dass wissenschaftliche Inhalte bei Science-Slams in besonderem Maße verdrängt werden, so wie das bisweilen von Kritiker*innen der Form behauptet wird.

4   Fazit und Ausblick

Die Auswertung der verschiedenen empirischen Erhebungen zur Präsentationsform des Science-Slams zeigt mit Blick auf die Vereinbarkeit von wissenschaftlichem Inhalt und Unterhaltung ein deutliches Bild:

1. Science-Slams werden von den Zuschauer*innen der Präsentationsform stark mit unterhaltenden Aspekten assoziiert. Im Vergleich mit anderen Veranstaltungsformen, bei denen Wissensvermittlung eine Rolle spielt (famelab, TEDx, Science Notes) ist der Fokus auf Unterhaltung stärker ausgeprägt (vgl. Kapitel 2.2).
2. Aus Sicht des Publikums wird eine unterhaltende Präsentation nicht per se als besonders inhaltsleer und damit unwissenschaftlich wahrgenommen – tendenziell trifft eher das Gegenteil zu (vgl. Kapitel 2.3.1).
3. Aus Sicht der Science-Slammer*innen sind Unterhaltung und wissenschaftlicher Inhalt zwei eng gekoppelte Aspekte. Die Hälfte der Slammer*innen sieht eine klare Priorität bei den Inhalten, ein weiteres Viertel sieht beide Aspekte als gleichwertig an. Unterhaltung wird von den meisten als Hilfsmittel zur Ansprache des Publikums und Erzeugung von Aufmerksamkeit gesehen (vgl. Kapitel 2.3.2).
4. Sowohl hinsichtlich der reinen Sichtbarkeit als auch hinsichtlich der Betrachtungsquote entfällt auf die unterhaltenden Elemente der untersuchten Science-Slam-Präsentationen deutlich weniger Zeit als auf die wissenschaftlichen Elemente (vgl. Kapitel 2.3.3).

Damit wird klar, dass die hier untersuchten Science-Slams zumindest auf der visuellen Ebene das Potenzial bieten, wissenschaftliche Inhalte zu vermitteln, und das Publikum dennoch den Unterhaltungswert als hoch einstuft (vgl. auch Kapitel

2.3). Die These vom forschungsfernen Populismus kann diese Studie somit nicht bestätigen.

Obwohl im Rahmen der Studie nur bei drei Science-Slam-Veranstaltungen Daten erhoben wurden, liefern die durchgeführten Analysen aufgrund der Art der gewählten Veranstaltungen („normaler Slam", Best of- und Finale der Deutschen Meisterschaften im Science-Slam) über die Einzelfälle hinaus Erkenntnisse zur Form des Science-Slams insgesamt. Hinsichtlich der untersuchten Blickdaten gilt es jedoch zu bedenken, dass diese nicht für jede der 20 individuellen Präsentationen des Korpus in ausreichender Qualität vorlagen, sodass die Analysen letztlich zwischen sechs und neun Präsentationen umfassen. Pro Präsentation wurden dabei die Blickaufzeichnungsdaten von einer Person betrachtet.

Mit Blick auf die dargelegten Forschungsergebnisse ist ferner offensichtlich, dass die Frage nach der Relevanz von Unterhaltung und wissenschaftlichem Inhalt bei der Rezeption einer multimodalen Präsentationsform wie dem Science-Slam nur in Teilen geklärt werden kann, wenn man allein die Ebene der visuellen Aufmerksamkeit analysiert. Weitere wesentliche Faktoren sind in diesem Kontext – und das zeigt sich auch an den hohen Betrachtungsquoten – die oder der jeweilige Vortragende und die Ebene ihrer bzw. seiner sprachlichen Äußerungen. Eine ausführliche Analyse dieser linguistischen Dimension liefert Monika Hanauska in ihrem Beitrag zu diesem Sammelband. Ein zusätzlicher Ansatz kann mit Blick auf die hier untersuchte Fragestellung der Einsatz von Real-Time-Response-Messungen sein, wie sie etwa im Bereich der Forschung zur politischen Kommunikation verwendet werden (Waldvogel und Metz 2017). Analog zu der dort etablierten Methode könnten über die kontinuierliche Einstufung der Unterhaltsamkeit der Science-Slam-Präsentationen durch Rezipient*innen weitere Erkenntnisse gewonnen werden. Als alternatives Verfahren zu einer solchen Selbsteinschätzung des Unterhaltungsempfindens der Rezipient*innen wäre auch eine videobasierte automatische Emotionserkennung auf Basis von psychologischen Erkenntnissen denkbar (vgl. Höfling et al. in Vorbereitung). Erste Tests beider Verfahren mit wenigen Proband*innen zu einem spezifischen Ausschnitt der Science-Slam-Präsentation von Reinhard Remfort im Rahmen des Forschungsprojekts „Science In Presentations" deuten darauf hin, dass sich damit zumindest hedonisches Unterhaltungsempfinden übereinstimmend detektieren lässt.

Die Darstellung der verschiedenen Analyseebenen mit ihren jeweils spezifischen Verstehenspotenzialen im Hinblick auf die Relevanz von Unterhaltung und wissenschaftlichem Inhalt bei der Rezeption von Science-Slams macht deutlich, dass es letztlich der Zusammenführung dieser Ebenen in einer multidimensionalen Analyse bedarf. Auch mit Blick auf theoretische Fragestellungen im Bereich der Multimodalitätsforschung erscheint ein solches Vorgehen hilfreich.

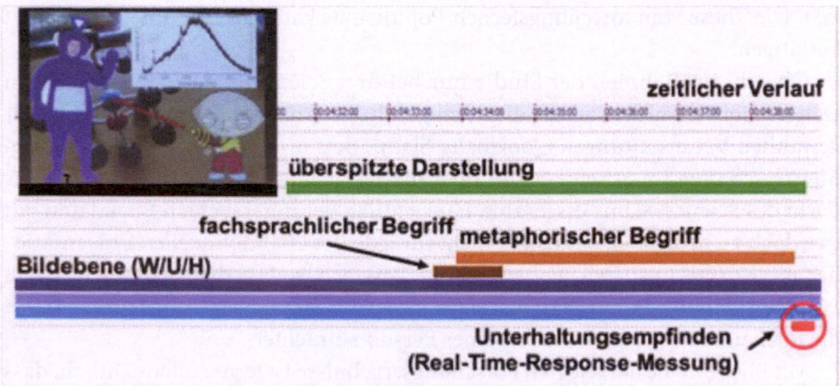

Abb. 13 Beispiel für die multimodale Analyse eines Ausschnitts der untersuchten Science-Slam-Präsentation von Reinhard Remfort mit Codierung der Bildebene (Wissenschaft (W), Unterhaltung (U), Hybrid (H)), der sprachlichen Ebene und des Unterhaltungsempfindens eines*r Rezipienten*in im Zeitverlauf.

Die oben erwähnten Tests mit wenigen Proband*innen zur Science-Slam-Präsentation von Reinhard Remfort zeigen bereits, dass sich mit einer solchen multidimensionalen Analyse das theoretische Konstrukt der Intersemiosis (O'Halloran 2008; Bucher und Niemann 2015, S. 77) empirisch mit Leben füllen lässt: Das Unterhaltungsempfinden der Proband*innen kann dann als Emergenz aus dem Zusammenspiel von visuellen und sprachlichen Modi modelliert werden (vgl. Abb. 13).

Literatur

Bente, G. (2004). Erfassung und Analyse des Blickverhaltens. In R. Mangold (Hrsg.), *Lehrbuch der Medienpsychologie* (S. 297–324). Göttingen: Hogrefe Verlag für Psychologie.

Bittner, L., Ruoß, R., & Niemann, P. (2018). *Forschung in Clubatmosphäre präsentieren. Eine Rezeptionsstudie.* Science In Presentations Arbeitsbericht, #5. http://wmk.itz.kit.edu/downloads/Arbeitsbericht%205 %20Science%20Notes%20Web.pdf. Zugegriffen: 08.11.2019.

Bucher, H.-J. (2005). Ist das Internet „ready" für seine Nutzer?: Online-Angebote zwischen Gebrauchstauglichkeit und Kommunikationsqualität. In M. Jäckel & F. Haase (Hrsg.), *In medias res: Herausforderung Informationsgesellschaft* (S. 81–116). München: Kopaed.

Bucher, H.-J. (2010). Multimodalität – Eine Universalie des Medienwandels: Problemstellungen und Theorien der Multimodalitätsforschung. In H.-J. Bucher, T. Gloning & K.

Lehnen (Hrsg.), *Neue Medien, neue Formate: Ausdifferenzierung und Konvergenz in der Medienkommunikation* (S. 41–79). Frankfurt am Main: Campus.

Bucher, H.-J. (2012). Grundlagen einer interaktionalen Rezeptionstheorie: Einführung und Forschungsüberblick. In H.-J. Bucher & P. Schumacher (Hrsg.), *Interaktionale Rezeptionsforschung: Theorie und Methode der Blickaufzeichnung in der Medienforschung* (S. 17–50). Wiesbaden: Springer VS.

Bucher, H.-J., & Niemann, P. (2015). Medialisierung der Wissenschaftskommunikation: Vom Vortrag zur multimodalen Präsentation. In M. S. Schäfer, S. Kristiansen & H. Bonfadelli (Hrsg.), *Wissenschaftskommunikation im Wandel* (S. 68–101). Köln: Herbert von Halem Verlag.

Bucher, H.-J., Niemann, P., & Krieg, M. (2010). Die wissenschaftliche Präsentation als multimodale Kommunikationsform. Empirische Befunde zu Rezeption und Verständlichkeit von Powerpoint-Präsentationen. In H.-J. Bucher, T. Gloning & K. Lehnen (Hrsg.), *Neue Medien, neue Formate: Ausdifferenzierung und Konvergenz in der Medienkommunikation* (S. 375–406). Frankfurt am Main: Campus.

Cohen, J. (1988). *Statistical power analysis for the behavioral sciences* (2nd ed). Hillsdale, N.J: L. Erlbaum Associates.

Eisenbarth, B., & Weißkopf, M. (2012). Science Slam: Wettbewerb für junge Wissenschaftler. In B. Dernbach, C. Kleiner & H. Münder (Hrsg.), *Handbuch Wissenschaftskommunikation* (S. 155–163). Wiesbaden: Springer VS.

Erlemann, M. (2011). *Science Slam: Innovative Wissenschaftskommunikation?* Freie Universtität Berlin, Berlin.

Griem, J. (2018). Die wahren Abenteuer liegen woanders. *forschung, 43*(4), 2–5. https://doi.org/10.1002/fors.201870401

Hill, M. (2015). Science Slam und die Geschichte der Kommunikation von wissenschaftlichem Wissen an außeruniversitäre Öffentlichkeiten. In J. Engelschalt & A. Maibaum (Hrsg.), *Auf der Suche nach den Tatsachen: Proceedings der 1. Tagung des Nachwuchsnetzwerks „INSIST", 22.-23. Oktober 2014, Berlin* (Bd. 1, S. 127–141). http://insist-network.com/wp-content/uploads/2016/04/Hill-Science-Slam-Engeschalt-2016.pdf. Zugegriffen: 08.11.2019.

Höflich, J. R. (1997). Zwischen massenmedialer und technisch vermittelter interpersonaler Kommunikation – Der Computer als Hybridmedium und was die Menschen damit machen. In K. Beck & Gerhard Vowe (Hrsg.), *Computernetze – Ein Medium öffentlicher Kommunikation?* (S. 85–104). Berlin: Wissenschaftsverlag Volker Spiess.

Höfling, T. T. A., Alpers, G. W., Gerdes, A. B. M., & Föhl, U. (in Vorbereitung). You cannot lie to electrodes: Automatic facial coding and electromyography of active, passive and inhibited facial expression towards emotional faces.

Klaue, M. (2015). Science Slams—Contra. *Forschung & Lehre, 22*(7/15), 543.

Niemann, P. (2015). Die Pseudo-Medialisierung des Wahlkampfs: Eine rezipientenorientierte Analyse zweier Onlinewahlkämpfe politischer Parteien. Wiesbaden: Springer VS.

Niemann, P., Bittner, L., Hauser, C., & Schrögel, P. (2020). Forms of science presentations in public settings. In M. Dascal, A. Leßmöllmann & T. Gloning (Hrsg.), *Science Communication.* Berlin/Boston: de Gruyter.

Niemann, P., Schrögel, P., & Hauser, C. (2017). Präsentationsformen der externen Wissenschaftskommunikation: Ein Vorschlag zur Typologisierung. *Zeitschrift für Angewandte Linguistik, 67*(1), 81–113. https://doi.org/10.1515/zfal-2017-0019.

O'Halloran, K. L. (2008). Systemic functional-multimodal discourse analysis (SF-MDA): Constructing ideational meaning using language and visual imagery. *Visual Communication, 7*(4), 443–475. https://doi.org/10.1177/1470357208096210.

Schrögel, P., Niemann, P., Bittner, L., & Hauser, C. (2017). *Präsentationen in der externen Wissenschaftskommunikation: Formen & Charakteristika.* Science In Presentations Arbeitsberichte, #3. http://wmk.itz.kit.edu/downloads/SIP_Arbeitsberichte_3.pdf. Zugegriffen: 08.11.2019.

Thiel, T. (2018, September 21). Grundlagenforschung: Ihre Mission heißt Innovation. *FAZ. NET.* https://www.faz.net/1.5793170. Zugegriffen: 08.11.2019.

Triebler, C., Bittner, L., & Niemann, P. (2019). *TEDx als Präsentationsform der Wissenschaftskommunikation – eine empirische Untersuchung.* Science In Presentations Arbeitsberichte, #7. http://wmk.itz.kit.edu/downloads/SIP_Arbeitsberichte_7.pdf. Zugegriffen: 08.11.2019.

Vorderer, P., & Reinecke, L. (2012). Zwei-Prozess-Modelle des Unterhaltungserlebens: Unterhaltung im Schnittstellenbereich hedonischer und non-hedonischer Bedürfnisbefriedigung. In L. Reinecke & S. Trepte (Hrsg.), *Unterhaltung in neuen Medien: Perspektiven zur Rezeption und Wirkung von Online-Medien und interaktiven Unterhaltungsformaten* (S. 12–29). Köln: Herbert Von Halem Verlag.

Vorderer, P., & Reinecke, L. (2015). From Mood to Meaning: The Changing Model of the User in Entertainment Research: From Mood to Meaning. *Communication Theory, 25*(4), 447–453. https://doi.org/10.1111/comt.12082.

Waldvogel, T., & Metz, T. (2017). Real-Time-Response-Messungen. In S. Jäckle (Hrsg.), *Neue Trends in den Sozialwissenschaften* (S. 307–331). https://doi.org/10.1007/978-3-658-17189-6.

Wirth, W., & Schramm, H. (2005). Media and Emotions. *Communication Reserach Trends, 24*(3), 2–43.

Wissenschaft im Dialog & TNS Emnid (Hrsg.) (2016). *Wissenschaftsbarometer 2016.* https://www.wissenschaft-im-dialog.de/fileadmin/user_upload/Projekte/Wissenschaftsbarometer/Dokumente_16/Wissenschaftsbarometer2016_web.pdf. Zugegriffen: 08.11.2019.

Was bleibt hängen bei einem Science-Slam? Ergebnisse einer Fallstudie zum Wissenserwerb bei Science-Slams

Anika Aßfalg

Zusammenfassung

Was bleibt neben Humor, Alltagsvergleichen und Metaphern bei den Rezipient*innen eines Science-Slams an wissenschaftlichen Inhalten hängen? Dieser Fragestellung wird in dem vorliegenden Beitrag nachgegangen, indem der Wissenserwerb nach Rezeption der Videoaufzeichnung des Science-Slams ‚Dienliche Defekte' von Reinhard Remfort mithilfe von Concept-Maps untersucht wird. Anhand eines Vorher-/Nachher-Map-Designs können Veränderungen in den Wissensstrukturen der Testpersonen abgebildet werden. Durch die ergänzende Methode des lauten Denkens werden zusätzlich die Gedankengänge und mögliche auftretende Problematiken der Proband*innen erfasst. Festzustellen ist, dass abhängig von Faktoren wie Vorwissen oder wissenschaftlichem Hintergrund die Wissenserweiterungen und -optimierungen der Rezipient*innen variieren können – und auch, dass die irrelevante kognitive Last womöglich Einfluss nimmt.

Schlüsselbegriffe

Wissenserwerb, Science-Slam, Populärwissenschaft, Vorwissen, Concept-Maps, kognitive Last, Wissensstrukturen, Strukturwissen, irrelevante kognitive Last

© Springer Fachmedien Wiesbaden GmbH, ein Teil von Springer Nature 2020   123
P. Niemann et al. (Hrsg.), *Science-Slam*,
https://doi.org/10.1007/978-3-658-28861-7_8

1   Einleitung

Populärkultur und Wissenschaft sind zwei Bereiche, zwischen denen seit einigen
Jahrzehnten der Trend einer stärkeren Verzahnung zu erkennen ist (vgl. Fähnrich
2017, S. 167). Viele Angebote, ob im Fernsehen, auf YouTube-Kanälen oder in
Magazinen, gestalten ihre Beiträge für eine breite Zielgruppe, in denen vor allem
Unterhaltung und Spaß in den Fokus der Darstellung gerückt wird, mit dem Ziel,
Begeisterung und Interesse an wissenschaftlichen Themen zu wecken (vgl. Fähnrich
2017, S. 167). Die aktuelle Forschung deckt bisher jedoch hauptsächlich journalistische
Angebote einer solchen populärwissenschaftlichen Wissenschaftskommunikation
ab (vgl. Allgaier 2017, S. 239f.). Beispiele der externen Wissenschaftskommunikation
– einer Kommunikation aus der wissenschaftlichen Gemeinde an die Öffentlichkeit,
wie Vorträge, populärwissenschaftliche Bücher oder auch Science-Slams – stehen bisher wenig im Fokus der Forschung. Ebenso scheinen „weiche" (Allgaier 2017, S. 240)
Methoden, wie Inhaltsanalysen, die meist genutzten Analysetools der Forschung
über populärwissenschaftliche Kommunikationsformen zu sein. Die Befundlage
über die Wirkung von Wissenschaft in der Populärkultur baut hauptsächlich auf
interpretativen Schlussfolgerungen auf, so Allgaier (2017). Es fehlt an Forschung,
die die Rezipient*innen und ihre Wahrnehmung der populärwissenschaftlichen
Angebote in den Blick nimmt. Dieses bestehende Manko sollte daher anhand von
Rezeptionsanalysen geschlossen werden (vgl. ebd.).

An diese Kritik angelehnt, versucht diese Studie die bestehenden Forschungs-
lücken in Teilen zu schließen, indem sie den Wissenserwerb eines externen Wis-
senschaftskommunikationsangebotes anhand von Veränderungen des Strukturwissens von Rezipient*innen analysiert. Den Studienteilnehmer*innen wird der
Science-Slam „Dienliche Defekte" (vgl. Science Slam 2013) von Reinhard Remfort
in Form eines Videos gezeigt.

Niemann et al. (2017, S. 103) ordnen den Science-Slam als „Präsentationsform
mit hohem Grad an Event- und Unterhaltungsorientierung" ein. Indem wissenschaftliche Inhalte den ansonsten eher abgetrennten Bereich der Wissenschaft
verlassen und in den populären Raum vordringen, kommt es zu „Transformationen,
Verknappungen oder Schwerpunktverschiebungen" (Allgaier 2017, S. 241). Im Fall
des Science-Slams werden die Inhalte verkürzt, in Bezug zum Alltäglichen gesetzt,
mit Humor unterfüttert und so unterhaltsam und kurzweilig gestaltet (vgl. Hill
2015, S. 128). Diese Art der Darstellung wissenschaftlicher Inhalte gibt eine Antwort
auf die häufige Kritik an traditionellen Formen der Wissensvermittlung, die oft
als eintönige und wenig begeisternde Angebote bezeichnet werden (vgl. Hill 2015,
S. 128). Doch auch die Kritik an Science-Slams bleibt nicht aus. Viele sehen hinter
dem stark ausgeprägten Event- und Unterhaltungscharakter die wissenschaftlichen

Inhalte schwinden (vgl. Hill 2015, S. 129; Van Riper, 2003). Daher ist es aus Sicht der Forschung über Wissenschaftskommunikation wichtig zu analysieren, ob neben dem Unterhaltungs- und Spaßaspekt ein Science-Slam auch Veränderungen im Strukturwissen der Zuschauenden hervorrufen kann und wenn ja, von welchen Faktoren diese Strukturwissensveränderungen abhängen. Im Rahmen dieser Studie wird in diesem Sinne der Wissenserwerb der Rezipient*innen eines Science-Slams und die Veränderung ihrer Kenntnisse über wissenschaftliche Sachverhalte untersucht. Dazu ist es wichtig, die Charakteristika von wissenschaftlichem Wissen nachzuvollziehen.

## 2	Grundlegende Theorie

Im Vergleich zu anderen Wissensformen, wie beispielsweise Erfahrungswissen, sind die Problemstellungen von wissenschaftlichem Wissen sehr komplex. Dieser Komplexität begegnet die Wissenschaft mit einer Aufspaltung in spezifische Fachgebiete (vgl. Schäfer et al. 2015, S. 11). Gleichzeitig ist wissenschaftliches Wissen niemals abgeschlossen, im Gegenteil durchläuft es immer wiederkehrende Revisionsschleifen, es wird optimiert oder widerlegt (vgl. Böhle 2003). Aufgrund dieses komplexen und anwendungsfernen Charakters wird wissenschaftliches Wissen oft abgekoppelt von alltäglichen Lebensbereichen und bleibt in seiner theoretischen Welt. Daher rührt auch die Kritik, dass wissenschaftliches Wissen eine für Fachfremde nur schwer überprüfbare Struktur aufweist (vgl. Eirmbter-Stolbrink 2011, S. 35). Die Vermittlung wissenschaftlichen Wissens an fachunkundige Publika birgt deshalb besondere Herausforderungen, da nicht nur Faktenwissen, sondern auch eine gewisse Art des Denkens und des Problemlösens vermittelt werden soll. Denn nur so können wissenschaftliche Theorien in ihrer gesamten Komplexität verstanden und auch von Fachfremden nachvollzogen und überprüft werden.

Im Kontext des wissenschaftlichen Wissenserwerbs in Science-Slams wird daher der Fokus auf die Erforschung des Strukturwissen gelegt. Wirth definiert Strukturwissen als „Informationen über die Ursachen, Konsequenzen und Intentionen von Ereignissen bzw. Handlungen" (1997, S. 95). Strukturwissen kann die Eigenarten von wissenschaftlichem Wissen besser abbilden, da es

> „sowohl deklaratives Zusammenhangswissen, in dem Wirkungsbezüge zwischen den Fakten abgebildet sind, als auch Verfahrenswissen (prozedurales Wissen) zur Anwendung dieser Fakten und Bedingungswissen, in welchen Fällen das Wissen anzuwenden ist" (Wuttke 2005, S. 36)

umfasst. Eine ähnliche Definition von Wissen wird in der Kognitionspsychologie beschrieben. Wissen an sich wird hier als verarbeitete Informationen oder Daten angesehen, die als „Begriffe und die zwischen ihnen existierenden Verbindungen [...]" (Hoffmann 1992, S. 353) gespeichert werden. Diese sogenannten ʻPropositionalen Repräsentationenʻ bilden einen Teil der inneren Repräsentation von Wissen im menschlichen Gehirn. Propositionale Repräsentationen sind semantische Abbildungen, die das im Gedächtnis gespeicherte Wissen repräsentieren können und sich in Form von Netzwerken, sogenannten Wissensstrukturen, darstellen lassen (vgl. Schnotz 1994, S. 150f.) Demnach hat eine Person, die großes Wissen in einem Bereich aufweist, ein weiter verschachteltes Netzwerk an Verbindungen zwischen den zum Thema gehörenden Begriffen, als ein Laie oder eine Laiin (vgl. Ruiz-Primo und Shavelson 1996, S. 570).

Auch wenn die netzwerkartige Strukturierung eine weit verbreitete Annahme in der Kognitionspsychologie darstellt, kann sie jedoch nicht alle Facetten von Wissen erklären. Beispielsweise ist es schwer vorstellbar, wie detailreiche, bildhafte Erinnerungen sinnvoll in ein semantisches Netzwerk eingebaut werden können, so Wirth (1997, S. 127). Aus diesen Gründen besteht neben der Theorie zu semantischen Repräsentationen von Wissen noch eine weitere. Sie besagt, dass Wissen in sogenannten „Mentalen Modellen" (Gehl 2013, S. 65) abgespeichert ist, in welchen das reale Objekt in etwas abgewandelter Form „bildhaft-analog [...]" (ebd.) gespeichert ist. Mentale Modelle sind dabei deutlich vielfältiger als propositionale Repräsentationen, sie können sowohl visuelle, als auch auditive Informationen mental rekonstruieren. Jedoch ist davon auszugehen, dass sich die beiden Arten der Wissensspeicherung gegenseitig beeinflussen und die in Mentalen Modellen abgespeicherten Informationen in konkreten Situationen auf semantische Repräsentationen übertragen werden können. So kann sich auch Wissen, das in Form von analogen mentalen Modellen gespeichert ist, in semantischen Netzwerken wiederfinden lassen (vgl. Wirth 1997, S. 132f.; Gehl 2013, S. 68f.; Schnotz 1994, S. 161).

3   Methodik

Die Annahme einer netzwerkartigen Strukturierung des Wissens legt eine Wissensanalyse anhand von Concept Maps nahe. Concept Maps sind strukturierte Verbildlichungen von Wissen auf einer zweidimensionalen Ebene (vgl. Fürstenau 2011, S. 46). In Concept Maps werden in Form eines Netzwerkes „Konzepte" (ebd.), durch „Relationen" (ebd.) zueinander in Beziehung gesetzt und verknüpft. Die Verbindung zwischen Konzepten und Relationen werden „Propositionen" (ebd.)

genannt[1]. Die propositionale Struktur von Concept Maps entspricht weitestgehend den zuvor diskutierten propositionalen Repräsentationen semantischer Netzwerke. Angelehnt an eine von Gehl (2013) durchgeführte Studie wird das Concept-Mapping als Hauptanalysetool für die Erfassung der Veränderungen des Strukturwissens der Rezipient*innen genutzt (vgl. Gehl 2013).

In der hier beschriebenen Studie wird für das Concept-Mapping ein Video des Science-Slams von Reinhard Remfort mit dem Titel „Dienliche Defekte" oder „Epitaxi hochreiner Diamantschichten zur Untersuchung oberflächennaher NV-Störstellen"[2] als Grundlage gewählt. Den Science-Slam trug Remfort 2016 beim `Best of´ der Deutschen Meisterschaft im Science-Slam in Darmstadt vor. Einen Eindruck einer möglichen Wissensstruktur zum analysierten Science-Slam-Beitrag verbildlicht die in Abb. 1 dargestellte Concept-Map (vgl. Gehl 2013, S. 123). Konzepte sind als blaue Punkte dargestellt und Relationen als Pfeile. In der dort abgebildeten Software erhalten die Proband*innen die Konzepte und Relationen (wie in Abb. 1 zu sehen) – jedoch ungeordnet untereinanderstehend. Die gewählten Begriffe für die Knoten und Relationen wurden in einer gesonderten Vorstudie identifiziert. Anordnung und Verknüpfung der Begriffe können die Testpersonen frei gestalten, wenn nötig hilft die Studienleitung bei der Bedienung des Mapping-Tools.

---

1 Für genauere Beschreibungen des Aufbaus von Concept-Maps siehe Gehl 2013.

2 Ein Video dieses Slams ist abrufbar unter: https://www.youtube.com/watch?v=7Ay-1pp-5aBM. Zugegriffen: 26.09.2019.

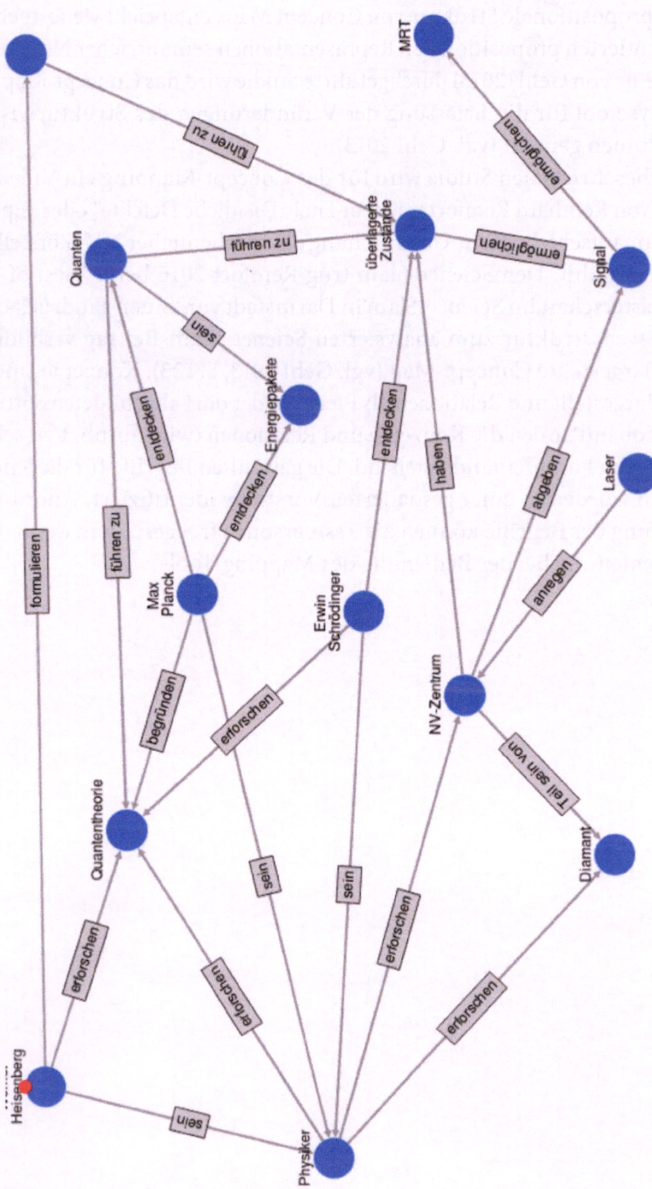

Abb. 1 Mögliche Wissensstruktur zum in dieser Studie untersuchten Science-Slam

Die Studienteilnehmenden müssen jeweils zwei Mapping-Aufgaben absolvieren (die unterschiedlichen Phasen der Studie sind in Abb. 2 abgebildet.). Eine Map wird vor der Rezeption des Videos des Science-Slams von Reinhard Remfort gestaltet (Vorher-Map, Map eins) und eine danach (Nachher-Map, Map zwei). Dass Wissensveränderungen nach einer Lernphase in einem Pre-Posttest-Design aufgedeckt werden können, hat Gehl (2012) in ihrer Studie zu multimodalten Princlustern gezeigt. Durch den Vergleich der beiden Concept Maps kann der Erwerb „von neuen bzw. Modifikation von bestehenden Schemata" (Wirth 1997, S. 126) erfasst werden.

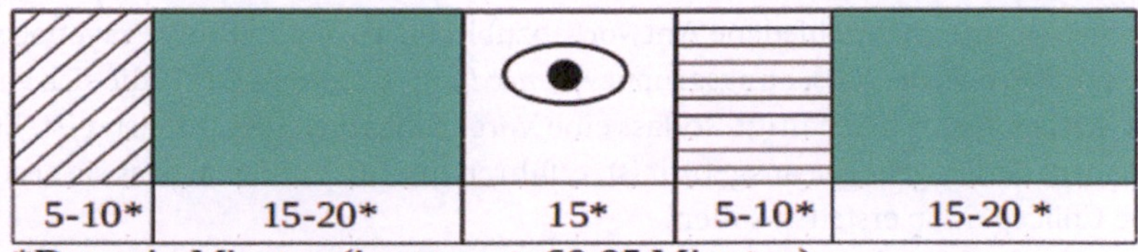

Abb. 2 Ablauf der Studie

Parallel zu den Mapping-Phasen sollen die Testpersonen „Verbalisierungen ihre[r] Gedanken, Wahrnehmungen und Empfindungen" (Konrad 2010, S. 476) laut aussprechen. Diese Methode des ʽLauten Denkensʼ ermöglicht es, Einblicke in die Gedanken, Gefühle und Absichten einer Person zu erhalten. Durch Lautes Denken soll der (Verarbeitungs-)Prozess untersucht werden, der zu mentalen Repräsentationen führt (ebd.). Zudem können möglich Probleme oder Gedankengänge, die allein aus der Analyse der Concept Map nicht erkennbar wären, erfasst werden (vgl. ebd.).

Vor der Durchführung von Mapping-Phase II wird ein soziodemographischer Fragebogen ausgefüllt. Im Fragebogen werden einige persönliche Daten zu Beruf, Mediennutzung und Vorerfahrung mit sowie Interesse an Science-Slams und dem behandelten Thema abgefragt, um für die Auswertung bedeutende Charakteristika der Proband*innen erfassen zu können. Rückschlüsse auf Vorwissen oder bevorzugte Mediennutzung können so gezogen oder auch Gemeinsamkeiten in den Wissensstrukturen zwischen Personen mit ähnlichen soziodemographischen Merkmalen erfasst werden. Zur Beantwortung von Fragen, die Einstellungen oder Selbsteinschätzung des Vorwissens erfassen sollen, werden endpunktbenannte oder verbalisierte Skalen angeboten. Porsts Empfehlung (2009, S. 93) folgend, werden dabei zwischen fünf und sieben Skalenpunkte gewählt. Um keine willkürliche Antworten zu begünstigen, werden bei Kenntnisse und Interesse betreffenden Fragen auch mittlere Punkte angeboten (teils/teils), sodass es den Testpersonen möglich ist eine unentschiedene Antwort abzubilden. Große Teile des Fragebogens entsprechen dem der Forschungsgruppe *Science In Presentations (SIP)*[3], die sich auch mit Science-Slams beschäftigt, sodass eine Vergleichbarkeit gewährleistet ist. Erst nachdem der Fragebogen ausgefüllt ist, erfahren die Testpersonen, dass sie erneut eine Concept Map erstellen sollen.

In Concept-Maps können – und das macht sie so interessant – die Propositionen in inkorrekte, korrekte oder neutrale Propositionen[4] differenziert werden. So kann das nicht für den Stimulus relevante Wissen, sowie auch korrekte und inkorrekte Wissensbestände voneinander abgegrenzt werden. Anhand der Veränderung der Propositionen, ob in Anzahl oder Korrektheit, kann zwischen verschiedenen Arten von Strukturwissensveränderungen unterschieden werden. Eine schlichte Zunahme an Propositionen, unabhängig von deren Korrektheit, wird als Wissenserweiterung bezeichnet. Ob das Wissen jedoch optimiert wird, also die Anzahl korrekter Propositionen zu- und die inkorrekter Propositionen abnimmt, umschreibt der Begriff der Wissensoptimierung (vgl. Gehl 2013, S. 134).

Neben der Anzahl der Propositionen lässt auch die Struktur der Concept-Map und deren Veränderung Aussagen über den Wissenserwerb zu. Wird die Struktur der Map zu einem dichteren Netzwerk verknüpft, kann von Strukturmodifikation gesprochen werden. In dieser Studie wird dabei die layoutunabhängige Mapstruktur betrachtet, da die meisten Proband*innen angaben, nicht bewusst auf die Positionierung ihrer Knoten und Relationen geachtet zu haben. Um die layoutunabhänige Mapstruktur zu analysieren wird die längste Kette an Knoten eines Teilnetzwerkes

---

3   Mehr Informationen zu SIP sind auf der Website der Forschungsgruppe zu finden: http://
     www.geistsoz.kit.edu/germanistik/2493.php (Abrufdatum: 26.11.2018)

4   Neutrale Propositionen wurden anders als bei Gehl in dieser Studie als zusätzliche
     Kategorie hinzugenommen. Einige Proband*innen konnten mit den vorgegebenen
     Begriffen Propositionen aus Themengebieten bilden, die auch korrekt waren, aber nicht
     mit dem Science-Slam in Verbindung gebracht werden konnten. Daher wurden sie in
     den hier aufgeführten Ergebnissen herausgerechnet.

horizontal dargestellt und kürzere von dort abgehende Ketten orthogonal zu der Hauptkette positioniert (siehe Abb. 5). So kann die Struktur unabhängig vom Layout analysiert und verglichen werden. „Umso stärker ein Begriffsnetz ausdifferenziert und vernetzt ist, desto höher kann der Kenntnisstand des Mappers eingeschätzt werden" (Gehl 2013, S. 152).

3.1   Methodische Einschränkungen der Ergebnisse

Neben den Möglichkeiten das Strukturwissen der Rezipienten in einer vergleichbaren Weise darzustellen und Veränderungen im Wissen anhand eines Stimulus zu analysieren, sollten einige Einschränkungen der Methodik bei der Auswertung der Ergebnisse bedacht werden. Es ist beispielsweise möglich, dass nicht alle bestehenden mentalen Repräsentationen abgebildet werden können (vgl. Gehl 2013, S. 82f.). Dies kann daran liegen, dass Proband*innen ihr Wissen nicht in einer durch die gewählte Methodik erfassbare Weise wiedergeben, also externalisieren, können (vgl. Kluwe 1988, S. 360). Sei es, weil es ihnen mit den vorgegebenen Begriffen nicht möglich ist oder dass einige mentale Modelle nicht in propositionale Repräsentationen überführt werden können. Folglich sind in Concept-Maps nur externalisierte Wissensbestände darstellbar und sollten daher nicht als Eins-zu-Eins-Abbildung der mentalen Repräsentationen der Rezipient*innen angesehen werden.

Zudem können die Testpersonen durch die Fokussierung auf die Knoten der Vorher-Map die entsprechenden Informationen bereits während der Rezeption filtern und sich auf die später abgefragten Punkte konzentrieren (vgl. Nückles et al. 2004, S. 85). Und auch die Testsituation kann zu einer erhöhten Aufmerksamkeit führen, die sich in besseren Ergebnissen niederschlagen könnte. Einige Proband*innen äußern sich im Lauten Denken dazu, dass sie einen erneuten Test erwarten. So auch Proband*in 25: „Ich hab befürchtet, dass ich die Aufgabe nochmal machen muss...". Ebenso vermindert die Konstruktion der Mapping-Aufgabe mögliche ablenkende Einflüsse, die bei einem Event vorhanden wären, wie beispielsweise Gespräche oder Applaus.

Die Studienergebnisse sind demnach als Hinweise auf eine Realsituation zu bewerten, müssen jedoch immer als Produkte der methodisch konstruierten Situation aufgefasst werden. Zugleich kann die Studie keine Aussage über einen langfristigen Wissenserwerb treffen. Es ist gut möglich, dass viele Details des erworbenen Wissens, wenn sie nicht weiter gefestigt werden, auf lange Sicht verloren gehen.

4   Ergebnisse und Diskussion

Diese Studie hat das Ziel den Wissenserwerb nach der Rezeption des Science-Slams 'Dienliche Defekte' von Reinhard Remfort zu analysieren. Nachfolgend werden ausgewählte Ergebnisse diskutiert. Um die Ergebnisse dieser Studie sinnvoll analysieren zu können, ist es zudem wichtig, nennenswerte soziodemographischen Charakteristika der Testpersonen darzulegen, wie nachfolgend beschrieben.

4.1   Soziodemographische Charakteristika der Testpersonen

An der Studie haben 31 Testpersonen teilgenommen, davon sind 14 männlich und 17 weiblich. 14 Proband*innen sind zwischen 21 und 30 Jahren alt, acht zwischen 31 und 40 und die übrigen Teilnehmenden zwischen 51 und 70. 22 der 31 Testpersonen haben einen Hochschulabschluss oder schließen ihn gerade ab, die anderen zehn Proband*innen geben Abitur, Realschul- oder Hauptschulabschluss an. Neun der Personen ohne Hochschulabschluss sind über 50 Jahre alt. Alle Testpersonen über 50 und ohne Hochschulabschluss haben nie einen Science-Slam gesehen oder besucht und sehen mit einer Ausnahme maximal einmal im Jahr wissenschaftliche Vorträge. Es ist daher möglich, dass Alter und/oder höchster Ausbildungsabschluss als Störvariable/n (vgl. Voss 2000, S. 165f.) fungieren, wenn soziodemographische Eigenschaften betrachtet werden. Bei Korrelationsanalysen werden deshalb in Bezug auf die Drittvariable homogene Teilstichproben getrennt analysiert, um den verzerrenden Einfluss dieser Variablen einschätzen zu können (vgl. Bortz und Schuster 2010, S. 340). Der Einfluss der Drittvariable auf den Zusammenhang gilt als umso stärker, je stärker der Unterschied zwischen den Korrelationen der Teilstichproben ist (vgl. Bortz und Schuster 2010, S. 340). Für die Rangkorrelationsanalysen dieser Arbeit wird Kendall's Tau Koeffizient herangezogen. Kendall (1983) beschreibt ihn als ein gutes Instrument, um zwei verschiedene Rankings einer Stichprobe derselben Individuen zu vergleichen. Field (2000, S. 92) empfiehlt zudem Kendall's Tau bei kleineren Stichproben einzusetzen, bei denen aufeinander folgende Ränge dieselben Werte besitzen. Dies trifft im Fall des Vergleichs der Daten des Fragebogens und der Anzahl von Propositionen zu. Die Teilstichprobe TP_ü50_oHA beinhaltet Personen über 50 Jahren und ohne Hochschulabschluss. Übrig bleiben 22 Testpersonen (TP_u50_mHA), die alle zwischen 25 und 40 Jahren alt sind und einen Hochschulabschluss vorweisen können.

4.2 Wissenserwerb und Wissensoptimierung

Ein Wissenserwerb zeigt sich in Form von Wissenserweiterung bei allen Personen der Stichprobe mit Ausnahme einer Testperson. Deutlich aussagekräftiger ist die Betrachtung der Wissensoptimierung, bei der nicht nur Propositionen, sondern auch korrekte und inkorrekte Propositionen differenziert betrachtet werden. Besonders interessant ist dabei, wie hoch der Anteil an korrekten Propositionen ist. Aber auch inkorrekte Propositionen lassen interessante Schlüsse auf die Wissensstruktur des/der Teilnehmer*in zu. Ein besonders hoher Anteil an inkorrekten Propositionen weißt auf falsche Wissensbestände oder auf einen unsorgfältigen Mapping-Stil hin (vgl. Gehl 2013, S. 139). Das Laute Denken ermöglicht es unsorgfältiges Mapping weitestgehend von falschen Wissensbeständen abzugrenzen.

Die Wissensoptimierung fällt bei der Stichprobe weniger eindeutig als die Wissenserweiterung aus, vor allem wenn die inkorrekten Propositionen miteinbezogen werden. Hier zeigt sich neben einem grundsätzlichen Zuwachs an korrektem Wissen auch ein Zuwachs an inkorrektem Wissen (siehe Abb. 3).

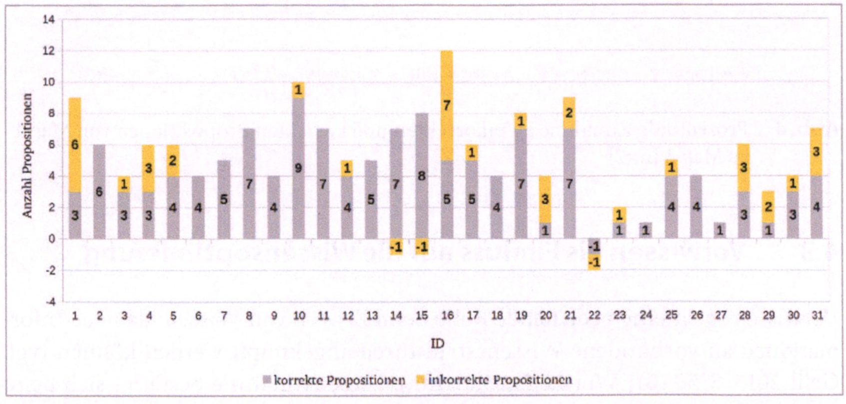

Abb. 3 Zuwachs an korrekten und inkorrekten Propositionen pro Testperson [n=31]

Bei sieben Testpersonen überwiegt zudem der prozentuale Zuwachs an inkorrekten Propositionen den Zuwachs an korrekten. Abbildung 4 veranschaulicht den anteiligen Zuwachs der Propositionen dieser sieben Proband*innen. Beispielsweise besteht bei Proband*in 1 ein Zuwachs an inkorrekten Propositionen um das 6-fache (Map 1: 1 inkorrekte Proposition; Map 2: 7 inkorrekte Propositionen) und ein

Zuwachs an korrekten um das 0,6-fache (Map 1: 5 korrekte Propositionen; Map 2: 8 korrekte Propositionen). Nach der Rezeption des Science-Slams von Remfort sind demnach nicht alle Proband*innen in der Lage ihr Verhältnis von korrekten zu inkorrekten Propositionen zu verbessern.

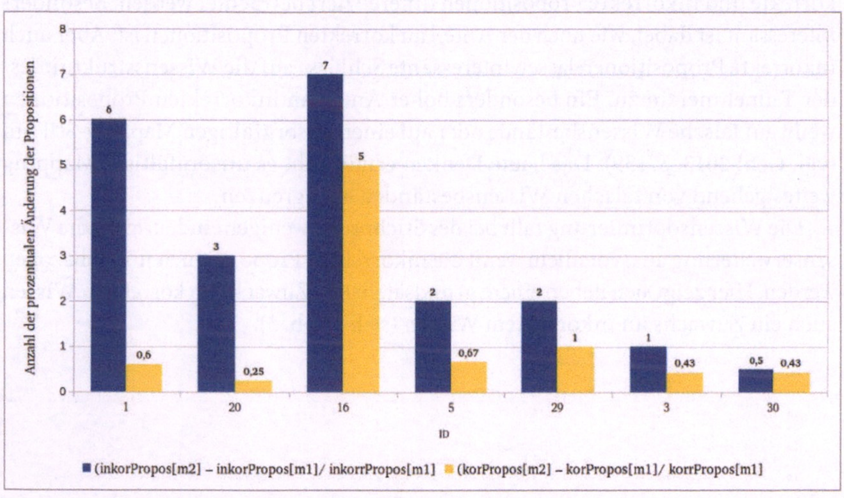

Abb. 4 Prozentuale Zunahme an inkorrekten und korrekten Propositionen von Map 1 zu Map 2 [n=7]

4.3   Vorwissen als Einfluss auf die Wissensoptimierung

Vorwissen spielt eine bedeutende Rolle beim Erwerb von Wissen, da neue Informationen an vorhandene Wissensstrukturen angeknüpft werden können (vgl. Gehl 2013, S. 58–61; Wuttke 2005, S. 19f.). Diese Annahme bestätigt sich beim Science-Slam von Reinhard Remfort. Besonders für Fachfremde stellt es sich als schwierig heraus, alle Inhalte, die Remfort vermittelt, als korrekte Propositionen in die Nachher-Map zu übertragen. Personen mit mehr Vorwissen haben dagegen weniger Schwierigkeiten und setzen weniger inkorrekte Propositionen. Darauf weist eine Rangkorrelationsanalyse mit Kendall's Tau hin (vgl. Kendall 1983). Beispielsweise besteht eine mittlere positive Korrelation (0,416; p=0,004) zwischen

Personen, die sich eher als Expert*innen einschätzen[5] und der Anzahl an neuen korrekten Propositionen in der zweiten Map. Ebenso verhält sich der Zusammenhang zwischen der Einschätzung als Expert*in oder der Tendenz Richtung Expert*in im Themengebiet der Präsentation[6] und der Anzahl neuer korrekter Propositionen (0,329; p =0,025). Dementsprechend setzten Personen mit Kenntnissen in Physik weniger neue inkorrekte Propositionen (-0,331; p=0,03) und Personen mit Kenntnissen im Themengebiet weniger inkorrekte Propositionen in der zweiten als in der ersten Map (-0,284; p=0,061).

In der Subgruppe der jüngeren mit Hochschulabschluss (TP_u50_mHA) besteht eine signifikante Korrelation zwischen den Kenntnissen in Physik und dem Zuwachs an inkorrekten Propositionen in der zweiten Map. Mit mehr Vorwissen in Physik kommen weniger inkorrekte Propositionen in der Nachher-Map dazu (-0,479; p=0,008). Die sonstigen Korrelationen in den Untergruppen (TP_u50_mHA; TP_ü50_oHA) sind nicht signifikant. Die Tendenz der Zusammenhänge bleibt jedoch ähnlich, fällt aber in der Gruppe der jüngeren mit Hochschulabschluss etwas schwächer aus. Dies lässt einen Einfluss des Alters oder des Hochschulabschlusses auf den Zusammenhang vermuten. Aufgrund der geringen Teilnehmeranzahl und der ungünstigen soziodemographischen Zusammensetzung der Personen konnte dies im Rahmen dieser Studie jedoch nicht weiter untersucht werden.

Auch qualitativ können die Zusammenhänge zwischen Vorwissen und Wissenserwerb bestätigt werden. Für die qualitative Analyse der Strukturmodifikation wurden drei Testpersonen mit unterschiedlichem Vorwissen und verschiedenem Bildungsgrad ausgewählt (siehe Tab. 1). Dafür wurden aus Untergruppen drei Proband*innen, die weitestgehend repräsentativ die jeweilige Propositionsverteilung ihrer Gruppe abbilden, ausgewählt. Für die drei Personen wurde der Vernetzungsgrad und die Veränderung der layoutunabhängigen Mapstruktur von der Vorher- zur Nachher-Map qualitativ analysiert. Tabelle 1 stellt ausgewählte soziodemographische Eigenschaften der Proband*innen dar.

---

5   Daten ermittelt anhand der Frage: Wie schätzen Sie selbst Ihre Kenntnisse zum Thema „Physik" (allgemein) ein?

6   Daten ermittelt anhand der Frage: Wie schätzen Sie selbst Ihre Kenntnisse im Themenfeld der Präsentation ein?

Tab. 1   Ausgewählte soziodemografische Eigenschaften der Proband*innen.

	TP 15	TP 31	TP 23
Wissenschaftliche Vorträge im Jahr	Monatlich	Monatlich	Nie
Science-Slam zuvor besucht oder gesehen?	Nein	Ja	Nein
Science-Slam Begriff?	Ja	Ja	Nein
In Zukunft Besuch?	Nein	Ja	Ja
Interesse an wissenschaftlichen Themen?	Eher interessiert	Teils / teils	Teils / teils
Interesse am Thema der Präsentation?	Eher interessiert	Eher interessiert	Eher interessiert
Kenntnisse Physik	4 Experte	2 Laie	2 Laie
Kenntnisse Thema Präsentation	2 Laie	1 Laie	1 Laie
Alter	26	26	65
Tätigkeit	Studium	Studium	Rentner
Fachrichtung	Wirtschaftsinge-nieur	Linguistik	Technischer Zeich-ner
Höchster Ausbildungsabschluss	Hochschulab-schluss	Hochschulab-schluss	Mittlere Reife

Testperson 15 weist im Vergleich zu den anderen ein höheres Vorwissen in Physik, sowie auch im Themengebiet der Präsentation auf. Testperson 31 hat wiederum mehr Vorkenntnisse als Testperson 23, die keinen Hochschulabschluss wie die anderen beiden Proband*innen sondern Mittlere Reife als höchsten Ausbildungsabschluss angegeben hat.

Abbildung 5 veranschaulicht die layoutunabhängige Struktur der Maps der ausgewählten Testpersonen. Die Zahlen in den Knoten beschreiben die Zugehörigkeit zu einem Strukturteil – die erste Zahl nummeriert die Strukturteile durch, die zweite die Knoten im jeweiligen Strukturteil. In der Nachher-Map kann anhand der Zahlen nachvollzogen werden, wie die Knoten aus der Vorher-Map in der Nachher-Map positioniert wurden. Beinhaltet ein Knoten keine Zahl, wurde er nur in der zweiten nicht aber in der ersten Map genutzt. Anhand des dicken Randes ist zu erkennen, welchen Korrektheit-Wert ein Knoten in der Vorher-Map hatte, wenn er sich vom Korrektheit-Wert der zweiten Map unterscheidet.

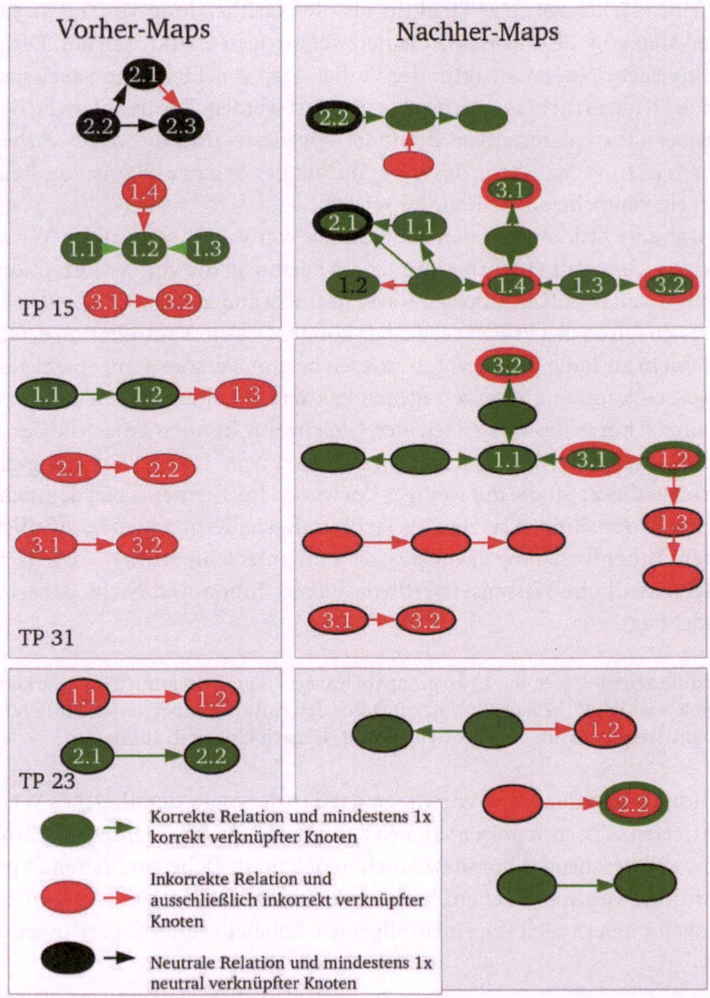

Abb. 5 Qualitative Auswertung der layoutunabhänigen Struktur der Vorher- und Nachher-Map von drei ausgewählten Testpersonen.

Die Concept-Maps von Personen mit weniger Vorwissen weisen eine geringere Strukturmodifikation und -verdichtung auf als die der Person mit mehr Vorwissen in Physik. So weist die Nachher-Map von TP 15 deutlich weniger inkorrekte und

zudem eine stärker vernetze Struktur als die Nachher-Map von TP 31 auf. Die
Nachher-Map von TP 23 weist keine netzwerkartigen Strukturen auf. Die gering
ausstrukturierte Wissensstruktur der Vorher-Map von TP 23 kann auch nach Rezeption des Videos nicht nennenswert optimiert werden. Die qualitativen Befunde
untermauern die quantitativen Befunde: Vorwissen und die vorab vorliegende
Wissensstruktur scheint für das Verständnis des Science-Slams von Reinhard
Remfort eine entscheidende Rolle zu spielen.

Auch andere Studien konnten den Einfluss von Vorwissen auf den Wissenser-
werb zeigen. Gerrards (1988) bestätigt, dass Personen, die vor der Rezeption eines
Prüftextes bereits ähnliche Informationen in einem anderen Text zu lesen bekamen,
mehr Wissen durch den Prüftext erwerben konnten als die Kontrollgruppe, die einen
Text zu einem anderen Thema vorab zu lesen bekam. Personen mit einem gewissen
Grundwissen können die vorgetragenen Fakten einfacher verstehen und merken
sich demnach korrektes Wissen leichter. Gleichzeitig können sie sich besser auf die
Inhalte konzentrieren, die sie noch nicht so gut kennen.[7] Dies erklärt sehr gut, wieso
die Personen dieser Studie mit weniger Vorwissen im Themengebiet deutlich mehr
inkorrekte Propositionen setzten als fachkundigere Teilnehmende. Ähnlich geht
die Expert*innenforschung davon aus, dass im unterschiedlichen Vorwissen auch
der unterschiedliche Wissenserwerb von Expert*innen und Nicht-Expert*innen
begründet liegt:

> "The difference between these two groups of learners is in their domian-specific knowl-
> edge base which is the most important factor determining expert-novice differences
> in cognitive processing" (vgl. Kalyuga 2008, 17 nach Chi et al. 2014).

Expert*innen sind durch ihr Vorwissen dazu in der Lage, detailreiches Wissen zu
konzentrierten Wissensrepräsentationen zusammenzufassen, während Fachfremden
dies ohne entsprechendes Vorwissen nicht möglich ist. Dabei profitieren Expert*innen nicht nur von spezifischem Wissen für ein Wissensgebiet (domain-specific
knowledge), sondern auch von einem allgemein hohen Level an Expert*innenwissen.

---

7   Weitere Theorien zum Wissenserwerb diskutieren Mandl, Friedrich und Hron (1988).

4.4   Alter und höchster Ausbildungsabschluss als Einflussvariable

Ein höheres allgemeines Expert*innenwissen verringert die intrinsische kognitive Last (intrinsic cognitive load) durch effektive Wissenskomprimierung und ermöglicht daher eine bessere Aufnahme und ein besseres Verständnis der Informationen (vgl. Kalyuga 2008, S. 36). Personen ohne höheres allgemeines Expert*innenwissen müssen kleinteiligere Wissensstücke mit ihrem Vorwissen abgleichen und diese separat analysieren und verstehen (vgl. Kalyuga 2008, S. 17). Die Encodierung der einzelnen Stimuli, wie es im Limited Capacity Model of Mediated Message Processing (LCMP) beschrieben ist, benötigt demnach bei Fachfremden besonders viele Ressourcen. Gleichzeitig ist der Abruf von mentalen Repräsentationen mühsam, da wenig Vorwissen vorhanden ist (vgl. Lang 2000). Dies führt ebenfalls zu einem erhöhten Bedarf an kognitiven Ressourcen für die Speicherung, da an wenig mentale Repräsentationen angeknüpft werden kann (vgl. ebd.). Das könnte erklären, wieso die TP_ü50_oHA im Verhältnis zur Reststichprobe so schlecht abschneiden (siehe Abbildung 6). Eine weitere Erklärung liefert die Kognitionsforschung. Sie geht davon aus, dass Ältere im Vergleich zu Jüngeren Informationen, die im Kurz- oder Arbeitsgedächtnis prozessiert werden, weniger effizient aufnehmen und verarbeiten können (vgl. Wild-Wall et al. 2009, S. 301).

Auffällig ist auch, dass die TP_ü50_oHA insgesamt weniger Propositionen – korrekte und inkorrekte – als die TP_u50mHA setzten, die sich auf dem gleichen Vorwissensniveau in Physik einschätzen (siehe Abbildung 6). Eine mögliche Begründung hierfür liefern Mandl et al. (1988, S. 130): Fehlendes Vorwissen in Form von Schemata kann sich auf die Wiedergabe des Wissens aus dem Gedächtnis auswirken.[8] Demnach wäre es möglich, dass die TP_ü50_oHA wenig passende Schemata besitzen, sodass sie die Wiedergabe von Informationen nicht bewerkstelligen können. Da in der hier vorliegenden Stichprobe jedoch eine diese Merkmale betreffende ungünstige Verteilung der Testpersonen vorherrscht, können diese Zusammenhänge nur schwer isoliert und daher nicht hinreichend untersucht werden.

---

8   Die Forschungsergebnisse stellen Mandl, Friedrich und Hron für Verstehenseffekte als einheitlich dar. Wird jedoch nur das Erinnern der Information betrachtet, ist aus den Forschungsergebnissen, welche die Autoren betrachteten, kein einheitlicher positiver Effekt von bereits vorherrschenden Schemata zu bestätigen (vgl. Mandl et al. 1988).

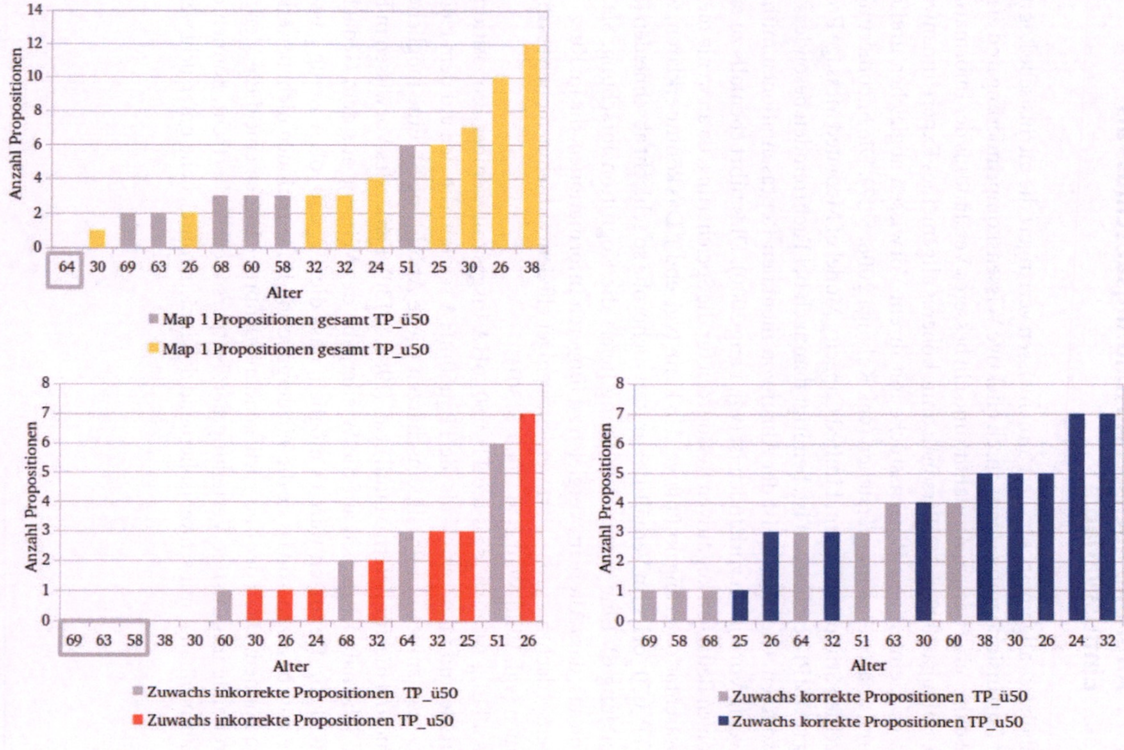

Abb. 6 Anzahl der Propositionen der ersten Map, sowie Zuwachs der korrekten und inkorrekten Propostionen der Testpersonen, die sich selbst als Laien (1) in Physik einschätzen. Geordnet nach Anzahl der Propositionen [n=16].

4.5   Ablenkung – irrelevante kognitive Last

Neben der intrinsischen kognitiven Last nimmt auch die irrelevante kognitive Last (extraneous cognitive load) entscheidend Einfluss auf den Umfang an kognitiven Kapazitäten, die eine Person für das Erfüllen einer Aufgabe, wie das Verstehen eines Science-Slams, benötigt. Gerade bei Science-Slams, bei denen neben wissenschaftlichen Inhalten auch viele außerwissenschaftliche Informationen eingebaut sind, ist die Gefahr, dass eine hohe irrelevante kognitive Last besteht, groß. Reinhard Remfort zieht beispielsweise Querverweise zur Serie `Breaking Bad´ (Zitat aus Science-Slam: „Heisenberg – der mit den Drogen"). Ist die Hauptperson der Serie, genannt „Heisenberg", den Testpersonen nicht bekannt, kann es zu einer zusätzlichen kognitiven Belastung kommen, die nicht zum Verständnis der wissenschaftlichen Inhalte beiträgt. Für Personen denen die Serie bekannt ist, könnte eine solche Querparallele das Einprägen neuer Informationen jedoch auch begünstigen. Da die gesamte kognitive Last durch das Einbauen bereits bekannter Informationen vermindert wird (vgl. Lang 2000, S. 50f.).

Die Kognitionspsychologie konnte bei Älteren zudem in Studien eine abnehme Leistung „bei der Unterdrückung irrelevanter Reize und Reaktionen" feststellen (vgl. Wild-Wall et al. 2009, S. 300). Eine Aussage, die im Rahmen des Lauten Denkens von einer Testperson der TP_ü50_oHA geäußert wurde, unterstreicht dies: „...also da ist irre viel Ablenkung drin [...]der hat immer mit dem Laser auf Dingsbums geschossen, was war das denn?" (TP 29). Das Zitat verdeutlicht, dass bei manchen Proband*innen eine große irrelevante kognitive Last anfällt, wodurch die Aufnahme von relevanten Informationen vermutlich beeinträchtigt ist.

Eine optimale Speicherung und Prozessierung der Informationen, die Reinhard Remfort darbietet, scheint bei fachfremden Personen, sowie vermutlich auch bei älteren Personen, aus diesen Gründen nicht gewährleistet. Die Informationen, die er vorträgt, knüpfen vermutlich zu wenig an bereits vorhandenes Wissen der im Themengebiet unwissenden Zuhörer*innen an und sind gleichzeitig zu komplex, um ohne grundlegende Basisinformationen korrekt verstanden zu werden. Möglich ist auch, dass für Fachfremde zu wenige Orientierungshilfen angeboten werden, um die relevanten Informationen und sinnvollen Verknüpfungen zu identifizieren. Entscheidend ist hier die Verwendung von Kohärenzbildungshilfen.

Kohärenzbildungshilfen können vielfältig sein, sie liefern dem oder der Rezipient*in Unterstützung bei der Erkennung von Kohärenzverbindungen, die in nicht linearen Darstellungsformen, wie Science-Slams, oft nicht eindeutig zu erkennen sind. Eine Kohärenzbildungshilfe kann das Zeigen auf ein Element auf einer Powerpoint-Folie oder auch die parallele Visualisierung eines Erklärparts sein (Gehl 2013, S. 35–44). Gehl (2013, S. 233–235) konnte in Bezug auf multimodale Printcluster zeigen, dass Kohärenzbildungshilfen die Annäherung an eine optimierte Wissensstruktur begünstigen und auch in Lernlaboren der Universität Trier wurde gezeigt, dass für eine hohe Lernwirksamkeit eingängliche Kohärenzen mitgeliefert werden sollten (vgl. Eirmbter-Stolbrink 2011).

5   Fazit

Der Science-Slam von Reinhard Remfort bietet die Möglichkeit, dass Rezipient*innen Wissen erwerben und ihre Wissensstrukturen erweitern. Jedoch ist die Gefahr, dass Inhalte von einem Großteil der Zuschauenden einer Veranstaltung falsch verstanden werden, nach den Daten dieser Studie als hoch einzuschätzen, da auch bei Realerhebungen viele Personen ohne Vorwissen im Themengebiet anwesend sind. Die Qualität des erworbenen Wissens kann erheblich variieren – abhängig vom vorhandenem Vorwissen und vermutlich von weiteren Variablen, wie Alter und/oder höchstem Ausbildungsabschluss. Dies ist vor allem bei komplexen Science-Slam-Vorträgen zu erwarten, die abstrakte und alltagsferne Themen, wie Quantenphysik, oder schwierig zu verknüpfende Themenbereiche behandeln und zu wenige Kohärenzbildungs- oder Orientierungshilfen anbieten. Ebenso fällt bei einigen Proband*innen eine erhöhte irrelevante kognitive Last an. Elemente, die eigentlich der Unterhaltung dienen und einen Bezug zu außerwissenschaftlichen Themengebieten herstellen sollen, behindern den Wissenserwerb. Und zwar dann, wenn diese Elemente den Zuschauenden unbekannt sind und dadurch zu einer zusätzlichen kognitiven Belastung führen. Im untersuchten Science-Slam traf das oft auf die älteren Testpersonen zu, die bestimmte popkulturelle Bezüge von Reinhard Remfort nicht nachvollziehen konnten.

Die Daten dieser Studie weisen darauf hin, dass die Vermittlung von wissenschaftlichen Inhalten je nach Zielgruppe differenziert betrachtet werden sollte, da die Gefahr besteht, dass inkorrektes Wissen erworben wird. Besonders der Umgang mit populärkulturellen und hauptsächlich zur Belustigung eingebauten Elementen sollte kritisch durchdacht werden, sowie auch die Menge an dargebotenen Informationen. Bei der heterogenen Zielgruppe des Science-Slams ist dies jedoch womöglich schwierig umzusetzen. Doch nicht nur Negatives ist zu erkennen. Besonders bei jüngeren Personen mit Hochschulabschluss scheint ein Science-Slam zu einem Erwerb von korrektem Strukturwissen beizutragen. Ein Einsatz von Science-Slams im universitären Umfeld, möglicherweise als Unterstützung oder Ergänzung zur traditionellen Vorlesung, könnte hier ein sinnvolles Umfeld bieten. Auch der langfristige Wissenserwerb ist hier weniger kritisch zu sehen, da davon auszugehen ist, dass das erworbene Wissen im Verlauf des Studiums angewandt und stetig erweitert wird. Die Tragkraft dieser Schlussfolgerungen sollte jedoch anhand weiterer Arbeiten überprüft werden. Denn bei dieser Studie handelt es sich um eine Einzelfallanalyse, die nur begrenzt Rückschlüsse auf andere Science-Slams zulässt. Nicht auszuschließen ist, dass Science-Slams zu anderen Themen, die andere Darstellungen und Wissensvermittlungs-Charakteristika aufweisen, einen höheren Grad an Wissensoptimierung hervorrufen können. Um dies zu bestätigen sind Anschlussstudien nötig. Für den Erkenntnisgewinn über das Potential von Science-Slams für den Wissenserwerb wäre eine größer angelegte Vergleichsstudie verschiedener Science-Slams förderlich. Dabei würde sich nach den in dieser Studie gesammelten Erfahrungen eine Concept-Mapping-Studie durchaus anbieten, die im optimalen Fall durch Eyetracking ergänzt wird, um direkte Rückschlüsse auf den Stimulus ziehen zu können. Sinnvoll wäre zudem eine Realerhebung, in der die Rezeption der Science-Slams-Zuschauer*innen direkt nach einer Veranstaltung getestet wird, um auch die Einflussfaktoren, die während einer Veranstaltung anfallen, erfassen zu können. Eine Erhebung zum langfristigen Wissenserwerb, die eine Concept-Map-Abfrage nach mehreren Wochen beinhaltet, könnte zudem die Erkenntnisse zum kurzfristigen Wissenserwerb um den langfristigen Aspekt erweitern.

Literatur

Allgaier, J. (2017). Wissenschaft und Populärkultur. In H. Bonfadelli, B. Fähnrich, C. Lüthje, J. Milde, M. Rhomberg, & M. S. Schäfer (Hrsg.), *Forschungsfeld Wissenschaftskommunikation* (S. 239–250). Wiesbaden: Springer.

Bortz, J., & Schuster, C. (2010). *Statistik für Human- und Sozialwissenschaftler* (7. Aufl.). Berlin, Heidelberg: Springer.

Böhle, F. (2003). Wissenschaft und Erfahrungswissen – Erscheinungsformen, Voraussetzungen und Folgen einer Pluralisierung des Wissens. In S. Böschen, & I. Schulz-Schaeffer (Hrsg.), *Wissenschaft in der Wissensgesellschaft* (S. 143–177). Wiesbaden: VS Verlag für Sozialwissenschaften.

Chi, M. T. H., Glaser, R., & Farr, M. J. (2014). The Nature of Expertise. Hoboken: Taylor and Francis. http://public.eblib.com/choice/publicfullrecord.aspx?p=1588586. Zugegriffen: 07. September 2018.

Eirmbter-Stolbrink, E. (2011). Wissenschaftliches Wissen Ansprüche an eine besondere Wissensform? *REPORT Zeitschrift für Weiterbildungsforschung.* doi:10.3278/REP1102W035.

Field, A. P. (2000). *Discovering statistics using SPSS for Windows: advanced techniques for the beginner.* London: Sage Publications.

Fähnrich, B. (2017). Wissenschaftsevents zwischen Popularisierung, Engagement und Partizipation. In H. Bonfadelli, B. Fähnrich, C. Lüthje, J. Milde, M. Rhomberg, & M. S. Schäfer (Hrsg.), *Forschungsfeld Wissenschaftskommunikation* (S. 165–182). Wiesbaden: Springer.

Fürstenau, B. (2011). Concept Maps im Lehr-Lern-Kontext. *DIE Zeitschrift für Erwachsenenbildung 1*, 46–48. doi:10.3278/DIE1101W046.

Gehl, D. (2012). Concept Mapping und Eyetracking: Eine Methodenkombination zur Diagnose medial initiierter Wissenszuwächse. In H.-J. Bucher, & P. Schumacher (Hrsg.), *Interaktionale Rezeptionsforschung: Theorie und Methode der Blickaufzeichnung in der Medienforschung* (S. 135–155). Wiesbaden: Springer VS.

Gehl, D. (2013). *Vom Betrachten zum Verstehen. Die Diagnose von Rezeptionsprozessen und Wissensveränderungen bei multimodalen Printclustern.* Wiesbaden: Springer VS.

Gerrards, A. (1988). *Zum Einfluß von Vorwissen auf den Erwerb und die Repräsentation von Wissen* (Kurzfassung Dissertation). Göttingen.

Hill, M. (2015). Science Slam und die Geschichte der Kommunikation von wissenschaftlichem Wissen an außeruniversitäre Öffentlichkeiten. In J. Engelschalt, & A. Maibaum (Hrsg.), *Auf der Suche nach den Tatsachen: Proceedings der 1. Tagung des Nachwuchsnetzwerks „INSIST", 22.-23. Oktober 2014, Berlin* (S. 127–145). Berlin.

Hoffmann, J. (1992). Kognitive Psychologie. In R. Asanger, & G. Wenniger (Hrsg.), *Handwörterbuch der Psychologie* (S. 352–356). Weinheim: Psychologie Verl.-Union.

Kalyuga, S. (2008). *Managing cognitive load in adaptive multimedia learning.* Hershey: Information Science Reference.

Kendall, M. G. (1983). A measure of rank correlation. *Biometrika 30 (1/2)*, 81–93.

Kluwe, R. H. (1988). Methoden der Psychologie zur Gewinnung von Daten über menschliches Wissen. In H. Mandl (Hrsg.), *Wissenspsychologie* (S. 359–385). München: Psychologie Verl.-Union.

Konrad, K. (2010). Lautes Denken. In G. Mey, & K. Mruck (Hrsg.), *Handbuch Qualitative Forschung in der Psychologie* (S. 476–490). Wiesbaden: VS Verlag für Sozialwissenschaften.

Lang, A. (2000). The Limited Capacity Model of Mediated Message Processing. *Journal of Communication 50*(1), 46–70. doi:10.1111/j.1460-2466.2000.tb02833.x.

Lindenberger, U., & Delius, J. A. M. (Hrsg.). (2010). *Die Berliner Altersstudie* (3., erw. Aufl.). Berlin: Akademie-Verlag.

Mandl, H., Friedrich, H. F., & Hron, A. (1988). Theoretische Ansätze zum Wissenserwerb. In H. Mandl (Hrsg.), *Wissenspsychologie* (S. 123–160). München: Psychologie Verlags Union.

Niemann, P., Schrögel, P., & Hauser, C. (2017). Präsentationsformen der externen Wissenschaftskommunikation: Ein Vorschlag zur Typologisierung. *Zeitschrift für Angewandte Linguistik 67(1)*, 81–113.

Nückles, M., Gurlitt, J., Pabst, T., & Renkl, A. (2004). *Mind Maps und Concept Maps: Visualisieren, Organisieren, Kommunizieren* (Originalausgabe). München: Deutscher Taschenbuch Verlag.

Porst, R. (2009). *Fragebogen: Ein Arbeitsbuch.* Wiesbaden: VS Verlag für Sozialwissenschaften.

Ruiz-Primo, M. A., & Shavelson, R. J. (1996). Problems and issues in the use of concept maps in science assessment. *Journal of Research in Science Teaching, 33(6)*, 569–600.

Schäfer, M. S., Kristiansen, S., & Bonfadelli, H. (Hrsg.). (2015). *Wissenschaftskommunikation im Wandel: 1. Jahrestagung der Ad-hoc-Gruppe „Wissenschaftskommunikation" der DGPuK, die im Januar 2014 an der Universität Zürich stattgefunden hat.* Köln: von Halem.

Schnotz, W. (1994). *Aufbau von Wissensstrukturen: Untersuchungen zur Kohärenzbildung beim Wissenserwerb mit Texten.* Weinheim: Beltz.

Schimank, U. (2006) Rationalitätsfiktionen in der Entscheidungsgesellschaft. In D. Tänzler, H. Knoblauch, & H.-G. Soeffner (Hrsg.), *Zur Kritik der Wissensgesellschaft* (S. 57–83). Konstanz: UVK Verlag.

Science Slam. (2013). Dienliche DefekteReinhard Remfort (Deutscher Science Slam Meister 2013). https://www.youtube.com/watch?v=7Aylpp-5aBM. Zugegriffen: 16. August 2018.

Van Riper, A. B. (2003). What the public thinks it knows about science: Popular culture and its role in shaping the public's perception of science and scientists. *EMBO Reports 4(12)*, 1104–1107. doi:10.1038/sj.embor.7400040.

Voss, W. (2000). *Praktische Statistik mit SPSS*. (2., aktualisierte Aufl). München: Hanser.

Wild-Wall, N., Gajewski, P., & Falkenstein, M. (2009). Kognitive Leistungsfähigkeit älterer Arbeitnehmer. *Zeitschrift für Gerontologie und Geriatrie 42(4)*, 299–304. doi:10.1007/s00391-009-0045-5.

Wirth, W. (1997). *Von der Information zum Wissen: die Rolle der Rezeption für die Entstehung von Wissensunterschieden; ein Beitrag zur Wissenskluftforschung*. Opladen: Westdeutscher Verlag.

Wuttke, E. (2005). *Unterrichtskommunikation und Wissenserwerb: zum Einfluss von Kommunikation auf den Prozess der Wissensgenerierung*. Frankfurt am Main, New York: Peter Lang.

Gesellschaftliche Verortung von Science-Slams

Wissenschaft und Öffentlichkeit im Zeichen der Digitalisierung
Die Produktion und Kommunikation des Science-Slams

Miira Hill

Zusammenfassung

Einen grundlegenden Wandel der Gesellschaft beobachtend stellt die Wissenschaftsgesellschaft im Kontext der Digitalisierung neue Ansprüche an die Wissenschaft. Zu beobachten ist eine gesellschaftliche Entgrenzung des Wissens in lokale und digitale Räume. Die verstärkte Orientierung an wissenschaftlichem Wissen konkurriert mit Beobachtungen eines abnehmenden gesellschaftlichen Glaubens an die Wissenschaft. Vor diesem Hintergrund erscheinen neue Formate der Wissenschaftskommunikation, wie der hier untersuchte Science-Slam, als innovative gesellschaftliche Begegnungsorte. Inwiefern bietet der Science-Slam aber das Potenzial, mehr Vertrauen zwischen Wissenschaft und Öffentlichkeit herzustellen? Und auf welche Weise verändern sich in diesem Feld Produktions- und Kommunikationsweisen?

Schlüsselbegriffe

Wissenschaftsgesellschaft, Öffentlichkeit, Wissenschaftskommunikation, Wissenschaftskrise, digitale Gesellschaft, Populärwissenschaft, alternative Öffentlichkeiten, kreative Modifikation, reflexive Produktion

© Springer Fachmedien Wiesbaden GmbH, ein Teil von Springer Nature 2020   149
P. Niemann et al. (Hrsg.), *Science-Slam*,
https://doi.org/10.1007/978-3-658-28861-7_9

1   Wissenschaftskommunikation in Zeiten des schwindenden Glaubens an die Wissenschaft

Populistische Parteien sind in Europa und in den USA auf dem Vormarsch. Die zunehmende Emotionalisierung der Politik ist zu einem Problem für die Wissenschaft, aber auch für die Wissenschaftskommunikation geworden. Politiker*innen, die sich gezielt auf Unwahrheit beziehen und die Öffentlichkeit basierend auf ‚alternativen Fakten' beeinflussen, nutzen emotionale Narrative, um gesellschaftlichen Einfluss zu gewinnen. Glaubt man den Aussagen einiger Wissenschaftler*innen, so hat der Vormarsch der populistischen Parteien zu einer Krise der Legitimation und Kommunikation von Wissenschaft geführt. Gewisse wissenschaftliche Erkenntnisse (beispielsweise der anthropogene Klimawandel) werden von einigen der einflussreichsten Akteur*innen in der westlichen Welt bestritten. Die Intersubjektivität wissenschaftlicher Erkenntnisse wird auf diese Weise in Frage gestellt. Was manchen Wissenschaftler*innen heute real erscheint, erscheint dem amerikanischen Präsidenten nicht mehr real. Folglich wird die sozialkonstruktivistische Erkenntnis, dass spezifische Wirklichkeiten und Wissensbestände nur in bestimmten sozialen Kontexten angenommen werden, erneut bestätigt. Wenn ein amerikanischer Präsident heute mit einem Wissen ausgestattet ist, das aus der Perspektive vieler Wissenschaftler*innen falsch ist, kann dieses Wissen jedoch bedauerlicherweise Handlungen anleiten, die in ihren Folgen sehr real sind (wie etwa der Anstieg des Meeresspiegels). Es zeigt sich ein Problem der gesellschaftlichen Kommunikation von Wissenschaft.

Das Problem der Kommunikation von Wissenschaft kann auch vor dem Hintergrund der Erkenntnisse der Wissenschafts- und Technikforschung nicht leicht gelöst werden. Die Wissenschaftsforschung hat gezeigt, dass offizielle Ideologien über Objektivität und wissenschaftliche Methoden nicht die einzigen dominanten Orientierungen der wissenschaftlichen Wissensproduktion sind (vgl. Knorr-Cetina und Mulkay 1983).[1] Wissenschaftler*innen denken anders über ihr Wissen als andere. Ulrich Beck und Beck-Gernsheim (1994) argumentierten deshalb, dass es auf der Innenseite der Wissenschaft nicht so etwas wie Wahrheit oder Rationalität gebe. Obwohl die Wissenschaft heute intern mit Kategorien wie Rationalität und Wahrheit aufgeräumt habe, trete sie der Öffentlichkeit mit einer strategischen Dogmatisierung entgegen, um den Markt- und Professionalisierungsinteressen wissenschaftlicher

---

1   Haraway hat einmal provokant formuliert, dass die einzige Gruppe, die noch an die ideologischen Doktrinen der Wissenschaft glaube, Nicht-Wissenschaftler*innen seien (vgl. Haraway 1988, S. 576).

Expert*innengruppen zu entsprechen.[2] Nicht nur in produzierten Texten, sondern auch in öffentlichen Auftritten von Wissenschaftler*innen wird folglich die Sicherheit der wissenschaftlichen Praxis überzeichnet sowie Kontroversen und Fehler ausgeschlossen werden. Vor dem Hintergrund der Betonung der sozialen Konstruiertheit wissenschaftlichen Wissens ist für die Rolle von Expert*innen in der Öffentlichkeit die Frage entstanden, auf welche Weise Wissen überhaupt noch als legitime Basis für eine Intervention in öffentliche Angelegenheiten gelten darf. Prinzipiell schuf die Deutung von Wissenschaft als soziale Aktivität also ein Legitimationsproblem.[3] Die Profanisierung von Wissensbeständen bereuten die Forscher*innen vor allem nach den berühmten „Science Wars" in den 1990er Jahre. In Zeiten schwindender Wissenschaftsgläubigkeit nimmt die strategische Dogmatisierung nach außen zu. Shapin und Schaffer (1985) haben gezeigt, wie sich dargestellte Fakten in der Öffentlichkeit verselbstständigen und unveränderbar werden. Im Kontext einer digitalen Gesellschaft tritt diese Verselbstständigung von Wissen und Unwissen in verstärkter Form auf. Dies passiert nicht nur, weil Inhalte ‚viral werden' (d. h., sich im Internet verbreiten) können, sondern auch, weil die Weitergabe von Informationen teilweise völlig unkontrolliert passiert. Die öffentliche Darbietung von Wissen hat demnach eine große Wirkmächtigkeit.[4] Das Problem ist folglich, dass viele Menschen vergessen, dass die soziale Welt, ihr Wissen und ihre Technologien von Menschen gemacht wurden.

Seit den Wahlen in den USA im November 2016 hat sich Latours (2003) Befürchtung bewahrheitet, dass ein massenhafter Zweifel an wissenschaftlichen Erkenntnissen dazu führt, dass diese zu Ideologien erklärt werden.[5] Gegenwärtig glauben

---

2   „Beruht interner Erfolg auf der Demontage der Halbgötter in Weiß, so beruht ihr externer Erfolg gerade umgekehrt auf der gezielten Herstellung, Beweihräucherung, verbissenen Verteidigung ihrer Unfehlbarkeitsansprüche gegen alle Verdachte irrationaler Kritik" (Beck und Beck-Gernsheim 1994, S. 267).

3   Fundamentalistische Christ*innen in den USA argumentieren Beispielsweise folgendermaßen: Wenn die Wissenschaft von Menschen gemacht ist, dann ist dieses Wissen weniger bedeutsam als das von Gott gemachte aus der Bibel.

4   Ähnlich haben bereits Berger und Luckmann (in Anschluss an Marx) das Phänomen der Verdinglichung beschrieben: „Reification implies that man is capable of forgetting his own authorship of the human world, and further that the dialectic between man, the producer, and his products is lost to consciousness. The reified world is, by definition, a dehumanized world. It is experienced by man as a strange facticity [...]" (Berger und Luckmann 1967, S. 89).

5   In dem Aufsatz „Why has Critique Run out of Steam?" aus dem Jahr 2003 äußerte Bruno Latour Bedenken hinsichtlich der Wirkung und Angemessenheit von sozialkonstruktivistischer Kritik. In diesem Zusammenhang warf er die Frage auf, ob die Gefahr heute womöglich nicht mehr von ideologischen Argumenten drohe, die als Tatsachen verkleidet

viele Personen, die nicht Teil des Wissenschaftssystems sind, nicht mehr an die Wissenschaft. Das Vertrauen in die Wissenschaft nimmt ab (Peters 2015). Dieser Rückgang des Vertrauens hat sicherlich auch etwas mit dem Bedeutungszuwachs sozialer Medien zu tun und dem gleichzeitigen Verschwinden der vertrauenswürdigen Gatekeeper, die in der Vergangenheit die Aufgabe der Qualitätskontrolle übernahmen (Weingart und Guenther 2016, S. 8). Sogenannte „alternative Fakten", die über soziale Medien oder von Privatsendern verbreitet werden, verselbstständigen sich zumeist, sobald sie kommuniziert wurden. Dadurch liegt in ihnen das Potenzial, zu alternativen Wahrnehmungen von Wirklichkeiten zu führen. Einige Politiker*innen destabilisieren die Institution Wissenschaft heute bewusst und stellen ihre Glaubwürdigkeit in Frage.

Um die jüngeren Entwicklungen der Kommunikation von Wissenschaft in der Öffentlichkeit zu verstehen, lohnt sich ein kurzer Blick in die Vergangenheit. Die Geschichte der Wissenschaftspopularisierung ist eng verknüpft mit der Entstehung und dem Zerfall einer bürgerlichen Öffentlichkeit. Mit strukturellen Veränderungen der Wissenschaft gegen Ende des 18. Jahrhunderts verändert sich deren Rolle. Wie Habermas in „Strukturwandel der Öffentlichkeit" (1990) beschreibt, entstand der Typus der bürgerlichen Öffentlichkeit im historischen Kontext der französischen, englischen und deutschen Entwicklungen im 18. und frühen 19. Jahrhundert (für eine detailliertere Beschreibung siehe Hill 2015, 2019). Diese bürgerliche und literarische Öffentlichkeit zerfiel laut Habermas im späten 19. Jahrhundert durch ein Verwischen der Trennungen von Staat und Gesellschaft sowie Öffentlichkeit und Privatheit. Die Zugangskriterien zu Kulturgütern wurden, laut Habermas, in einem ersten Schritt der Kommerzialisierung durch ein Absenken der ökonomischen Schwellen erleichtert; die psychologische Schwelle blieb zunächst jedoch bestehen. Der Siegeszug der Kulturindustrie führte jedoch zu einer zweiten Phase der Kommerzialisierung von Kulturgütern, in der auch der Inhalt niedrigschwelliger wurde. Nach dem Ersten Weltkrieg setzte sich in der Wissenschaft das Bild einer Öffentlichkeit durch, der die Fähigkeit, wissenschaftliche Erkenntnisse zu verstehen, abgesprochen wurde (vgl. Weingart 2005, S. 19). Die Entmündigung der Öffentlichkeit und das Verschwinden eines nicht akademischen Publikums aus akademischen Räumen geschahen folglich erst im 20. Jahrhundert. Das Bild eines unwissenden und wissenschaftlich ungebildeten öffentlichen Publikums wurde vor allem ab den 1920er und 1930er Jahren vorherrschend. Habermas (1990) beschreibt die darauffolgende post-bürgerliche Öffentlichkeit der Massenmedien als inszeniert, einseitig, unkritisch und undemokratisch. Vor allem, weil sich im

---

seien, sondern umgekehrt: von einem „exzessiven Misstrauen" gegenüber Tatsachen, die zu Unrecht für ideologische Argumente gehalten würden (vgl. Latour 2003, S. 231).

pseudo-öffentlichen Bereich der Massenmedien keine allgemeinen Räsonnements über kulturelle Themen fanden, kommt Habermas zu dem traurigen Schluss: „[…] der Resonanzboden einer zum öffentlichen Gebrauch des Verstandes erzogenen Bildungsschicht ist zersprungen" (1990, S. 266).

Nancy Fraser (1992) kritisierte Habermas' Konzept der bürgerlichen Öffentlichkeit im Nachgang dafür, dass es die falsche Idee einer singulären Sphäre der Öffentlichkeit hervorgebracht hat und dabei die sozialen Verhältnisse der Vergangenheit verfälschend idealisierte. Habermas habe dadurch selbst zu der Illusion eines freien und gleichen öffentlichen Diskurses mit offenem Zugang in der Vergangenheit beigetragen. Da jedoch die Exklusion von Klassen, Geschlechtern und alternativer Öffentlichkeit für diese bürgerliche Öffentlichkeit konstitutiv war, sei diese Perspektive unhaltbar. Habermas' bürgerliche Öffentlichkeit ist aus Frasers Perspektive also nicht nur eine idealisierte Utopie, sondern auch ein männlich dominiertes ideologisches Konzept, welches vor allem die Machtposition männlicher, weißer Herrschaft legitimierte. Sie schlägt deswegen ein alternatives post-bürgerliches Konzept von Öffentlichkeit vor. Mit dem Begriff der „subaltern counterpublics", will sie einen alternativen öffentlichen Raum aufmachen, der auch marginalisierten Mitgliedern einer Gesellschaft die Möglichkeit gibt, einen Ausdruck in der Öffentlichkeit zu finden und sich so von patriarchalen Hegemonien abgrenzt.[6]

In meiner Arbeit verwende ich den Begriff der Öffentlichkeit in diesem post-bürgerlichen Zusammenhang. In diesem Kontext ist es spannend, sich neuere Formate der Wissenschaftskommunikation, wie den Science-Slam, anzuschauen. Wissenschaftler*innen sind sicher nicht die marginalisierte Gruppe, denen Fraser eine Stimme im öffentlichen Diskurs einräumen will. Jedoch ließe sich mit Fraser fragen, ob durch den Versuch, alternative wissenschaftliche Kommunikationsformate in die Welt zu bringen, andere Stimmen Gehör finden.

Der Science-Slam wurde 2006 in Darmstadt gegründet. Der Psychologe Alexander Deppert, der die Idee zu dieser Veranstaltungsform hatte, orientierte sich bei der Konzeption am Poetry-Slam und den Erkenntnissen seiner Dissertation über die Verständlichkeit wissenschaftlicher Texte (vgl. Deppert 2001; siehe auch den Beitrag von Dreppec in diesem Band). Sein Ziel war es, wissenschaftliche Kommunikationsweisen zu verändern. Der Science-Slam entwickelte sich demzufolge am institutionellen Rand der Wissenschaft und stellt durch seine innovative Rahmung

---

6   "Public spheres are not only arenas for the formation of discursive opinion; in addition, they are arenas for the formation and enactment of social identities. This means that participation is not simply a matter of being able to state propositional contents that are neutral with respect to form of expression. Rather…participation means being able to speak in one's own voice, and thereby simultaneously to construct and express one's own cultural identity through idiom and style." (Fraser 1992, S. 166)

eine besondere Herausforderung für Forschende dar, sich erfolgreich öffentlich
zu inszenieren. Im Programm des Science-Slams treten Nachwuchswissenschaftler*innen aller Disziplinen in Kurzvorträgen gegeneinander an. Nachdem 2007
das Haus der Wissenschaft in Braunschweig das Format aufgriff, verbreitete sich
die Veranstaltung im gesamten Bundesgebiet. Science Slammer*innen adressieren
ein breites Publikum und bedienen sich neben dem Poetry-Slam auch anderer Un-
terhaltungsformate, mit dem Ziel, ihren wissenschaftlichen Vortrag verständlich
und unterhaltsam zu präsentieren. Wissenschaftler*innen im Science-Slam wollen
nicht nur gesellschaftliche Probleme lösen oder von neuer Forschung berichten,
sondern auch auf performativer Ebene einen Unterschied zu ‚typischen Wissenschaftler*innen' (Persona) und dem typischen Wissenschaftsvortrag machen.
Schon seit der Gründung der Veranstaltung ist ein Ziel, eine diverse Bandbreite von
Forschenden auf die Bühne zu holen. Im ersten Zeitungsartikel über einen Science-Slam in Darmstadt berichtet ein Journalist, dass Naturwissenschaftler*innen
und Ingenieur*innen bisher noch nicht teilgenommen hätten. Diese Gruppen von
Forschenden wurden damals gezielt dazu aufgerufen, teilzunehmen. Im Jahr 2016
war der Großteil der auftretenden Forscher*innen aus dem naturwissenschaftlichen
Feld.[7] Im Unterschied dazu scheinen Geisteswissenschaften und Sozialwissenschaften keinen Erfolg bei Science-Slams zu haben. Obwohl der Science-Slam, ähnlich
Frasers Idee der ‚subaltern counterpublics', eine gewisse Diversität und Andersartigkeit öffentlicher Kommunikation fördern will, finden sich darin klassische Züge
der patriarchalen hegemonialen Ordnung der Gesellschaft (Hill im Erscheinen).[8]

---

7   Die meisten der erfolgreichen Slammer*innen kommen aus dem Bereich der Naturwis-
    senschaften (fast die Hälfte), die zweite sehr erfolgreiche Gruppe sind die Formalwissen-
    schaften (Informatik/ Mathematik) (ein Viertel) und auch angewandte Wissenschaften
    und Humanwissenschaften sind recht erfolgreich.

8   Meine empirischen Beobachtungen zeigen, dass der Science-Slam zwar zahlreiche
    alternative Repräsentationen für männliche Wissenschaftler fördert, Frauen jedoch
    im Hintergrund und unsichtbar bleiben. In erfolgreichen Science-Slams werden Frau-
    en häufig als Objekt der Begierde, hart arbeitende Assistentin, Tanten, Mütter oder
    Großmütter präsentiert. Auch wenn Beispiele wie Giulia Enders „Darm mit Charme"
    neue wissenschaftliche Frauenbilder fördern, repräsentiert der Science-Slam in seiner
    Gesamtheit immer noch ein problematisches Verhältnis der Wissenschaftskommuni-
    kation zu Gender- und Diversityaspekten (im Speziellen in den Naturwissenschaften,
    angewandten Wissenschaften und Gesundheitswissenschaften). Oft beinhalten Scien-
    ce-Slam-Vorträge problematische Verweise auf Minderheiten, in denen sich über diese
    lustig gemacht wird (z.B. Mehrgewichtige, Schwarze mit angeblich kleinem Gehirn,
    Frauen der Arbeiterklasse in einer Frittenbude oder alte Menschen).

2 Der Science-Slam als empirisches Feld

Im Rahmen meines Promotionsprojektes „Slamming Science. The New Art Of Old Public Science Communication" habe ich mich mit dem Thema Science-Slam auseinandergesetzt. Meine Forschungsfrage war dabei: „Wie und warum in einem komplexen und unsicheren Verhältnis von Wissenschaft und Öffentlichkeit eine bestimmte Form des kommunikativen Handelns (Science Slam) entsteht? Was in diesen Kontexten als legitim und hochwertig angesehen wird?". Durch ethnographische Studien, Interviews und Videoanalysen gewann ich einen Einblick in die kommunikativen Praktiken von öffentlichen Wissenschaftler*innen in Science-Slams.[9] Meine Dissertation schließt vornehmlich an drei Forschungsperspektiven an: Aus der Perspektive der Wissenschaftssoziologie betrachtet sie öffentliche Wissenschaftskommunikation aus Perspektive des Kommunikativen Konstruktivismus (Keller et al. 2013). Science-Slams vollziehen sich in der Theoriesprache dieses Ansatzes in einem triadischen Verhältnis zwischen Vortragenden, dem Publikum und den Objektivationen[10], welche diese hervorbringen. Im Kontext der Wissenssoziologie illustriert meine Arbeit die Gattungsstruktur (vgl. Luckmann 1986; Günthner und Knoblauch 1994; Knoblauch 2007) des Science-Slams.[11] Als

---

9   Meine Untersuchung des Science-Slams stützt sich auf die Analyse von mehr als 10 Stunden Interviewmaterial mit Science-Slam-Organisator*innen (10), zahlreichen Erfahrungen aus fokussiert ethnographischen Beobachtungen (20), einer Analyse von Science-Slam-Webseiten (14) und einer Analyse der Merkmale erfolgreicher Science Slammer*innen (19). Zudem analysierte ich die zehn erfolgreichsten Science-Slams mit der Methode der Videoanalyse.

10 "The process by which the externalized products of human activity attain the character of objectivity is objectivation. [...] In other words, despite the objectivity that marks the social world in human experience, it does not thereby acquire an ontological status apart from the human activity that produces it. The paradox that man is capable of producing a world that he then experiences as something other than a human product will concern us later on. (vgl. Berger und Luckmann 1967, S. 60).
Objektivationen sind das Dritte in der Konstellation zwischen Subjekt und Anderen. Objektivationen werden nach Knoblauch aber nochmal von Objektivierungen unterschieden (siehe hierzu Knoblauch 2017, S. 163).

11 Meine Forschung veranschaulicht hier, wie neue kommunikative Gattungen aus kommunikativem Handeln entstehen und wie sie sich im Laufe der Zeit wandeln (vgl. Yates und Orlikowski 1992; Byers und Mead 1965). Ich zeige auf, wie sich mithilfe der Perspektiverweiterung des Kommunikativen Konstruktivismus Institutionalisierungsprozesse von Kommunikation besser verstehen lassen. Als Erweiterung etablierter Gattungsstudien, die sich vor allem auf Sprache beziehen, wird in meiner Arbeit eine Ausweitung auf die kommunikative Konstruktion vorgenommen. Performative Prozesse kommen dadurch besser in den Blick. Die erweiterte Perspektive auf Kommunikation schließt

dritte Forschungsperspektive schließt meine Arbeit an die Innovationsforschung (vgl. Hutter et al. 2011) an und zeigt, wie wichtig kommunikative Prozesse bei der sozialen Hervorbringung neuer Kommunikationsformen sind.

Meine Dissertation verdeutlicht in ihrem theoretischen und methodischen Rahmen (Hill 2019), dass sich Wissen über Kommunikation auf eine spezifische Weise verfestigt. Eines der Ziele meiner Arbeit ist es, die Muster dieser institutionalisierten Kommunikation im Science-Slam nachzuzeichnen. Angelehnt an die Gattungsanalyse (Günthner und Knoblauch 1994) habe ich analysiert, wie Akteur*innen im Science-Slam miteinander kommunizieren und wie die Rahmenbedingungen dieser Kommunikation aussehen. Dabei steht zum einen die äußere Struktur dieser Kommunikation (institutioneller Kontext und soziale Strukturen) im Zentrum meiner Analyse. Diese externe Struktur des Science-Slams wurde über Interviews und Ethnographien erschlossen. Zum anderen wurden interne Strukturen (wie Sprache, handlungsleitende Motive und Medien) analysiert. Vor allem aber steht die situative Realisierung, mit ihrer spezifischen Performanz im Kontakt mit dem Publikum (sowie Gesten, Ausdrücke und interaktive Rituale), im Zentrum. Die interne Struktur und die situative Realisierung der Slams habe ich mit Hilfe von Videoanalysen untersucht. In diesem Abschnitt werden die Ergebnisse dieser Untersuchung kurz vorgestellt.

2.1   Die äußere Struktur des Science-Slams

Organisator*innen

Die Organisator*innen können grob unterteilt werden in Wissenschafts-Aussteiger*innen, die ein eigenes Geschäftsmodell verwirklichen wollten, und Wissenschaftskommunikator*innen, die für eine Organisation arbeiten. Alle Organisator*innen, die ich traf, hatten eine akademische Ausbildung.[12] Einige der Organisator*innen, die ich als Wissenschaftsaussteiger*innen bezeichne, erzählten mir, dass sie erst als wissenschaftliche Mitarbeiter*innen an Forschungseinrichtungen, Universitäten, oder beim Parlament arbeiteten, bevor sie sich entschieden, einen Science-Slam zu gründen. Einige Organisator*innen stilisieren sich dabei selbst als

---

Sprache zwar mit ein, fokussiert empirisch aber vor allem das triadische Verhältnis von verkörperten Subjekten, deren Beziehung zu Anderen und Objektivationen (Knoblauch 2017).

12   Ihre Ausbildungen umfassten eine weite Spanne von Germanistik, Kulturwissenschaften, Theaterwissenschaften, Politik über Management, Architektur, Physik, Biologie, bis hin zu Technischen Umweltschutz.

moderne Entrepreneure. Die meisten von ihnen betonen jedoch in Interviews den mangelnden wirtschaftlichen Erfolg und erklären, dass sie ihren Lebensunterhalt nicht allein durch die Organisation der Veranstaltung bestreiten könnten.[13] Die andere Gruppe der Wissenschaftskommunikator*innen begann direkt nach dem Studium mit einem klassischen Job in der Wissenschaftskommunikation. Viele dieser Organisator*innen hatten Erfahrungen mit Beratung oder Öffentlichkeitsarbeit, bevor sie mit dem Science-Slam begannen. Unter den Organisator*innen besteht ein relativ ausgewogenes Geschlechterverhältnis. Im Altersdurchschnitt waren die meisten Organisator*innen zum Zeitpunkt meiner Erhebung zwischen 30 und 40 Jahre alt. Die Besucher*innen des Science-Slams werden von den Veranstalter*innen als jung, gebildet und engagiert charakterisiert (vgl. hierzu auch den Beitrag von Niemann et al. in diesem Band). Eine Organisatorin ging daher soweit, das Publikum als „Gentrifizierungs-Publikum" zu bezeichnen.[14]

Personen- und Rollenerwartungen

Im Science-Slam gibt es spezifische Personen- und Rollenerwartungen. Eine dieser Erwartungen bezieht sich auf den Bildungshintergrund der Vortragenden. Zu Beginn mussten die Teilnehmer*innen des Science-Slams nicht unbedingt Wissenschaftler*innen sein oder ihr eigenes Wissen präsentieren.[15] Schaut man sich die Beschreibung der Eigenschaften von Science Slammer*innen auf den Science-Slam-Webseiten zum Zeitpunkt meiner Erhebung an, so zeichnet sich ein anderes Bild. Im Laufe der Zeit scheint es wichtiger geworden zu sein, dass Personen, die bei dem Science-Slam auftreten, forschend tätig sind. Studierende,

---

13 Die finanziellen Quellen des Science-Slams sind vielfältig. Die Veranstalter*innen bieten häufig Science-Slam-Seminare, Kommunikationstrainings an Universitäten oder Workshops der kreativen Wissenschaftskommunikation an. Einige Organisatorinnen betonten in Interviews, dass Science-Slams sich nicht ohne finanzielle Unterstützung durch Sponsoren realisieren lassen würden. Organisator*innen werden einerseits bei Konferenzen, von Museen oder staatlichen Institutionen angefragt. Eine zweite häufig beschriebene Geldquelle entsteht durch langfristige Sponsoren (z. B. lokale Kommunen, Universitäten, Banken, Versicherungen und Magazine). In Interviews entsteht ein mehrdeutiges Bild in Bezug auf die Lukrativität des Science-Slams.

14 Soziologisch übersetzt könnte man dieses Milieu mit Schulze (1992) als „Selbstverwirklichungsmilieu" bezeichnen, das aufgrund seiner höheren Bildung und seinem jungen Alter, als zentrales Ziel die Selbstverwirklichung anstrebt.

15 Vortragende wurden aus dem Freundeskreis rekrutiert oder Poetry Slammer*innen mit akademischem Hintergrund angefragt. Doch auch extrovertierte Menschen, die Alexander Deppert kannte, wurden überredet am Slam teilzunehmen. Zu Beginn war der Gründer des Slams noch glücklich über jede*n, die/der sich bereit erklärte, auf der Bühne zu stehen.

Promovierende und andere Wissenschaftler*innen werden dazu aufgerufen, teilzunehmen. Sie dürfen sowohl Seminararbeiten, Bachelorarbeiten, Masterarbeiten, Magisterarbeiten, Diplomarbeiten als auch Dissertationen präsentieren. Einige Veranstaltungen zeigen sich etwas offener bei der Suche nach Vortragenden und laden auch „Expert*innen des Alltags", „kreative Denker*innen" und Professor*innen zur Teilnahme ein. Eine weitere wichtige Eigenschaft scheint das Alter der Vortragenden zu sein. Science Slammer*innen der ersten Generation waren recht alt, wenn man sie mit den heutigen Nachwuchswissenschaftler*innen vergleicht. Viele Organisator*innen verstehen ihr Event inzwischen als Förderung des Nachwuchses. Als Rollenerwartung an diese Teilnehmer*innen lässt sich festhalten, dass in den Interviews viele Organisator*innen gute Slammer*innen als kommunikative Wissenschaftler*innen mit eigener Forschung und kreativen und künstlerischen Fähigkeiten charakterisierten.

Erfolgreiche Slammer*innen

In meinem Forschungsprozess habe ich Daten über erfolgreiche Science Slammer*innen gesammelt.[16] Schauen wir uns die erfolgreichsten Slammer*innen an, so stechen einige Merkmale heraus. Das Durchschnittsalter der erfolgreichen Science-Slam-Teilnehmer*innen lag zum Zeitpunkt meiner Erhebung bei ca. 33,5 Jahren. Erfolgreiche Teilnehmer*innen hatten tendenziell höhere Bildungsabschlüsse (z. B. Promovierende). In Interviews wurde moniert, dass schon von Beginn an das Geschlechterverhältnis der vortragenden Forschenden nicht ausgeglichen war. Nur vergleichsweise wenige Frauen fanden es demnach reizvoll, bei einem Science-Slam aufzutreten. Von den erfolgreichsten Teilnehmer*innen zum Zeitpunkt meiner Erhebung waren nur zwei von 19 weiblich. Diese beiden weiblichen Wissenschaftlerinnen waren jedoch nicht als umherreisende Wanderrednerinnen erfolgreich (sie traten nur bei einigen wenigen Science-Slams auf), sondern vor allem bei YouTube.[17] Auch in den Interviews mit den Organisator*innen wurde es immer wieder als Problem benannt, dass mehr Männer als Frauen auf die Bühnen treten. So ist es in machen der Veranstaltungen schon zu einem rituellen Akt geworden,

---

16 Um ihre Merkmale zu charakterisieren, schaute ich mir die zehn erfolgreichsten Science-Slams im situierten Setting (also nicht im Netz) der Veranstaltung an, die zehn erfolgreichsten Science-Slams bei YouTube und vier der Gewinner der deutschen Meisterschaft. Von den zehn erfolgreichsten Science-Slam-Präsentationen in meinem Erhebungszeitraum fertigte ich Videoanalysen an.

17 Eine der beiden erfolgreichen weiblichen Teilnehmerinnen ist Giulia Enders. Neben ihrem YouTube-Erfolg im Science-Slam hat sie auch einen populärwissenschaftlichen Bestseller über den Darm geschrieben und war daraufhin auch in Funk und Fernsehen erfolgreich.

die Teilnahme von Frauen kommunikativ einzufordern. In den letzten Jahren hat sich das Geschlechterverhältnis deutlich verbessert, die Deutsche Meisterschaft 2014 hatte einen Frauenanteil von 50 %.

Veranstaltungsorte

Heute gibt es eine Vielzahl von Slams in Universitäten, in Unternehmen, in Schulen, im TV und auf Kongressen. Slams des Wissenschaftszentrums in Berlin oder der IdeenExpo können als Indikatoren verstanden werden, dass sich ein außeruniversitärer Event einen Weg zurück in einen eher institutionellen Kontext gesucht hat. Die Orte, an denen Science-Slams stattfinden, sind sehr unterschiedlich. Zumeist finden die Veranstaltungen unter der Woche am Abend statt. Wissenschaftszentren, Theater, Rockkneipen und Jazzclubs sind typische Veranstaltungsorte. Eine neuere Entwicklung ist, dass Science-Slams vermehrt in Universitäten stattfinden, doch die meisten der Orte, an denen Science-Slams stattfinden, sind nicht wissenschaftsbezogen.

Die Innenarchitektur der Veranstaltungsorte ist ähnlich wie bei Poetry-Slams und Konzerten. Die Vortragenden stehen zumeist etwas erhöht vor einem (zumindest in den ersten Reihen) sitzenden Publikum. Die Anordnung der Sitzreihen, die Position des Videoprojektors und der Sprechenden gleichen fast einer Power-Point-Präsentation an der Uni.

Viele dieser Veranstaltungsorte kennzeichnet ein verlebter Charme der Räumlichkeiten. Zum Setting gehören weitere Eindrücke: Zum Beispiel ertönt zumeist laute jugendliche Musik und ein Duft von Alkohol liegt in der Luft.[18] Sowohl im Publikum als auch auf der Bühne wird getrunken (auch selbstgedrehte Zigaretten sieht man häufig). Zusammenfassend kann man sagen, dass Science-Slams häufig an überfüllten, verlebten Orten stattfinden, die finanziell niedrige Zugangsvoraussetzungen haben und an denen eine informelle Atmosphäre herrscht. Außerdem ist eine Orientierung auf Technologie (Laptops, Videoprojektionen und Smartphones) und eine lustige bis alberne kommunikative Grundstimmung zu beobachten.

Regeln des Science-Slams

Auch die Regeln des Science-Slams können als Teil der äußeren Struktur des Science-Slam beschrieben werden. Der Gesamtevent ist in der Regel zwei bis drei

---

18 Alkohol ist generell ein wichtiger Bestandteil der Veranstaltung. Häufig gibt es zwischen Organisator*innen und Eigentümer*innen der Veranstaltungsorte die Vereinbarung, dass die Miete für den Ort recht günstig bleibt, dafür aber das Geld, was an der Bar verdient wird, bei den Eigentümer*innen bleibt. Die Pause der Veranstaltung ist dazu gedacht, Getränke zu kaufen.

Stunden lang. Typischerweise gibt es eine Pause nach der Hälfte der Präsentationen. Die zeitliche Beschränkung der Vorträge spielt dabei eine große Rolle. Als der Science-Slam 2006 gegründet wurde, durften die Vorträge 15 Minuten lang sein. Heute gehört zu den festen Regeln der Gattung, dass Vorträge nur zehn Minuten dauern dürfen. Die Abstimmung des Publikums zur Bewertung des Vortrags kennt hauptsächlich zwei unterschiedliche Wertungsprinzipien. Zum einen das Abstimmen über die Lautstärke des Applauses, zum anderen das Abstimmen in zehn Bewertungsgrüppchen aus dem Publikum mit Bewertungskarten.

2.2   Die innere Struktur des Science-Slams

Sprache

Die innere Struktur des Science-Slams kennzeichnet sich durch einige sprachliche und mediale Charakteristika. Größtenteils versuchen Redner*innen im Science-Slam Fachsprache zu vermeiden und bemühen sich, Alltagssprache zu verwenden. Es gibt eine leichte Tendenz dazu, Slang und Anglizismen zu verwenden (Hill 2019, S. 217). Einige Slammer*innen sprechen das Publikum informell mit ‚du/ihr' an, während andere ihre Ansprache etwas höflicher wählen. Im Science-Slam kommt es anscheinend gut an, einen Dialekt oder Akzent zu haben. Die meisten der erfolgreichen Slammer*innen haben einen leichten Dialekt (aus dem süddeutschen, westdeutschen oder norddeutschen Raum) und betonen diesen Dialekt in den Präsentationen. Die meisten Slammer*innen sprechen auf der Bühne sehr schnell und in einem kontinuierlichen Redefluss. Eine typische Charakteristik der Semantik von Science Slammer*innen ist der Code-wechsel (code switchig) (Hill 2019, S. 217). Sie wechseln regelmäßig von Fachsprache zu Alltagssprache und von Alltagssprache zu Fachsprache.

Motive

Ziel der Organisator*innen ist es, Probleme der Wissensvermittlung, Lokalisierung von Wissen, Legitimation gegenüber der Öffentlichkeit und Probleme der Übersetzung sowie Erfahrbarkeit von Wissenschaft zu lösen. Sie versuchen damit bewusst, sich vom alltäglichen Wissenschaftsbetrieb abzusetzen und die Erfordernisse der Kommunikation mit einem Laien-Publikum zu betonen. In diesem Sinne dient der Science-Slam als Kritik an wissenschaftlichen Darstellungs- und Kommunikationsformen. Er betont Vermittlungs- und Legitimationsprobleme der Wissenschaft und versucht, Antworten darauf zu finden. Tabelle 1 stellt die in den Interviews hervorgehobene Problemwahrnehmung der Organisator*innen dar.

Tab. 1 Problemwahrnemung der Organisator*innen von Science-Slams

Thema	Problemwahrnehmung der Organisator*innen
Wissenschafts-kommunikation	Wissenschaftskommunikation wird als wichtig angesehen. Organisator*innen bemängelten, dass Universitäten nicht hinreichend für die Kommunikation ausbilden und dass Wissenschaftler*innen in diesem Bereich wenig Kompetenz haben. Der Druck, mit Drittmittelgeber*innen zu reden, erhöht den Druck auf Wissenschaftler*innen ihre kommunikativen Fähigkeiten zu verbessern.
Übersetzung: Wissenschaft in Unterhaltung übersetzen	Betont wird die Forderung der Übersetzung von Wissenschaft in Unterhaltung. Einer der Gründe für den Besuch des Science-Slams ist demnach, dass das Publikum durch wissenschaftliche Themen unterhalten werden möchte. Die Übersetzung wird dabei als nötiger Schritt beschrieben, um dieses Ziel zu erreichen.
Wissensplatzierung: regionales Wissen	Der Science-Slam wird als etwas gesehen, das lokale kommunikative Infrastruktur fördert. Das Wissen, welches in Science-Slams präsentiert wird, wird oft in einen regionalen Bezug zum Veranstaltungsort oder zur Wissensproduktionsstätte gesetzt.
Legitimität in der Öffentlichkeit (Bringschuld)	Organisator*innen beobachten Legitimationszwänge für Wissenschaftler*innen und unterstützen diese aufgrund der Steuerfinanzierung von Forschung. Wissenschaftler*innen werden dazu aufgefordert, eine Reflexivität im Hinblick auf ihre Öffentlichkeitsrelevanz zu entwickeln. Es wird eine Pflicht auf Seite der Wissenschaftler*innen beschrieben, öffentlich über ihre Forschung zu kommunizieren, aber auch eine Pflicht auf Seite der Bürger*innen, sich über Forschung zu informieren.
Erlebnis als Produkt	Die Erfahrungen des Auftritts werden als Ertrag der Slammer*innen für die Teilnahme gesehen. Vor allem aber die Erfahrungen des Publikums stehen im Vordergrund. Vortragende sollen eine emotionale Beziehung zum Publikum aufbauen.
Ermächtigung des Publikums (durch Abstimmung)	Die Abstimmungsmöglichkeit des Publikums wird von Organisator*innen als Akt der Ermächtigung gesehen.
Lernen: „sciencetainment"	Das Publikum nimmt durch „sciencetainment", so glauben die Organisator*innen, unbemerkt Wissen auf. Ein expliziter Bildungsauftrag wird jedoch nicht verfolgt, sondern eher als freiwilliges Nebenprodukt gesehen.
Wettbewerb (als Anreiz)	Viele Organisator*innen sind der Meinung, dass der Slam ohne den Wettbewerbscharakter nicht funktioniert. Er motiviert ihrer Meinung nach Slammer*innen zu höheren Leistungen und animiert das Publikum zur Teilnahme.

Plattform für Neuheit: Neue Forschung/ Neue Vortragsweisen	Organisator*innen fordern neues Wissen und neue Darstellungsweisen ein.
Interdisziplinäre Kommunikation	Der Science-Slam wird nicht nur als Möglichkeit der Expert*innenLaien Kommunikation gesehen, sondern auch als Weg für einen interdisziplinären Austausch.

Medien

Grundsätzlich ist das Science-Slam-Setting multimedial ausgerichtet. Präsentationssoftware, ein Mikrophon, ein Laserpointer, eine Fernbedienung, Scheinwerfer und Kameras sind Teil des sozio-technischen Arrangements. Es gibt zumeist eine Projektion des Videoprojektors in der Mitte der Bühne, neben der seitlich die Sprecher*innen stehen. Durch das technische Setting der Vorträge können die Vorträge als Ko-produkt einer Interaktion zwischen Präsentierenden und einer maschinellen Infrastruktur gesehen werden (Hill 2019, S. 199).

Sinnlich und visuell

In Science-Slams lässt sich eine zunehmende Bedeutung des Sinnlichen und Visuellen für die Kommunikation von Wissenschaft beobachten. Der Gründer der Science-Slams begann das Format in Abgrenzung zur typischen Konferenz, basierend auf visuellen Anzeichen der Andersartigkeit des kommunikativen Handels. Neben einer informellen Kleiderordnung (es sollten keine Anzüge getragen werden) wollte er dafür untypische Elemente (wie Bier und eine verstreute Sitzanordnung) kombinieren. Im Laufe der Jahre wurden Visualisierungen wichtiger. In diesem Sinne wurde die audiovisuelle Präsentation von wissenschaftlichen Erkenntnissen buchstäblich versinnbildlicht. Die gesamte Veranstaltung fokussierte sich im Laufe der Jahre auf PowerPoint-Folien und Visualisierungen. Alltägliche Bilder übersteigen dabei in der Anzahl wissenschaftliche Bilder (Hill 2019, S. 211). Heute fordern Organisator*innen ihre Teilnehmer*innen dazu auf, „lustige kleine Fotos" zu zeigen oder auch andere sprachliche Pointen zu setzen.[19] Slammer*innen verwenden Bilder der Bildersuche von Google, um ihre Präsentationen vorzubereiten und ihr Thema zu veranschaulichen. Im Jahr 2011 wurden ein paar Slammer*innen

---

19 Durch die Dominanz des Visuellen ändert sich auch die typische Interaktionsordnung von Vorträgen (vgl. Goffman 1981). Das Publikum fühlt sich ermutigt, die Sprecher*innen zu unterbrechen, sobald diese die Sicht auf die Folien verdecken. Diese neue Interaktionsordnung weicht von dem traditionellen tiefen Respekt für die Sprecher*innen ab.

mit gut illustrierten Science-Slam-Präsentationen im Comic-Stil bekannt.[20] Durch die zunehmenden Möglichkeiten neuer Präsentations-Software und mit Hilfe von visuellen Expert*innen kam es im Science-Slam zu einer breiten Aufnahme visueller Mittel.[21] Im Science-Slam sind Vortragende von Bildern des Alltags (populäre Filme, TV, Comics, Sport, Lebensmittel, Politiker, Kinderbilder, Internetbilder, Tiere oder Darstellungen der Kirche) umgeben. Aber Slammer*innen sind auch von ihren eigenen Erfindungen, wissenschaftlichen Bildern und ihren Kolleg*innen oder Arbeitsstätten umringt. Die Wissenschaftskommunikation hat auf diese Weise ein ganz neues Arsenal an Visualisierungen für sich erschlossen.

2.3   Die situative Realisierung des Science-Slams

Science-Slam ist eine humoristische Form der Wissenschaftskommunikation (Hill 2019, S. 202). Die Emotionen und der Ausdruck des Publikums sind Teil des interaktiven Austauschs. Die Sprecher*innen präsentieren sich zumeist als witzige Menschen und lassen in den Vorträgen Freiräume für Lacher und Applaus des Publikums. Vorträge des Science-Slams sind Prozesse in einem triadischen Verhältnis zwischen Vortragendem, dem Publikum und den Objektivationen, welche diese hervorbringen. Wissenschaftler*innen, die in diesem Genre auftreten, stellen ihren Körper, ihre Körpersprache, ihre Stimme, ihre Kleidung, ihre Attitüde und Gesten als Repräsentant*innen der Wissenschaft bereit (Hill 2019, S. 209).

Orchestrierung

Ein wichtiges Merkmal der Vortragsweisen im Science-Slam ist die Beherrschung einer genauen Taktung (Timing) (Hill 2019, S. 199). Präsentierende im Science-Slam vollziehen eine wohl orchestrierte und organisierte PowerPoint-Präsentation. Sie wissen meist genau, was auf den Folien erscheinen wird und wie das Publikum darauf reagiert. Die Orchestrierung des Zeigens und Erzählens, auch indem Pausen

---

20   Der Doktorand und Cartoon-Zeichner Kai Kühne illustrierte sein Thema der politischen Trends im deutschen Arbeitsrecht. Und auch die Präsentation von Giulia Enders „Darm mit Charm" 2012 war stilbildend. Mit Hilfe ihrer Schwester Jil, einer Kommunikationsdesignerin, veranschaulichte sie die menschliche Verdauung.

21   Heute sind sich die Science-Slam-Organisator*innen über die Auswirkungen von guten Darstellungen bewusst. In Interviews erinnern sie sich mit Begeisterung an Slammer*innen mit optisch herausstechenden Präsentationen. Vor allem bunte Bilder, die das Potenzial haben, Gefühle zu erwecken und das Publikum zu begeistern, werden als klarer Wettbewerbsvorteil beschrieben. Auch Objekte werden häufig mit auf die Bühne gebracht.

für die Publikumsreaktionen gelassen werde, erscheint präzise eingeübt.[22] Seit der Gründung 2006 wurde es zunehmend wichtiger, Präsentationen multimodal in Raum und Zeit zu orchestrieren. Zur Gründung des Science-Slams waren die Vorträge eher papierorientiert als folienorientiert. Es gab einen Overhead-Projektor auf der Bühne und die Leute standen nahe dem Rednerpult. Damals lasen sie häufig vom Papier (Hill 2017). Die Textwiedergabe durch „Talking Heads" (Sprecher*in steht steif am Rednerpult) wurde später durch ein ganzkörperliches kommunikatives Handeln ersetzt (Sprecher*in bewegt sich im Raum und interagiert mit dem Publikum und den Visualisierungen).

Interaktion

Eine weitere typische Charakteristik des Science-Slams ist die zentrale Bedeutung von Interaktion. Science Slammer*innen interagieren, typisch für alle Situationen der Ko-Präsenz, kontinuierlich mit ihrem Publikum. Es lässt sich zusätzlich häufig eine Art geskriptete Interaktion (Hill 2019, S. 195) beobachten, die zumeist Fragen der Sprecher*innen und Antworten des Publikums beinhaltet. Sprecher*innen kommen häufig mit Präsentationen auf die Bühne, in die sie kleine Frage-Antwort-Spiele mit dem Publikum eingebaut haben. Meistens wählen sie dafür Fragen, die nicht allzu schwer sind und eine kurze, vorhersagbare Antwort haben.

Produktions-Ästhetik

Die Organisatoren der Science-Slams favorisieren eine gewisse Produktions-Ästhetik (Hill 2017, S. 180). Es ist ein typisches Genre-Merkmal, dass das Publikum die Vorbereitung der Inszenierung sehen kann.[23] Auf diese Weise versucht der Science-Slam explizit keinen perfekten Stil der Wissenschaftskommunikation zu fabrizieren.[24]

---

22 Die neuen inneren Strukturen und Interaktionsordnungen können dabei zu Situationen führen, in denen sich klassische Machtverhältnisse zwischen Publikum und Sprecher verschieben (Hill 2019, S. 195).

23 Es ist nicht nur sichtbar, wie Slammer*innen ihre eigene Präsentation vorbereiten, sondern auch, wie die Gesamtveranstaltung vorbereitet und durchgeführt wird.

24 Dies zeigt sich auch darin, dass das durchgeführte Coaching der Veranstalter*innen für Slammer*innen nicht darauf ausgelegt ist, Einheitlichkeit herzustellen. Die Gattung des Science-Slams schafft damit einen ganz eigenen Kontext materieller Repräsentation wissenschaftlichen Wissens.

Moderation/ Ablauf

Der Rahmen des Science-Slams wird situativ vor allem durch eine moderierende Person hergestellt, welche die Regeln der Kommunikation bestimmt (Hill 2019, S. 182f.). Typischerweise beginnen die Präsentationen mit einer Eröffnungssequenz (a), in welcher die Moderator*innen die Präsentierenden ankündigen und ein paar Dinge über den institutionellen Hintergrund der Sprecher*innen sagen. Während dieser Anmoderation kommen Slammer*innen typischerweise auf die Bühne und bauen ihre Präsentationen auf. Dann stellen sie sich zumeist noch einmal selbst dem Publikum vor und rahmen ihren Vortrag. In der anschließenden Orientierungssequenz (b) führt die slammende Person zumeist das Phänomen des Interesses ein (einen wissenschaftlichen Ansatz, ein wissenschaftliches Objekt oder ein gesellschaftliches Problem). Diese Sequenz beginnt meist mit einem weiten Fokus und endet mit einer Spezifikation. In dieser Phase des Vortrags präsentieren sich die Slammenden typischerweise als Wissenschaftler*innen und Macher*innen von Wissenschaft. In der anschließenden Lösungssequenz (c) kommt die Präsentation zu einem inhaltlichen Abschluss. In dieser Sequenz wird häufig eine Ambiguität aufgelöst oder die Rolle der Sprechenden geklärt. In diesem Teil wird häufig eine Überraschung eingebaut, die Erstaunen hervorrufen soll. In der abschließenden Evaluationssequenz (d) reflektieren die Vortragenden nochmals über die eigene Forschung. Hier wird oft nochmals das Problem benannt, auf das die Forschung eine Antwort bietet. Typischerweise sind Übersetzungsprozesse Teil dieser Evaluation. In diesem Teil wird oft die generelle Relevanz (wissenschaftlich oder gesellschaftlich) nochmals benannt.

3 Begegnungsorte der digitalen Gesellschaft und Vertrauen

Nachdem ich einige der Ergebnisse meiner Dissertation kurz vorgestellt habe, möchte ich nun orientiert an soziologischer Theorie und meinen Befunden ausführen, inwiefern der Science-Slam als Möglichkeit verstanden werden kann, mehr Vertrauen zwischen Wissenschaft und Öffentlichkeit herzustellen. Wie bereits angedeutet wurde, ist in der ausdifferenzierten Gesellschaft das Verhältnis zwischen Wissenschaft und Öffentlichkeit höchst unsicher geworden (Beck 1986). Für die Wissenschaft sind, bedingt durch die räumliche Distanz und die Wissensbarrieren, mehr Legitimationsprobleme in Face-to-Face-Situationen entstanden. In der jüngeren Geschichte der Wissenschaftskommunikation war es vor allem ein Vertrauen, das über persönliche Kontakte hinausging, welches Vertrauen in die Institution der Wissenschaft geschaffen hat (Weingart und Guenther 2016). Es gibt zwei vorherrschenden Positionen zum gegenwärtigen Verhältnis von Wissenschaft und ihrem derzeitigen Vertrauen in der Öffentlichkeit. Die eine Perspektive geht davon aus, dass die moderne Wissenschaft anonym ist und das Vertrauen in gesichtslose Institutionen die Welt leitet (Luhmann 1989). Die andere kritisiert dies als einseitige Betrachtung und argumentiert, dass nebenbei noch immer das traditionelle Personenvertrauen die Gegenwart bestimmt (Shapin 1994, S. 415). Anstatt davon auszugehen, dass die moderne Wissenschaft anonym ist und System-Vertrauen sowie gesichtslose Institutionen die Welt leiten, argumentiere auch ich auf Grundlage meiner empirischen Ergebnisse gegen eine einseitige Perspektive der Anonymisierung.[25] In Anschluss an Shapin gehe ich davon aus, dass Vertrauen in Systeme durch Kontaktstellen („access points") an Personen geknüpft wird (Hill 2019, S. 43). An diesen Orten interagieren Öffentlichkeiten mit abstrakten Expert*innensystemen. Science-Slams sind damit neue Begegnungsorte der digitalen Gesellschaft.

In Anschluss an Goffmans Auseinandersetzungen mit dem wissenschaftlichen Vortrag argumentiere ich, dass ein Vortrag im Science-Slam mehr ist als nur Textübertragung (vgl. Goffman 1981, S. 186). Was klassischerweise als Schattenspiel oder „noise" der Kommunikation bezeichnet wurde, wird in meiner Arbeit positiv uminterpretiert zur „music of interaction". Wie Goffman richtigerweise betont, ermöglichen Vorträge nicht nur einen Zugang zu den Sprechenden (issue of access), sondern sind auch ein situierter Akt. Wenn man Goffman's (1981) Gedanken über Vorträge auf das Phänomen Science-Slam anwendet, so lässt sich sagen, dass die institutionelle Autorität in diesen Vorträgen hergestellt und zugleich Systemvertrauen generiert wird. Aus dieser Perspektive kann man sagen, dass, wie in anderen Formaten der öffentlichen Wissenschaftskommunikation, Wissenschaft im Science-Slam als Institution dargestellt wird. Wenn der/die Autor*in des Wissens vertrauenswürdig erscheint, legitimiert dies die Autorität der wissenschaftlichen Institution, gleichzeitig ermöglicht die institutionelle Einbindung der Autor*innen einen Vertrauensvorschuss.

Dies lässt sich durch meine empirischen Untersuchungen des Science-Slams verdeutlichen. Im Science-Slam ist zu beobachten, dass die Autor*innen des Wissens in der öffentlichen Kommunikation von Wissenschaft zunehmend wichtiger

---

25 In Anschluss an Giddens Begriff der „access points" hat Shapin gezeigt, dass auch heute noch Muster der traditionellen Vertrautheit und des Personenvertrauens beobachtet werden können (vgl. Shapin 1994, S. 415).

werden (Hill 2019, S. 36).[26] Im Kontext des Science-Slams wird häufig betont, dass das präsentierte Wissen selbst von den Wissenschaftler*innen hervorgebracht sein soll. Dadurch werden die Autor*innen des Wissens und die Eigentümer*innenschaft von Wissen wichtig, ohne dass dabei das Wissen in der wissenschaftlichen Anonymität hinter etablierten „Gott-Tricks" (Haraway 1988) verschwindet.[27] Allein dadurch, dass Slammer*innen durch Moderierende häufig als Wissenschaftler*innen anmoderiert werden, erwartet das Publikum wissenschaftlich legitime Aussagen. In meinen Interviews mit Science-Slam-Organisator*innen fragte ich, wie sie sicherstellen, dass wissenschaftlich legitime Inhalte in den Vorträgen vermittelt werden. Die meisten von ihnen antworteten, dass sie schlicht darauf vertrauen, dass jemand, der eine Präsentation abhält (und typischerweise an einer Universität eingeschrieben ist), wissenschaftlich legitime Aussagen treffen wird. Die Institution generiert also auch hier das Vertrauen einer wissenschaftlichen Legitimität. Eine weitere Strategie, die Legitimität der Sprecher*innen zu überprüfen, wird aus der Onlinesuche der Organisator*innen generiert. Organisator*innen lesen dabei die Publikationslisten der Sprecher*innen. Wenn diese Liste wissenschaftlich (im Gegensatz zu pseudowissenschaftlich) erscheint, dann erwarten sie wissenschaftlich legitime Aussagen. Auch vorheriger Erfolg bei Science-Slam-Veranstaltungen wird als Garant der Wissenschaftlichkeit gesehen. Das Publikum muss, insofern sie nicht Wissenschaftler*innen derselben Disziplin sind, seinem Gefühl und seiner Allgemeinbildung vertrauen, um abzuwägen, ob es eine*n legitime*n Sprecher*in vor sich hat. In meiner ethnographischen Forschung habe ich zahlreiche Leute im Publikum beobachtet. Einige von ihnen diskutierten in kleinen Gruppen nach den Vorträgen, ob die Vorträge in einem ausreichenden Maß wissenschaftlich waren. Häufig werteten diese Gruppen Vorträge basierend auf ihrem persönlichen Gefühl und ihrem Vorwissen ab. Einige äußerten beispielsweise die Kritik, dass sich Vorträge zum überwiegenden Teil mit allgemeinen Themen beschäftigt hatten und nur zu einem geringen Teil mit eigener Forschung.[28] Vortragende im Science-Slam werden folglich von ihrem Publikum kontinuierlich als Repräsentant*innen der Wissenschaft bewertet. Wie ich in meinen Videoanalysen von Wissenschafts-(re)präsentationen zeige, sind diejenigen Slammer*innen erfolgreich, die es schaf-

---

26 Dies steht im Kontrast zu Beobachtungen der (feministischen) Wissenschafts- und Technikforschung, die vor allem das Verschwinden von Autoren als Teil des herrschaftlichen Tricks der Westlich geprägten Wissenschat sehen (Haraway 1988).

27 Haraway spricht in diesem Zusammenhang von einer Perspektive aus dem Nichts. Entkörperlichung und universalistische Aussagen sind wesentlicher Bestandteil der Gott-Tricks westlicher Wissenschaft (Haraway 1988, S. 575).

28 Hier hörte ich Sätze wie „nicht viel eigene Forschung" oder „es war unterhaltsam, aber ich frage mich, was war jetzt daran neu?".

fen, Wissen für die Gesellschaft instrumentell zu rahmen (Hill 2019, S. 218). Ihre Präsentationen kennzeichnen sich allgemein dadurch, dass die Präsentierenden ein wissensrelevantes Forschungsobjekt oder Thema identifizieren und dies bewertend in einen gesellschaftlichen Zusammenhang stellen.

Dies deckt sich mit Ergebnissen der Wissenschaft-und Technikforschung. Diese hat beobachtet, dass Transdisziplinarität sowie Multi- und Interdisziplinarität in der Wissenschaft zunehmen. Ein damit verknüpfter neuer Modus der Wissenschaft wurde von Gibbons et al. (1994) als „Mode 2" der Wissensproduktion bezeichnet. In diesem Modus der Produktion soll nicht nur sicheres Wissen erzeugt werden, sondern auch ein Wissen, dass in wirtschaftlichen und gesellschaftlichen Kontexten robust ist. Wissen wird in Folge dieser Entwicklungen heterogen, weniger hierarchisch, transdisziplinär und ist eng verbunden mit den Bedürfnissen der Gesellschaft, die es hervorbringt. Ob wissenschaftliches Wissen in gesellschaftlichen Kontexten robust ist, zeigt sich in Formaten der Wissenschaftskommunikation. Hier wird schnell deutlich, ob es der Öffentlichkeit standhalten kann. Aus sozialkonstruktivistischer Perspektive ist dabei besonders interessant, was in der kommunikativen Gattung des Science-Slams als wissenschaftliches Wissen gilt.[29] In meiner Analyse habe ich dabei zwei typische Rechtfertigungsmuster der Nutzbarmachung von Wissenschaft entdeckt. Zum einen „Science and Use" (Hill 2019, S. 226), das bei der Wissenschaft beginnt und bei einem generellen gesellschaftlichen Problem endet. Zum anderen „Use of Science", das mit einem gesellschaftlichen Problem anfängt und mithilfe von Wissenschaft eine Lösung bietet. Forschende verwenden also eine nutzenorientierte Rhetorik, um ihre Forschung zu legitimieren und Vertrauen für ihre Person zu generieren (zum Aspekt der Rhetorik im Science-Slam vgl. auch den Beitrag von Kramer in diesem Band). In Science-Slams wird es positiv bewertet, wenn Wissen eine gesellschaftliche Aufgabe übernimmt (Hill 2019, S. 226). In den Präsentationen wird vermittelt, dass Forschende auf vielerlei Wegen gesellschaftliche Probleme lösen können (etwa, indem sie Menschen helfen oder ihren Alltag verbessern). Ich fand zudem heraus, dass für die Legitimierung des Science-Slams gewisse Formen des Personenvertrauens inszenatorisch hergestellt werden. Dabei konnte ich einige Merkmale der beliebten wissenschaftlichen Persönlichkeiten in der zeitgenössischen öffentlichen Wissenschaftskommunikation skizzieren (vgl. Hill 2019, S. 37). In meiner Arbeit habe ich auf Basis kleiner empirischer Sequenzen

---

29 „Als kommunikative Gattungen werden diejenigen kommunikativen Vorgänge bezeichnet, die sich gesellschaftlich verfestigt haben. Kommunikative Muster und Gattungen können also gleichsam als Institutionen der Kommunikation aufgefasst werden. Ihre gesellschaftliche Grundfunktion besteht darin, von der Bewältigung untergeordneter (kommunikativer) Handlungsprobleme zu entlasten" (Luckmann und Knoblauch 2000, S. 539).

in Videoanalysen veranschaulicht, wie die erfolgreichsten Slammer*innen sich in der Gattung darstellen. Dabei entdeckte ich unterschiedliche Strategien, sich als legitime Sprecher*innen der Wissenschaft zu inszenieren. Das aus den historischen Arbeiten Shapins bekannte bürgerliche Etikett der Wissenschaft des 19. Jahrhunderts scheint im Science-Slam der Wissensgesellschaft nicht mehr en vogue zu sein. Heutige Wissenschaftler*innen präsentieren ihr wissenschaftliches Selbst als echt, menschlich, populär, schwer arbeitend, um zu erfinden oder zu verbessern (Hill 2019, S. 35). Alle diese Darstellungsweisen präsentieren die Sprecher*innen als authentische und kreative Wissenschaftler*innen. Äquivalent charakterisieren Organisator*innen gute Slammer*innen als „kommunikative Wissenschaftler*innen" mit „eigener Forschung", die kreative und künstlerische Fähigkeiten haben.[30] Meine Daten bestätigen damit teilweise den Befund von Daston und Galison (2007) einer neuen wissenschaftlichen Persona, die das Ethos des Wissenschaftlers des späten 20. Jahrhunderts mit der Mittelorientierung des industriellen Ingenieurs und der Autorenschaft eines Künstlers kombiniert. Ich möchte jedoch noch auf einen weiteren dominanten, neuen Typus wissenschaftlicher Repräsentation hinweisen. In diese Repräsentation, die ich in meiner Arbeit „Popular Culture Man" nenne, inszeniert der/die Forscher*in ein popularisiertes Selbst. Er/Sie zeigt hier seine/ ihre Kenntnisse und Verbindungen zur Populärkultur auf und übersetzt seine/ihre wissenschaftlichen Aktivitäten ins Register des Pop. Aus meinen Beobachtungen der neuen Wissenschaftspräsentationen und -repräsentationen postuliere ich deshalb die These der populären Wissenschaft in der digitalen Gesellschaft.[31]

Wie der Science-Slam veranschaulicht, wird Wissenschaft heute populär, indem sie Formen des Poetry-Slams, der Comedy, des Kabaretts und der populären Medienkultur aufnimmt. Dies ist nicht eine Hybridisierung oder Übersetzung, sondern vielmehr eine neue Form wissenschaftlicher Kommunikation. Die neue Form der Kommunikation verbreitet sich jedoch auch in verschiedene innerwissenschaftliche Öffentlichkeiten (Wilke und Hill 2019). Die Gattung des Science-Slams wird nicht nur von der wissenschaftlichen Institution unterstützt, sondern auch in sie aufgenommen. Selbst die großen, institutionell verfassten Universitäten übernehmen heute gezielt Formen der populären Kultur. Der Science-Slam ist folglich eine neue Form der Wissenschaftskommunikation, die exemplarisch für eine breitere

---

30 Als schlechte Slammer*innen wurden unkreative Wissenschaftler*innen bezeichnet, die kein eigenes Wissen produziert haben oder nur Textbuch-Wissen reproduzieren und den Stil von anderen imitieren und dadurch eine gewisse Uniformität der Gattung erzeugen.

31 Ich schließe hier an Knoblauchs Konzept der populären Religion (vgl. Knoblauch 2009) und des populären Wissens an.

Entwicklung innerhalb der Wissenschaftskommunikation steht. Der Begriff der populären Wissenschaft weist darauf hin, dass sowohl die kommunikativen Praktiken, die unter dem Science-Slam zusammengefasst werden und sich ausgeweitet haben als auch die Inhalte nicht mehr auf ein Milieu außerhalb der Wissenschaft beschränkt, sondern auch innerhalb der Wissenschaft populär geworden sind. Den Begriff der populären Wissenschaft verwende ich, weil diese Entwicklungen auch die wissenschaftliche Kommunikation betreffen. Populärkultur zeichnet die Wissenschaftskommunikation in der Gegenwart zentral aus. Science-Slam ist also Ausdruck einer Transformation der Wissenschaft, die sich auch in anderen Formen, wie PowerPoint, ausdrückt.

In diesem neuen Verhältnis von Wissenschaft und Öffentlichkeit ändern sich nicht nur die wissenschaftlichen Kommunikationsweisen, sondern auch die Produktionsweisen der Wissenschaftskommunikator*innen. Der Science-Slam ist nicht nur ein situiertes Ereignis, sondern auch ein digitales Phänomen, welches ein Archiv gelungener Wissenschaftskommunikation im Internet erstellt. Wie im nächsten Abschnitt verdeutlicht wird, wirken diese Archive auf die Produktionsweisen des Science-Slams zurück.

4 Die gesellschaftliche Entgrenzung des Wissens in digitale Räume

Will man die deutschlandweite Verbreitung des Science-Slams verstehen, so muss man die digitalen Praktiken der Veranstalter*innen berücksichtigen. Als das Haus der Wissenschaften in Braunschweig das Format aus Darmstadt aufgriff, begannen die Initiatoren damit, Science-Slam-Videos bei YouTube hochzuladen. So war YouTube seit 2009 an der gesellschaftlichen Verbreitung der Gattung beteiligt. Es gehört zur Gattung, dass erfolgreiche Vorträge bei YouTube hochgeladen werden. Oft haben Veranstalter*innen einen eigenen YouTube-Kanal. Zudem hat sich aus der großen Popularität des Events ergeben, dass es bei manchen Events eine Art Public-Viewing gibt. Bei diesem können Zuschauer*innen, die es nicht in den Veranstaltungssaal geschafft haben, das Event verfolgen (zum Aspekt Science-Slam-Videos auf YouTube vgl. auch den Beitrag von Boy in diesem Band).

Durch das Hochladen der Videos wurde ein digitales Archiv erfolgreicher Präsentationen angelegt. Präsentationen können online im Nachgang zur situierten Präsentation Erfolg haben. Außerdem hat dieses Archiv Auswirkungen auf die Gestaltung zukünftiger Events. Organisator*innen schauen gelegentlich YouTube-Videos von vielversprechenden Slammer*innen an, bevor sie sie einladen. Die Organisator*innen nehmen das digitale Archiv auf diesem Wege in ihre Produktionsweise mit auf. Die Slammer*innen, die auftreten, werden auch nicht nur im Hinblick auf ihre Bühnenerscheinung hin beraten (wie man sich auf der Bühne verhält und kleidet, z. B. keine Miniröcke zu tragen, weil die erste Reihe unter den Rock gucken kann[32]), sondern auch im Hinblick auf ihre Medienwirkung (wie man sich vor der Kamera verhält und kleidet, z. B. kein gestreiftes T-Shirt zu tragen). Auch die Produktionsweise des Science-Slams – mit schnellen Schnitten und mehreren Medien – wird oft mit YouTube verglichen.

Meine Forschung verdeutlicht unterschiedliche informelle Lern- und Kommunikationskulturen sowie Offline- und Online-Praktiken, die sich gegenseitig verstärken (Hill 2019, S. 229). In Science-Slams können wir verschiedene Praktiken der Aneignung beobachten. Nicht nur Bilder, Videos und Witze sind Gegenstand dieser Aneignungsprozesse, sondern auch wissenschaftliche Personas, Referenzen und Übersetzungen. Besonders Referenzen und Analogien ,werden viral' und verbreiten sich in Raum und Zeit (zum Beispiel ist der Hinweis auf Bier im Science-Slam ein Dauer Thema). Face-to-Face-Situationen werden transzendiert und mediatisiert, sobald sie Teil des technischen Wissensarchivs werden. Auf diese Weise wird die Translokation des sozialen Raums zu einem zentralen Thema (vgl. Knoblauch 2017, S. 341). Kommunikativ situierte Handlungen werden festgehalten und sind permanent abrufbar. Archive sind materialisierte Gedächtnisse einer Gesellschaft (Groys 2004). Das YouTube-Archiv kann von zahlreichen Personen besucht werden und in die Produktion der Vorträge von Science Slammer*innen einfließen. In diesem Zusammenhang entsteht im Science-Slam eine reflexive Produktion. Es wird nicht nur fortlaufend Wissen über Science-Slams generiert, sondern neue Slams werden auch kontinuierlich im Lichte dieser neuen Informationen gestaltet. Akteur*innen lernen über Science-Slams während sie Science-Slams schauen.[33] Durch diese Formen der Selbstbildung wird Wissen über die Gattung

---

32 Diese Aussage stammt direkt aus einem meiner Interviews. Während es sich hierbei auf der einen Seite um einen praktischen Hinweis handelt, wird auf der anderen Seite deutlich, wie Frauen und ihre Körper einer ständigen Sexualisierung bzw. Zensur unterliegen.

33 Dieser Lernprozess wird ebenfalls in Workshops als Methode eingesetzt. Einige Organisator*innen geben Workshops zur Wissenschaftskommunikation. Ein Organisator erzählte mir, dass seine Workshops mit der Aufgabe beginnen, YouTube-Videos zu analysieren, die von den Teilnehmer*innen (hauptsächlich Studierende und Doktorand*innen) vorgeschlagen werden. Eine kritische Analyse der Wissenschaftskommunikation anderer ist hier der erste Schritt, um die Teilnehmenden in die Lage zu versetzen, ihren eigenen Stil zu entwickeln. Ein Ziel ist, dass die Beitragenden erkennen sollen, dass selbst die besten Science Slammer Fehler machen. Ein weiteres Ziel ist es, herauszufinden, was ihnen persönlich gefällt.

und die bewusste Reflexion über das Vergangene Teil der Weiterentwicklung der Gattung. Science Slammer*innen nehmen Aspekte von erfolgreichen Kolleg*innen auf ohne diese zu zitieren (re-enactment), benutzen Bilder aus dem Internet ohne über Copyright nachzudenken und reproduzieren digitale Medieninhalte. Die Praxis von Slammer*innen ist mit der von DJ*s vergleichbar, die einen Remix durchführen, oder mit Anwender*innen Sozialer Medien, die ein Meme teilen (vgl. Fischer und Grünewald 2018).

Ein gutes Beispiel für ein derartiges Referenzieren ist die Aufnahme von Peter Westerhoffs Elementen in Simon McGowans Vortrag. Die originäre Situation, die hier beschrieben wird, fand im Lido in Berlin statt. Der Medizintechniker des Julius Wolff Institutes der Charité Peter Westerhoff hält hier einen Vortrag.[34]

Auszug aus einem Transkript der Videoanalyse (Peter Westerhoff)

Abb. 1   Zwei Szenen aus der Science-Slam-Präsentation von Peter Westerhoff beim Science-Slam am 27.02.2012 in Berlin. Quelle: https://www.youtube.com/watch?v=eowgrhxffRQ; Zugegriffen: 16.10.2019.

chirurgen. aber (.) ma unter uns, was sind chirurgen? sind auch nur bessre mechaniker, und was is n mechaniker ohne ersatzteile,
(zieht die Augenbrauen hoch)
st- (.) steht ganz schön dumm da.
(blickt hinter sich auf die Leinwand, zeigt mit dem rechten Arm drauf)
da kommen wir ins spiel, wir bauen (.) ersatzteile für chirurgen (Abb. 1, links), *das (.)*
(neigt sich kurz zur rechten Seite, hebt dabei den rechten Arm)
können viele, aber wir machen das besser, wir (1.0)
(blickt auf die Leinwand, klickt eine ppt-Folie weiter)

---

34 Dieser Slam fand am 27. Februar 2012 statt. Die Veranstaltung wurde von Julia Offe organisiert. Sponsor*innen des Slams waren das Geo Magazine und die Website academics.de. Moderiert wurde die Veranstaltung von André Lampe. Teilnehmer*innen des Slams waren Garcia Peters von der Universität Hamburg (Meteorologisches Institut), Falko Brinkmann (Universität Münster), Peter Westerhoff von der Charité Berlin und Guilia Enders von der Goethe- Universität in Frankfurt·

pimpen nicht my <u>ride</u>, wir machen (.) <u>pimp</u> my <u>implant</u>. (Abb. 1, rechts) (1.0)
[Vereinzeltes Lachen im Publikum]

Abb. 2   Zwei weitere Szenen aus der Science-Slam-Präsentation von Peter Westerhoff beim Science-Slam am 27.02.2019 in Berlin. Quelle: https://www.youtube.com/watch?v=eowgrhxffRQ; Zugegriffen: 16.10.2019.

das heißt mein chef der sieht nicht so <u>cool</u> aus, der sieht (.) <u>so</u> (Abb. 2, links)
(zeigt ein Bild des durchgestrichenen Rappers XZIBIT neben seinem Chef)
aus, dann ham wir natürlich *n <u>team</u>,*
(zeigt ein Bild des seines Teams)
da sind die äh <u>koryphäen</u> des <u>implantatt</u>unings natürlich <u>verTREten</u>, mister <u>SLOWhand</u> (.) für die elektronischen sachen,
[Vereinzeltes Lachen und Rufen im Publikum]
iron <u>mike</u> für die (.) <u>mechanischen</u> sachen
[Etwas stärkerer Applaus im Publikum]
the <u>brain</u> für die computerprogramme, dann ham wir für jedes <u>gelenk</u> ein äh- (1.0) ein <u>ingenieur</u>,(d) zum beispiel her <u>royal</u> <u>nienes</u>
(zeigt auf die Leinwand, auf der ppt-Folie erscheint der Name Her Royal „Knie-Ines")
kur- kurz genannt, <u>grade</u> doktor geworden, ich bin da unten <u>rechts</u>, (.)

Abb. 3   Eine weitere Szene aus der Science-Slam-Präsentation von Peter Westerhoff beim Science-Slam am 27.02.2019 in Berlin. Quelle: https://www.youtube.com/watch?v=eowgrhxffRQ; Zugegriffen: 16.10.2019.

<u>so</u>. und <u>zusammen</u> sind wir nicht <u>west coast customs</u>, sondern wir sind (.) <u>CHARITÉ CUSTOM IMPLANTS</u>. (Abb. 3)

Westerhoff verwendet in seinem Vortrag die Referenz auf die MTV Show „Pimp my Ride", um zu erklären, wie die Charité Implantate herstellt. Anstatt wie in der Show Autos zu tunen, werden hier Implantate verbessert. Statt „pimp my ride" heißt es daher auf seiner Folie „pimp my implant." Die weitere Geschichte, die er über sein Team und seine Kolleg*innen erzählt, nimmt diese Fernsehshow weiter als Aufhänger. Er gibt seinen Kolleg*innen popularisierte amerikanische Spitznamen wie „Iron Mike", „Mister Slowhand" und „The Brain". Außerdem zeigt er ein Logo auf einer Folie, auf der „Charite Implants Custom" in einer Graffiti Schrift zu lesen ist. In seinem Vortrag wird deutlich, dass er ein spezialisierter Techniker ist, der jedoch ebenfalls populärkulturell beflissen ist. Dadurch überwindet er die Differenz zwischen der allgemein postulierten trockenen Wissenschaft und dem eher coolen Setting des Science-Slam-Events. Er verkörpert Wissenschaftler*innen als coole Typen, die populäre Referenzen kennen, um ihre Inhalte zu erklären.

Simon McGowan greift eine Idee von Peter Westerhoff bei der Deutschen Meisterschaft 2014 im Ballhaus Rixdorf in Berlin ebenfalls auf.[35] Auch er bezieht sich in seinem Vortrag auf die Fernsehshow „Pimp my Ride". Dabei modifiziert er diesen Bezug. In Westerhoffs Vortrag ergab sich aus dem Bezug zu der TV-Show das gesamte Narrativ des Vortrags. McGowan zeigt lediglich einen ähnlichen Slogan wie Westerhoff auf einer Folie. Man sieht ihn collagiert mit dem Körper von Superman vor einem Regenbogen und einer Sprechblase, in welcher „Pimp my Bioplast" geschrieben steht. Das Wort Bioplast wird vom Sprecher amerikanisch ausgesprochen. Die Typografie ist nicht, wie in Westerhoffs Vortrag, Graffiti.

---

35 An dieser Stelle kann nicht schlussendlich geklärt werden, ob es sich um ein re-enactment oder eine unwissende Co-Erfindung handelt. Es kann lediglich der Hinweis gebracht werden, dass ich bei dieser Meisterschaft neben Peter Westerhoff im Publikum saß und wir einander im Scherz sagten, dass uns dieser Teil von McGowans Slam recht bekannt vorkam.

Abb. 4 Szene aus der Science-Slam-Präsentation von Simon McGowan bei der Deutschen Meisterschaft im Science-Slam 2014 in Berlin. Quelle: https://www.youtube.com/watch?v=4zz1zoJ99pA; Zugegriffen: 16.10.2019.

(kommt die kleine treppe in der mitte der bühne hoch, geht zum rechten rand der bühne), *ja, das mikro ist.*

(spricht leise, greift sich an sein headset, fasst sich an die hintere hosentasche) *ja, so kann man mich _hören_?*

(greift sich ans headset)

das wär _wichtig_. prima, _jetzt_ kann man mich hören. *ja, ich freu mich super hier zu sein, hier in _berlin_.*

(schaut lächeld in das publikum, hebt die arme seitlich an)

und auf los gehts los. (8.0)

(drückt auf die fernbedienung und zeigt und schaut richtung laptop, dann links neben sich auf die leinwand, er blickt erneut zum laptop, dann nochmal auf leinwand)

[*gelächter im publikum*]

(lächelt)

auf los gehts los. *hey, mein vortrag heute heißt pimp my _bioplast_ (Abb. 4)*

(läuft seitwerts in mehr in richtung mitte der bühne, bioplast amerikanisch ausgesprochen)

das ganze hat noch nen wunderschönen untertitel und zwar *den hier*

(klick in richtung folie, schaut auf die folie)

*_stabilisation_ von _polymilchsäuren_ gegen hydolytischen abbau durch geeignete _additive_*

(liest von der folie ab)

Die verbreitete Wiederaufführung von Witzen und Referenzen durch Andere verleitet dazu, über Fragen der Originalität und der Kopie nachzudenken.[36] Jedoch kann die soeben beschrieben Praxis nicht als reines Kopieren gesehen werden. Slammer*innen reproduzieren nicht einfach etwas, was bereits existiert, vielmehr modifizieren sie dieses kreativ. Wiederaufführungen, Aneignung, Zitationen und die Variation kultureller Formen sind hier eng verbunden mit spezifischen Alltagspraktiken. Es entsteht der Eindruck, dass Slammer*innen eine spezifische Kultur kreativer Modifikation verwenden, wenn sie vortragen. Veranstalter*innen bemerken diese Wiederholungen (natürlich), weil sie die Archive kennen. Doch in Interviews wird immer wieder deutlich, dass Organisator*innen Originalität und Neuheit favorisieren.

5   Wissenschaft und Öffentlichkeit im digitalen Zeitalter

In diesem Text sollte die Bedeutung des Science-Slams für die Wissensgesellschaft und digitale Gesellschaft diskutiert werden. Deshalb habe ich zunächst das derzeitige Legitimationsproblem der Wissenschaft in der Öffentlichkeit skizziert. Im Kontext einer Politik, die sich teilweise von anerkanntem wissenschaftlichen Wissen freigesprochen hat, scheint es wichtig zu fragen, wie die Wissenschaft künftig mit der Öffentlichkeit in Kontakt treten kann. In der digitalen Gesellschaft verselbstständigen sich Wissen und Unwissen über neue Wege, vor allem, weil Inhalte sich ohne die klassischen Gatekeeper im Netz verbreiten.

Habermas (1990) hatte das Ende eines ergiebigen öffentlichen Diskurses schon vor dem digitalen Zeitalter gesehen. Die bürgerliche und literarische Öffentlichkeit war für ihn schon im späten 19. Jahrhundert zerfallen und wurde dann durch eine post-bürgerliche Öffentlichkeit der Massenmedien ersetzt, die er als inszeniert, einseitig, unkritisch und undemokratisch beschrieb. Anstatt mit Habermas die Angst vor einer ‚Verunreinigung' hochkultureller Güter und der Wissenschaft anzumahnen, habe ich versucht, neue Einflüsse auf Wissenschaftskommunikation unvoreingenommener zu beschreiben.[37] Mit Fraser (1992) habe ich Habermas

---

36 Organisator*innen wiesen mich in Interviews häufig auf die problematischen Folgen des Selbstcoachings der Slammer*innen durch das Schauen von YouTube Videos hin. Sie sahen die Kreativität der Vortragenden durch einen zu starken Anteil von Wiederaufführung gefährdet (vgl. Hill 2019, S. 45).

37 Beispiele wie das Pop-Theater (Matzke 2013) zeigen, dass die genannten Faktoren nicht zwangsläufig zu einer Trivialisierung und einem kulturellen Verfall führen.

kritisiert und nach alternativen Öffentlichkeiten gefragt, die auch marginalisierten Gruppen der Gesellschaft ein Forum bieten. Im Kontrast zu Beobachtungen der feministischen Wissenschafts- und Technikforschung, die vor allem das Verschwinden des Autors als Teil des herrschaftlichen Tricks der westlich geprägten Wissenschaft sehen (Haraway 1988), konnte ich beobachten, dass in Science-Slams der/die Autor*in des Wissens wichtiger wird. Trotz einer nach Diversität strebenden, emanzipatorischen Organisator*innen-Szene, repräsentiert der Science-Slam zu meinem Erhebungszeitraum eher die klassische patriarchale hegemoniale Ordnung der Gesellschaft.

Ich habe in meiner Dissertation das gegenwärtige Verhältnis von Wissenschaft und Öffentlichkeit und das Aufkommen des Science-Slams untersucht. Hierbei wurden die äußere und innere Struktur des Science-Slams sowie die situative Realisierung beschrieben. Ein Milieu, das mit Schulze (1992) als „Selbstverwirklichungsmilieu" bezeichnet werden kann, feiert vor allem männliche Naturwissenschaftler und Formalwissenschaftler, Mitte dreißig mit höheren Bildungsabschlüssen, Face-to-Face und im Netz.

Angelehnt an soziologische Theorie und unterfüttert durch meine empirischen Ergebnisse, habe ich argumentiert, dass der Science-Slam gewisse Potenziale der gesellschaftlichen Vertrauensgewinnung bereithält. Nur durch kontinuierliche, öffentlichkeitswirksame Kommunikation wird wissenschaftlicher Expertise weiterhin Vertrauen geschenkt. Science-Slams wurden dabei als mögliche Begegnungssorte der Wissensgesellschaft porträtiert.

Zuletzt habe ich in diesem Artikel gezeigt, wie sich im neuen Verhältnis von Wissenschaft und Öffentlichkeit auch Produktionsweisen der Wissenschaftskommunikation verändern. Das YouTube-Archiv, als materialisiertes Gedächtnis unserer Gesellschaft, fließt in die Produktionsweisen von Science-Slammer*innen ein. Die reflexive Produktionsweise, die dadurch entsteht, wurde von mir mit Praktiken des Remixens von DJs verglichen. In der digitalen Gesellschaft hat sich eine spezifische Kultur kreativer Modifikation in der Wissenschaftskommunikation durchgesetzt. Zu den Techniken des von mir beobachteten „Popular Culture Man" gehört somit nicht nur eine Inszenierung des popularisierten Selbst (indem wissenschaftlichen Aktivitäten ins Register des Pop übersetzt werden), sondern gehören auch Techniken der Wiederaufführung, Aneignung, Zitation und Variation kultureller Formen. Hierbei modifizieren Slammer*innen bereits Existierendes kreativ. Diese neue Form wissenschaftlicher Kommunikation ist eng verbunden mit Alltagspraktiken und verbreitet sich auch in verschiedene innerwissenschaftliche Öffentlichkeiten (Wilke und Hill 2019). Der Begriff der populären Wissenschaft weist darauf hin, dass die kommunikativen Praktiken, die unter dem Science-Slam zusammengefasst werden, sich ausgeweitet haben. Die Produktions-und Kommunikationsweisen des

Science-Slams sind auch innerhalb der Wissenschaft populär geworden. Populärkultur zeichnet die Wissenschaftskommunikation in der Gegenwart zentral aus.

Literatur

Beck, Ulrich. (1986). Risikogesellschaft. Auf dem Weg in eine andere Moderne. Frankfurt
a. M. : Suhrkamp.
Beck, Ulrich, & Elisabeth Beck-Gernsheim. (1994). Riskante Freiheiten. Individualisierung
in modernen Gesellschaften. Frankfurt a. M. : Suhrkamp.
Berger, Peter L., & Thomas Luckmann. (1967). The social construction of reality. New York:
Penguin Books.
Byers, Paul, & Margaret Mead. (1968). The Small Conference: An Innovation in Commu-
nication. Front Cover. Berlin: De Gruyter Mouton.
Daston, Lorraine, & Peter Galison. (2007). Objectivity. New York: Zone Books.
Deppert, A. (2001). Verstehen und Verständlichkeit. Wissenschaftstexte und die Rolle the-
maspezifischen Vorwissens. Wiesbaden: Deutscher Universitäts-Verlag.
Fraser, Nancy. (1992). Rethinking the Public Sphere: A Contribution to a Critique of Actu-
ally Existing Democracy. In: Craig Calhoun (Hrsg.), Habermas and the Public Sphere
(S. 109–142). Cambridge, Massachusetts, London: The MIT Press.
Fischer, Georg, & Lorenz Grünewald-Schukalla. (2018). Editorial: Originalität und Viralität
von (Internet) Memes. kommunikation@gesellschaft 19.
Gibbons, Michael, Camille Limoges, Helga Nowotny, Simon Schwartzman, Peter Scott, &
Martin Trow. (1994). The new production of knowledge: the dynamics of science and
research in contemporary societies. London: Sage.
Goffman, Erving. (1981). Forms of Talk. Pennsylvania: University of Pennsylvania Press.
Groys, Boris. (2004). Über das Neue. Versuch einer Kulturökonomie. 3. Auflage. Frankfurt
a. M. : Fischer Taschenbuch Verlag
Günthner, Susanne, & Knoblauch, Hubert. (1994) 'Forms are the food of faith'. Gattungen
als Muster kommunikativen Handelns. Kölner Zeitschrift für Soziologie und Sozialpsychologie 4, 693–723.
Habermas, Jürgen. (1990). Strukturwandel der Öffentlichkeit. Frankfurt a. M. : Suhrkamp.
Haraway, Donna. (1988). Situated Knowledges. The science question in feminism and the
privilege of partial perspective. Feminist Studies 14(3), 575–599.
Hill, Miira. (2015). Science Slam und die Darstellung von ‚Tatsachen'- eine Vergessenheit
der Wissensproduktion? In: Engelschalt, J. & Maibaum, A. (Hrsg.), Auf der Suche nach
den Tatsachen: Proceedings der 1. Tagung des Nachwuchsnetzwerks „INSIST", 22.-23.
Oktober 2014, Berlin (INSIST-Proceedings, 1) (S. 127–141).
Hill, Miira. (2017). Die Versinnbildlichung von Gesellschaftswissenschaft – Herausforderung Science Slam. In Selke, S. & Annette Treibel (Hrsg.), Öffentliche Wissenschaft und
gesellschaftlicher Wandel (S. 169–186). Wiesbaden: Springer VS.
Hill, Miira. (2019). Slamming Science. The New Art Of Old Public Science Communication.
Berlin: TU Berlin Universitätsverlag.

Hill, Miira. (im Erscheinen). Innovative Popular Science Communication? Materiality, Aesthetics and Gender in Science Slams. In Morcillo, J. M. & Robertson-von Trotha, C. Y. (Hrsg.), Genealogy of Popular Science: From Ancient Ecphrasis to Virtual Reality. Bielefeld: transcript Verlag

Hutter, Michael, Hubert Knoblauch, Werner Rammert, & Arnold Windeler. (2011). Innovationsgesellschaft heute: Die reflexive Herstellung des Neuen. Technical University Technology Studies Working Papers. Berlin: TU Berlin

Keller, Reiner, Hubert Knoblauch, & Jo Reichertz (Hrsg.). (2013). Kommunikativer Konstruktivismus. Theoretische und empirische Arbeiten zu einem neuen wissenssoziologischen Ansatz. Wiesbaden: Springer VS.

Knoblauch, Hubert. (2007). Die Performanz des Wissens. Zeigen und Wissen in der Powerpoint-Präsentation. In Schnettler, Bernt, & Hubert Knoblauch (Hrsg.), Powerpoint-Präsentationen. Neue Formen der gesellschaftlichen Kommunikation von Wissen (S. 117–138). Konstanz: UVK.

Knoblauch, Hubert. (2009). Populäre Religion. Auf dem Weg in eine spirituelle Gesellschaft. Frankfurt, New York: Campus Verlag GmbH.

Knoblauch, Hubert. (2017). Die kommunikative Konstruktion der Wirklichkeit. Wiesbaden: Springer VS.

Knorr-Cetina, Karin, & Joseph Mulkay. (1983). Science Observed: Contemporary Analytical Perspectives. London: Sage.

Latour, Bruno. (2003). Why Has Critique Run Out of Steam? From Matters of Fact to Matters of Concern. Critical Inquiry 30(2), 225–48.

Luckmann, Thomas. (1986). Grundformen der gesellschaftlichen Vermittlung des Wissens: Kommunikative Gattungen. In Neidhardt, M. Lepsius & J. Weiß (Hrsg.), Kultur und Gesellschaft, Sonderheft 27/1986 der Kölner Zeitschrift für Soziologie und Sozialpsychologie (S. 191–211). Opladen: Westdeutscher Verlag.

Luckmann, Thomas, & Knoblauch, Hubert. (2000). Gattungsanalyse. In Flick, Uwe, Ernst von Kardorff, & Ines Steinke (Hrsg.), Qualitative Forschung. Ein Handbuch (S. 538–546). Reinbek bei Hamburg: Rowohlt.

Luhmann, Niklas. (1989). Vertrauen. Ein Mechanismus der Reduktion sozialer Komplexität. Stuttgart: UTB.

Matzke, A. (2013). ‚Das Theater wird den Pop nicht finden' – Medialität und Popkultur am Beispiel des Performance-Kollektivs She She Pop. In M. S. Kleiner, & Wilke, T. (Hrsg.), Performativität und Medialität populärer Kulturen. Theorien, Ästhetiken, Praktiken (S. 373–389). Wiesbaden, Springer VS.

Peters, Hans P. (2015). Science dilemma: between public trust and social relevance. Public mistrust stems from science's ties to economic and political interest'. EuroScientist. https://www.euroscientist.com/trust-in-science-as-compared-to-trust-in-economics-and-politics/. Zugegriffen: 06. August 2019.

Schulze, Gerhard. (1992). Die Erlebnisgesellschaft. Kultursoziologie der Gegenwart. Frankfurt a. M. : Campus Bibliothek.

Shapin, Steven. (1994). A Social History of Truth. Civility and Science in Seventeenth-Century England. Chicago: University of Chicago Press.

Shapin, Steven, & Simon Schaffer. (1985). Leviathan and the Air-Pump: Hobbes, Boyle, and the Experimental Life. Princeton: Princeton University Press.

Weingart, Peter and Guenther, L. (2016). Science communication and the issue of trust. Journal of Science Communication 15(05), Comment 1.

Weingart, Peter. (2005). Die Wissenschaft der Öffentlichkeit. Essays zum Verhältnis von Wissenschaft, Medien und Öffentlichkeit. Weilerswist: Velbrück Wissenschaft.

Wilke, René & Hill, Miira. (2019). On New Forms of Science Communication and Communication in Science: A Videographic Approach to Visuality in Science Slams and Academic Group Talk. Qualitative Inquiry. doi:10.1177/1077800418821531

Yates, J., & Orlikowski, W. J. (1992). Genres of Organizational Communication: A Structurational Approach to Studying Communication and Media. Academy of Management Review, 17, 299–326.

Relevanz einer erwachsenenpädagogischen Perspektive für die Wissenschaftskommunikation

Erkundungen des Veranstaltungsformats ‚Science-Slam'

Maria Stimm

Zusammenfassung

Ausgehend von einem gesellschaftsanalytischen Problemaufriss werden zwei Begründungslinien entfaltet, die einerseits den Bereich der Wissenschaftskommunikation fokussieren und andererseits Bezüge aus der Erwachsenenbildungswissenschaft aufgreifen. Denn gilt der formulierte Anspruch an Wissenschaftskommunikation, kann nicht mehr ‚Wissensvermittlung' als Beschreibung der Formatstrukturen aufgerufen werden, sondern erst über den Bezug zum ‚Aneignen' in der Ausgestaltung des Formats werden die Teilnehmer*innen aktiv miteinbezogen. Der Bezug zum Aneignen ermöglicht es, sie mit ihren Bedürfnissen, Interessen, Wünschen sowie biografischen Rückbezügen sichtbar werden zu lassen. Eine erwachsenenpädagogische Perspektive rückt somit die Aneignung des Wissens neben der Vermittlung des Wissens in das Zentrum der Betrachtungen und bietet einen entsprechend theoretisch fundierten Ansatzpunkt für die Ausgestaltung von Wissenschaftskommunikation, auch entlang entsprechend formulierter Ansprüche. Exemplarisch werden die Begründungslinien daher im Veranstaltungsformat Science-Slam in einer theoretischen Betrachtung zusammengeführt, die über ein Analyseangebot mit einem fokussierten Einblick in die empirischen Erkenntnisse abgerundet wird.

Schlüsselbegriffe

Erwachsenenbildung, Wissenschaftskommunikation, Aneignen, Vermitteln, Lernkultur, Science-Slam, Da-Zwischen, intermediärer Raum, wissenschaftliches Wissen

© Springer Fachmedien Wiesbaden GmbH, ein Teil von Springer Nature 2020   181
P. Niemann et al. (Hrsg.), *Science-Slam*,
https://doi.org/10.1007/978-3-658-28861-7_10

Wird der Bereich der Wissenschaftskommunikation fokussiert, lässt sich zunächst feststellen, dass – trotz der auch in Gesellschaftsanalysen (u. a. Drucker 1969; Bell 1989[1973]; Stehr 1994) thematisierten Entstehung wissenschaftlichen Wissens[1] – ein Zugang zu diesem Wissen fraglich ist. Ein grundlegender Zugang zu diesem Wissen scheint jedoch notwendig, denn „das Begreifen wissenschaftlich-technischer Phänomene [ist ein] zentrales Moment des Weltverständnisses" (Faulstich 2006, S. 12). Demnach greift auch eine dichotome Wahrnehmung von autonomer Entwicklung des wissenschaftlichen Wissens auf der einen Seite und sozialen, ökonomischen, politischen sowie kulturellen Entwicklungen auf der anderen Seite zu kurz. Es geht eher um ein hybrides Geflecht von Einflussnahmen, welches auch deutlich macht, „dass die Erzeugung wissenschaftlichen Wissens im Rahmen eines dynamischen und ‚vielstimmigen' gesellschaftlichen Interaktionsgeflechts stattfindet" (Wehling und Viehöver 2013, S. 221).

Folgen wir der Argumentation Rustemeyers (2005) erfährt Wissen in diesem hybriden Geflecht erst Anerkennung über Kommunikation, ist demnach kommunikationsabhängig. Wissenschaftskommunikation ist dann eingespannt zwischen unterschiedlichen Interessenlagen. Demnach bewegt sie sich in einem intermediären Raum. Verschiedenste Bedarfe und Bedürfnisse werden aus unterschiedlichen Akteur*innenperspektiven eingebracht und müssen (eigentlich) in der Wissenschaftskommunikation ver- und ausgehandelt werden.

Dazu dienen Formate der Wissenschaftskommunikation, die durch jeweils unterschiedliche Zielsetzungen und Praktiken gekennzeichnet sind. Einerseits unterliegen sie jedoch häufig Defizitzuschreibungen mit Blick auf die zu adressierenden Öffentlichkeiten[2], andererseits bekommen sie nicht alle Öffentlichkeiten in den Blick. Formate der Wissenschaftskommunikation müssen jedoch nicht nur Defizitzuschreibungen auflösen, sondern auch eine (erwachsenen-)pädagogische Fundierung erfahren.

Die folgenden Ausführungen knüpfen an den pointierten Problemaufriss an und stützen sich dafür auf zwei Begründungslinien, die einerseits den Bereich

---

1   Werden Wissensstrukturen unterschieden, sind diese nicht im Rahmen einer Höherwertigkeitsthese oder eines Homogenitätsmythos zu beschreiben (Dewe 1988), sondern in ihren Entstehungskontexten wahrzunehmen, so dass auch die Eigenständigkeit der Wissensstrukturen bewahrt wird. Gleichzeitig, und das ist die zentrale Begründungslinie für das Entstehen von Transformationsprozessen, können diese Wissensstrukturen aufeinandertreffen.

2   In verschiedenen Kommunikationsräumen bilden sich unterschiedliche Öffentlichkeiten aus. Mit Öffentlichkeit sind demnach hier alle Adressat*innen, an die sich in der Wissenschaftskommunikation gewandt werden könnte, sowie alle Personen, die Ansprüche und Bedürfnisse an die Wissenschaften herantragen, gemeint.

der Wissenschaftskommunikation fokussieren und andererseits Bezüge aus der Erwachsenenbildungswissenschaft aufgreifen. Daher werden zunächst diese beiden Begründungslinien umrissen, bevor sie über den Science-Slam als ein spezifisches Format der Wissenschaftskommunikation zunächst in theoretischer Betrachtung miteinander verschränkt werden. Abschließend erfolgt ein Analyseangebot mit einem fokussierten Einblick in die empirischen Erkenntnisse.

1 Wissenschaftskommunikation als diskursives Denken zwischen Akteur*innen

Die erste Begründungslinie für die Analyse fokussiert den Bereich der Wissenschaftskommunikation. In einem ersten Zugang lässt sich die Verwendung des Begriffs ‚Wissenschaftskommunikation‘ in zwei Ansprüchen an diese Kommunikation identifizieren: Zum einen werden politische Forderungen nach einer *Berichtspflicht* der Wissenschaften, aber auch *Vermarktung*sansprüche genutzt, um mit Wissenschaftskommunikation eine Kommunikation der Wissenschaften „mit einer unspezifizierten aber möglichst breiten Öffentlichkeit" (Pansegrau et al. 2011, S. 2) einzufordern. Der zunächst neutral konnotierte Begriff ‚Kommunikation‘ wird in dieser Begriffsverwendung mit einer ökonomischen Akzentuierung unterlegt (Dernbach et al. 2012). Zum anderen lässt sich eine *grundlegend informative Kommunikation* der Wissenschaften über die Medien bzw. die Berichterstattung in den Medien über Wissenschaften erkennen.

Differenzierter kann die Begriffsverwendung in einem zweiten Zugang über die Ausgestaltung der Wissenschaftskommunikation auf unterschiedlichen Ebenen beschrieben werden (Dernbach et al. 2012). Demnach richtet sich Wissenschaftskommunikation an verschiedenen Akteur*innen aus. Fokussiert wird in den Ausführungen eine *externe Wissenschaftskommunikation* mit Öffentlichkeit(en) (Burns et al. 2003). Diese kann sich an einer (gelegentlich) interessierten Öffentlichkeit, die Personen einbezieht, die nicht im Wissenschaftsbereich beruflich tätig sind, orientieren, z. B. Besucher*innen von Museen oder Käufer*innen von Publikationen (Nikolow und Schirmacher 2007). Öffentlichkeit im umfassenden Sinne nimmt die Angebote der Wissenschaftskommunikation hingegen selten bewusst wahr. Sie hat nur punktuelle Berührungspunkte zu wissenschaftlichen Themen und Erkenntnissen über die mediale Berichterstattung (Nikolow und Schirmacher 2007, S. 28–29). Die *interne Wissenschaftskommunikation* bezieht sich auf das Wissenschaftssystem selbst und differenziert sich in disziplinübergreifende Kommunikation, die sich an Adressat*innen außerhalb der eigenen Disziplin richtet, und in disziplininterne

Wissenschaftskommunikation. Beide Kommunikationsformen können weitergehend in informelle (u. a. Netzwerke) und formelle Beziehungen ausdifferenziert werden (Voigt 2012). Es handelt sich insgesamt bei der internen Wissenschaftskommunikation um klar abgegrenzte Adressat*innengruppen, bei denen es auch um inhaltliche Wahrnehmung, Urheberschaftsregistrierung und qualitative Zertifizierung der wissenschaftlichen Erkenntnisse geht (Hagenhoff et al. 2007).

Die skizzierten Akteur*innen in der Wissenschaftskommunikation unterliegen somit unterschiedlichen Ansprüchen und Interessen, sie müssen als entsprechende Zielgruppen somit jeweils beachtet werden. Zu bedenken ist jedoch, dass es sich bisher um eine einseitige Betrachtung der Kommunikationsbeschreibung von einem Bereich A zu einem Bereich B handelt. Weniger wird bisher das ‚Zwischen‘ zwischen den Akteur*innen hervorgehoben. Das lässt sich entlang der Ausführungen zur „Beziehung zwischen Zentrum und Peripherie" (Peters 1993, S. 340) begründen. Einer Zweistufigkeit oder gar Grenzziehung, die von einer Wissenschaftszentrierung – und damit auch von einer Einheitlichkeit von Wissenschaft – ausgeht, ist demnach zunächst ein Kontinuum-Modell gegenüberzustellen, welches die Durchlässigkeit und Offenheit in der Kommunikation aufgreift (Taschwer 1996). Die Kommunikation ist dann als ein vielschichtiges Netz an Einflussgrößen zu begreifen. Einzelne Faktoren – hierzu zählen schon die Kommunikationspartner*innen und ihre jeweiligen Interessen, aber auch Disziplinspezifika – können dabei nicht allein betrachtet werden, sondern die jeweilige Kommunikationssituation muss in ihrer Gesamtheit erfasst werden.

Nun interessiert daran anschließend, wie kommunikative Übergänge zwischen den unterschiedlichen Akteur*innen innerhalb der Wissenschaftskommunikation hergestellt werden (können) und wie sich diese kommunikativen Übergänge ausgestalten. Damit wird auf ein kommunikatives Diskursmodell (Faulstich und Trumann 2016) verwiesen, welches in Abgrenzung zum kommunikativen Handeln, bei dem „Geltungsansprüche der Wahrheit, der normativen Richtigkeit und der Wahrhaftigkeit unproblematisiert im Hintergrund der Kommunikation verbleiben" (Hollstein 2011, S. 258), charakterisiert werden kann. Ein Diskurs verweist darauf, dass „eine Behauptung, eine normative Forderung oder eine bestimmte Selbstdarstellung eines Sprechers mit Argumenten in Frage gestellt" wird (Hollstein 2011, S. 258). Im Diskurs werden demnach „problematisch gewordene Geltungsansprüche" begründet gestützt und in „argumentative [...] Auseinandersetzung" gebracht (Hollstein 2011, S. 259). Diesem Anspruch folgend treten die verschiedenen Akteur*innen in einen gemeinsamen diskursiven Denkprozess ein. Es entstehen dann durch Rede und Gegenrede wechselseitige Resonanzen, die ein Heraustreten aus sich selbst und eine Auseinandersetzung mit dem Gegenüber ermöglichen (Schmidt-Lellek 2001). In diesem Verständnis ist Wissenschaftskommunikation dann auch von einer Fassung der Wissenschaftspopularisierung abzugrenzen, die durch die Auffassung eines Dualismus zwischen Wissensproduzent*innen und Wissensrezipient*innen und einer damit einhergehenden Wissensasymmetrie gekennzeichnet ist (Bauernschmidt 2018). Diese defizitären Annahmen legen ein Top-down-Modell der Kommunikation nahe, indem Wissen zunächst unabhängig von Öffentlichkeit(en) ,hergestellt' wird, um es dann anschließend ,vereinfacht' weiterzugeben.

Gilt der formulierte Anspruch an Wissenschaftskommunikation, ist nicht mehr allein von einer Wissensvermittlung zu sprechen, da diese einerseits nicht als responsives Modell zu charakterisieren ist, andererseits aber auch die spezifische Bedeutung der Aneignung aus dem Blick gerät. Aneignung des Wissens ist demnach neben Vermittlung des Wissens in das Zentrum der Betrachtungen zu rücken (Dinkelaker und Kade 2011).[3] Die Art der Aneignung ist dabei bestimmt von dem zugrunde liegenden biographisch eingebundenen und kontextbezogenen Wissen der Teilnehmer*innen. Im Rahmen der Verbreitung wissenschaftlichen Wissens wird jedoch bis in aktuelle Diskurse und Angebote hinein die Vermittlung von Kenntnissen in den Vordergrund gerückt, so dass weiterhin eine kognitive Reduktion erfolgt, die „Wissenschaftlichkeit und ganzheitliche Aneignung auseinander" (Faulstich und Truman 2016, S. 02–3) treten lässt.

2   Erwachsenenbildung in der Diskussion um wissenschaftliches Wissen

An diese erste Begründungslinie schließt sich die zweite Begründungslinie an, die Erwachsenenbildungswissenschaft neben Wissenschaftskommunikation mit in den Vordergrund rückt.

In der historischen Betrachtung ist interessant, dass Erwachsenenbildung seit ihren institutionellen Anfängen im *19. Jahrhundert* die Teilhabe an naturwissenschaftlichem und technischem Wissen mit zu ihrem Aufgabenspektrum zählt.

---

3   Wird hier zum Verständnis das Didaktische Dreieck, welches das Verhältnis zwischen Lerninhalten, Lernenden und Lehrenden aufgreift, herangezogen, wird deutlich, dass Lehrende dazu da sind, die Lernenden bei der Distanzüberbrückung zwischen Lernenden und Lerninhalt, also bei der Aneignung von Inhalten zu unterstützen und damit zwischen Lernenden und Inhalten zu vermitteln (von Hippel et al. 2019). Die Aneignung wird zum zentralen Bezugspunkt aller Lehrhandlungen und ist dabei zwingend an die Lernenden mit ihren jeweils individuellen Erwahrungen, Deutungsmustern, Emotionen, Interessen, Bedürfnissen rückzubinden.

Demnach wurden wissenschaftliche Erkenntnisse grundlegend eingeflochten in die erwachsenenpädagogischen Bildungsangebote. Daneben greifen Bibliotheken, Museen, Sternwarten, botanische Gärten, aber vor allem Vereine das Interesse an wissenschaftlich-technischen Themen auf. Zielführend war eine „umfassende [...] Kulturvermittlung", die eben auch wissenschaftlich-technische Themen mit einschloss und zudem geprägt war durch „eine mögliche Einheit von Wissensaneignung und sinnlicher Erfahrung" (Faulstich 2006, S. 13). Trotzdessen war das Bildungsangebot vorwiegend als Vortrag ausgestaltet, um das wissenschaftliche Wissen einer interessierten Öffentlichkeit zugänglich zu machen. Daraus ergibt sich jedoch eine erste methodische Kritik, da der Vortrag allein nicht die Wissensvermittlung stützt (Schulenberg 1975). Zwar erreichten die Vortragenden eine interessierte Öffentlichkeit, wird aber der Hinweis aufgenommen, dass Aneignung und Vermittlung zusammengedacht werden müssen, wird hier deutlich, dass es durch den Vortrag weder zu einem Austausch zwischen den Teilnehmer*innen kommen konnte, noch dass sich um ein angemessenes Verständnis des vermittelten Wissens bemüht wurde. Die Methodenkritik richtet sich demnach „gegen das Vortragswesen [...], gegen die passive Rezeption von Kulturgütern und die unreflektierte Weitergabe von Wissen" (Olbrich 2001, S. 202).

In den *1920er Jahren* wird daher ein Verständnis von Erwachsenenbildung diskutiert, welches sich zum einen gegen eine Popularisierung von wissenschaftlichem Wissen über Vortragsformate ausspricht und zum anderen aufgrund der Erfahrungen aus dem Ersten Weltkrieg eine Kritik an der Allgemeingültigkeit des wissenschaftlich-technischen Wissens immer hörbarer werden lässt. Die „konkreten Lebenserfahrungen des Einzelnen; seine Bedürfnisse und Interessen bildeten den Ansatzpunkt für Lernprozesse" (Olbrich 2001, S. 202). „[E]in dynamischer, teilnehmer*innenorientierter Bildungsbegriff sollte die Aneignung eines abgegrenzten und nicht mehr hinterfragten Kanons von Kulturgütern ersetzen" (Olbrich 2001, S. 202). Demnach sollten auch andere Wissensstrukturen in den Bildungsangeboten Berücksichtigung finden, so dass ebenso Alltagswissen zur Voraussetzung für die Bildungsarbeit wurde.

Deutlich wird entlang des knappen historischen Diskussionsabrisses neben didaktischen Überlegungen zu Vermittlung und Aneignung, dass nicht allein Wissensvermittlung das Ziel von Erwachsenenbildung sein kann, sondern zudem auch Erfahrungsaustausch, Reflexion, Körperorientierung u. ä. (Nolda 2001).

Es lässt sich in der Gesamtschau festhalten, dass theoretische sowie empirische Auseinandersetzungen zum – vor allem – wissenschaftlichen Wissen in der Erwachsenenbildungswissenschaft nur am Rand aufscheinen (Schulenberg 1975; Strzelewicz 1986; Conein et al. 2004). Obwohl Vermittlung als eine zentrale Aufgabe des (erwachsenen-)pädagogischen Handelns festgehalten werden kann (Hof 2003), hat vor allem die Vermittlung wissenschaftlichen Wissen in der Erwachsenenbildung ‚schlechte Karten' (Faulstich und Trumann 2016). Das liegt auch an der negativen Bezugnahme auf Popularisierung von wissenschaftlichem Wissen im pointiert dargestellten historischen Diskussionsverlauf. Abgegrenzt von der Auffassung eines Dualismus zwischen Wissensproduzent*innen und Wissensrezipient*innen (Bauernschmidt 2018) kann Popularisierung als ein Aufgabenfeld der Erwachsenenbildung beschrieben werden, ohne dabei der inhaltlichen Simplifizierung anheim zu fallen (Strzelewicz 1986). Doch der kritisch-reflexiven Wissensvermittlung steht verstärkt eine Erlebnisproduktion von Angeboten gegenüber, die den Eindruck eines Lehr- und Bildungsanspruchs vermeiden wollen.

3   Formate der Wissenschaftskommunikation als Bildungsangebote im intermediären Raum

Eine erste Bestandsaufnahme zeigt, dass sich vielfältige Formate der Wissenschaftskommunikation mit jeweils unterschiedlichen Zielsetzungen und Praktiken herausgebildet haben (u. a. Lange Nacht der Wissenschaften, Science Blogs und Podcasts, Wissenschaftsmagazine, Senior*innenakademie). Häufig verlieren sich diese Formate in der Akzentuierung von Vermittlung, wird ein Bezug zum Aneignen hergestellt, werden die Partizipierenden jedoch erst aus ihrer Passivität herausgelöst. Das heißt, wird der Blick nicht nur auf den Vermittlungsprozess gerichtet (z. B. Welche Inhalte sollen vermittelt werden? Welche Methoden sollen angewendet werden?), sondern wird auch der Aneignungsprozess mitgedacht, werden darüber erst die Teilnehmer*innen mit ihren Bedürfnissen, Interessen, Wünschen, biografischen Rückbezügen sichtbar und damit aktiv in die Gestaltung des Formates miteinbezogen. Hinzu kommt, so könnte zugespitzt formuliert werden, dass es sich erst über das Sichtbarmachen von Prozessen, verwendeten Methoden u. ä. um Wissenschaftskommunikation handelt, die somit eben nicht bei der Wissenskommunikation, dem Faktenwissen, stehen bleibt, sondern Möglichkeiten der kritischen Auseinandersetzung bietet. Gegenüber medialen Aufmerksamkeitslogiken geht es eben nicht nur um die bloße Erzeugung von Akzeptanz für Themen, Fragestellungen und Erkenntnisse, sondern grundlegend um die Herstellung eines kontinuierlichen Diskurses (auch Faulstich 2006).

Insgesamt wird mit dieser Feststellung deutlich, dass es den Formaten der Wissenschaftskommunikation an einer erwachsenenpädagogischen Fundierung, also der Betrachtung von Vermittlungs- und Aneignungsprozessen, fehlt. Doch gerade Erwachsenenbildung könnte vor dem Hintergrund der Verschränkung von

Vermitteln und Aneignen einen als intermediär zu fassenden Raum des Zusammentreffens von Wissen, Erkenntnissen sowie Bedürfnissen, (An-)Forderungen und Erwartungen der unterschiedlichen Akteur*innen in der Wissenschaftskommunikation gestalten.

3.1   Science-Slam: Veranstaltungsformat der Wissenschaftskommunikation!

Der Science-Slam ist Teil des Ensembles an Veranstaltungsformaten der Wissenschaftskommunikation. Ausgewählt wurde gerade dieses Format für eine nähere Betrachtung, weil durch den expliziten Anspruch des Veranstaltungsformats, Wissenschaften aus den ihnen zugeschriebenen Orten heraus zu verlagern, die Verschiebung von örtlichen Funktionalitätszuschreibungen im Veranstaltungsformat eine zentrale Rolle spielt (Stimm 2016). Der Ursprung des Veranstaltungsformats im Besonderen und der Slam-Bewegung im Allgemeinen gründet sich darauf, Orte für die Veranstaltung zu nutzen, die fernab der aufgeführten Themen und Inhalte stehen, und die es ermöglichen, andere Öffentlichkeiten zu erschließen. Zudem übernehmen im Science-Slam Wissenschaftler*innen selbst die Aufgabe der Vermittlung des wissenschaftlichen Wissens.

Das Veranstaltungsformat lässt sich zwischen Beteiligungs- und Erlebnisformaten der Wissenschaftskommunikation eingruppieren. Denn im Science-Slam ergibt sich kein diskursiver Austausch zwischen Akteur*innen, sondern eine Fokussierung der Inszenierung wissenschaftlichen Wissens. Entwicklungen des Veranstaltungsformats selbst machen deutlich, dass der Vortrag im Science-Slam zunehmend zu einer multiorchestralen, ganzkörperlichen Kommunikation wird, so dass sich eine Science-Slam-Szene mit Kommunikationsformen und Visualisierungsansprüchen hin zu einer Versinnlichung der Slam-Performances herausbildet (Hill 2018). So lässt sich dieses Veranstaltungsformat nicht nur entlang einer Eventorientierung[4] ausrichten, sondern als performanceorientierte Aktivität einordnen.

---

4   Einem Event liegt eine Inszenierung zugrunde, die sich nach Gebhardt (2000) entlang folgender Charakteristika aufspannen lässt: Einzigartigkeit im Sinne einer Abwechslung von routinisierten Abläufen, aufgrund eines gemeinsamen Erlebens des Einzigartigen auch Entstehen eines Gefühls von Zusammengehörigkeit. Trotz einer thematischen Fokussierung ist das Event daneben von einer Durchmischung unterschiedlicher ästhetischer Ausdrucksformen geprägt und unterliegt gleichzeitig einer Planbarkeit aufgrund einer professionellen Organisation. Da im Event aus (passiven) Zuschauer*innen (aktive) Teilnehmer*innen werden, vermittelt es zudem Intensität und Authentizität. Durch die Aktivierung der Teilnehmer*innen gelingt ein Einfühlen, Begegnen, Staunen – Emo-

Die jeweilige Slam-Performance erzeugt eine Interaktionsästhetik (Preckwitz 2002), die die Zuschauenden gleichsam zu fühlenden, denkenden und auch handelnden Akteur*innen in der Performance werden lässt. Dadurch entstehen veränderte Rollenzuschreibungen, (passive) Zuschauer*innen werden zu aktiven Teilnehmer*innen – neben den Slammer*innen. Es entsteht ein Ereignis, in das alle Beteiligten involviert sind (Fischer-Lichte 2004): Dabei befinden sich die Slammenden aufgrund der Anforderungen des Veranstaltungsformats in einem changierenden Verhältnis zwischen dem Selbstverständnis als Wissenschaftler*in und dem Anspruch als Unterhalter*in. Die Personen aus dem Publikum wiederum werden zu handelnden Akteur*innen während der Slam-Performance. Hierbei steht nicht der Applaus im Vordergrund, sondern während des Science-Slams ist es vielmehr die aktive Einbindung der einzelnen Personen in die jeweilige Slam-Performance. Die in der Slam-Performance eingeforderten interaktiven, kollektiven und individuellen Handlungen lassen somit für sie einen versinnlichten Kontext der Performance entstehen. Performancetheoretische Annahmen schreiben nun diesem spezifischen Entstehungsprozess Produktivität zu (Fischer-Lichte 2004, 2012). Diese Zuschreibung von Produktivität verdeutlicht, dass über das ‚Betreten' des erzeugten Raums innerhalb der Performance Vertrautes – im Sinne von Wissen, Erfahrungen, Erlebtem – herausgefordert wird. Hier lässt sich nun eine erwachsenenpädagogische Perspektive grundlegend einbinden.

3.2   Science-Slam: Erwachsenenpädagogische Lernkultur?

Als erwachsenenpädagogisches Konzept beschreiben Lernkulturen das Ergebnis von Aushandlungsprozessen zwischen und in den didaktischen Handlungsebenen auf Makro-, Meso- und Mikroebene (Fleige und Robak 2017). Demnach sind Lernkulturen in der Beschreibung nicht auf den Lehrkontext der Mikroebene beschränkt, sondern verweisen darüber hinaus auf Zusammenhänge zu Handlungen auf der Meso- und Makroebene.[5] Gleichzeitig sind Lernkulturen eingebettet in

---

tionen werden erinnert, aber auch gesetzt. In der Science-Slam-Veranstaltung finden sich diese Charakteristika eines Events. Mit dem performancetheoretischen Zugang erfolgt jedoch weiterführend eine Fokussierung auf die Rollenzuschreibungen und deren Auswirkungen sowie die gemeinsame Ausgestaltung der einzelnen Slam-Performance.

5   In der erwachsenenpädagogischen Beschreibung können die Mikro-, Meso- und Makroebene als didaktische Handlungsebenen beschrieben werden. Das heißt, auf der Mikroebene lässt sich die Lehrsituation, also die einzelne Veranstaltung, mit Vorbereitung, Durchführung und Nachbereitung einordnen, auf der Mesoebene lassen sich zusammengefasste Lehreinheiten (bspw. zu einem bestimmten Themenbereich)

gesellschaftlich-historische Kontextualisierungen. In dieser Multidimensionalität ergibt sich eine je einrichtungsspezifische Lernkultur.

Grundlage für die Betrachtung von Lernkulturen außerhalb einrichtungsspezifischer Kontexte ist die Befragung der jeweiligen Lernkultur nach ihren Vermittlungsangeboten und Inszenierungen der didaktischen Gestaltung, unabhängig vom Veranstaltungsort (Faulstich und Haberzeth 2010). Die Beschreibung von Lernkulturen löst sich dann von den einrichtungsspezifischen Grundlegungen und wird auf Zusammenhänge außerhalb von Erwachsenen-/Weiterbildungseinrichtungen übertragen. Dabei kann auch in diesen, nicht an erwachsenenpädagogische Einrichtungen gebundenen Kontexten zunächst ein didaktisches Handeln unterstellt werden.

Für das Veranstaltungsformats Science-Slam lassen sich die Überlegungen entlang der didaktischen Handlungsebenen auf Mikro-, Meso- und Makroebene nun wie folgt ausdifferenzieren: Die Definition der makrodidaktischen Handlungsebene (politische Felder, Tietgens 1992) ermöglicht, dass Wissenschaftskommunikation in Diskurse der Wissenschaftspolitik und in darauf bezogene andere Gesellschaftsbereiche eingebettet wird. Wissenschaftspolitik fokussiert sich darauf, Forschungsprozesse zu regulieren, aber Wissenschaft auch generell administrativ und ethisch einzuhegen. Wissenschaften werden zudem durch politische Entscheidungen gestützt, begründet und finanziert. Dennoch befinden sich Politik und Wissenschaft in einem legitimatorischen Abhängigkeitsgefüge, denn auch politische Entscheidungen sind von wissenschaftlichen Erkenntnissen abhängig. Diese Zusammenhänge haben Auswirkungen auf das Verständnis und die konzeptionelle Ausrichtung von Wissenschaftskommunikation.

Aus dieser Gemengelage heraus ergeben sich daher spezifische (didaktische) Ansätze zur Vermittlung von wissenschaftlichem Wissen, die vor dem Hintergrund eines intermediären Ver-Mittlungsraumes gefasst werden können. In diesem intermediären Ver-Mittlungsraum werden Bedarfe und Bedürfnisse verschiedener Akteur*innen sichtbar und ausgehandelt. Es treffen sich dort u. a. mehrstimmige Nützlichkeitserwartungen, Teilhabeinteressen, Ressourcenbedarfe sowie Autonomiebestrebungen der Gesellschaftsakteur*innen. Vor dem Hintergrund der

---

sowie das gesamte Programm, in welchem verschiedene Themenbereiche als einzelne Programmbereiche (u. a. Umwelt, Sprachen, Politik, Gesundheit) zusammengefasst sind, platzieren, die Makroebene verweist dann auf das Selbstverständnis der jeweiligen Erwachsenen-/Weiterbildungseinrichtung und auf implizite politische Entscheidungen (u. a. Tietgens 1992). Auf all diesen Ebenen wird didaktische gehandelt und finden somit didaktische Entscheidungen statt. Zur Beschreibung einer Lernkultur gilt es alle Ebenen in den Blick zu nehmen, um die Aushandlungsprozesse zwischen und innerhalb der Ebenen sichtbar zu machen.

Vermittlung setzen mesodidaktische Überlegungen an (Tietgens 1992). Innerhalb der Wissenschaftskommunikation lassen sich auf dieser didaktischen Handlungsebene verschiedene Formate platzieren. Ein Veranstaltungsformat ist in diesem Zusammenhang der Science-Slam, dessen Ausformung an charakteristische Anforderungen gebunden ist. Die Mikroebene umfasst dann die einzelne Science-Slam-Veranstaltung mit ihren Slam-Performances.

In ihrem Zusammenwirken bilden die benannten didaktischen Handlungsebenen (mikro, meso und makro) eine Lernkultur aus, die in ihrer Spezifik analytisch erschlossen werden kann.

4 Beforschung von Lernkulturen in der ‚Figur des Da-Zwischen'

Die Annahmen zur Verschränkung von didaktischen Handlungsebenen in der jeweiligen Lernkultur werden über die ‚Figur des Da-Zwischen' konzeptualisiert, um einerseits auf die spezifische Lernkultur zu verweisen und andererseits das Zusammenwirken innerhalb und zwischen verschiedener/n Ebenen zu verdeutlichen.

Ausgangspunkt für die Erschließung einer Lernkultur über die ‚Figur des Da-Zwischen' ist daher die Perspektivenverschränkung. So kann den Annahmen zu Lernkulturen entsprochen werden, die sich entlang von beteiligten Akteur*innen, Beziehungskonstellationen und deren Wechselwirkung, Begründungslagen sowie einflussnehmenden Faktoren zwischen und innerhalb der drei didaktischen Handlungsebenen jeweils spezifisch ausgestalten. Über die Perspektivenverschränkung gilt es, alle beteiligten Akteur*innen in den empirischen Blick zu bekommen. Rückgebunden wird die Begründung der Perspektivenverschränkung an beziehungstheoretische Ansätze und Grundlegungen im Symbolischen Interaktionismus (Blumer 2013), demnach jede*r Einzelne zu einer*einem sozialen Akteur*in wird, die*der bewusst durch Selbstreflexion auf ihre*seine Umwelt einwirkt und sich in Beziehung zu anderen Personen setzen kann.

Die analytischen Auseinandersetzungen konzentrieren sich an dieser Stelle auf ein Changieren zwischen meso- und mikrodidaktischer Handlungsebene. Um die Besonderheit der erforschten Lernkultur Science-Slam zunächst in dieser mikroskopischen Betrachtung herauszuarbeiten, werden als Perspektiven auf den Forschungsgegenstand ‚Science-Slam' Personen aus dem Publikum als Teilnehmende bei Science-Slam-Veranstaltungen und Wissenschaftler*innen, die bei einer Science-Slam-Veranstaltung als Slammende auftreten, identifiziert.

Die Erschließungsphase erfolgt im Rahmen einer dichten Datengewinnung durch fokussierte Interviews (Merton et al. 1946, 1956) mit den auftretenden Wissenschaftler*innen, durch Vorabinterviews sowie fokussierte Interviews mit den Personen aus dem Publikum und durch teilnehmende Beobachtung (Oester 2008). Die geführten Interviews werden als Perspektivengruppen auf den Forschungsgegenstand ‚Science-Slam‘ zusammengefasst. Das Vorgehen im Auswertungsverfahren ist eine eigens entwickelte methodische Grundlage, da zwar teilweise Lernkulturen über Perspektivenverschränkung erschlossen wurden, jedoch noch keine analytischen Ansätze zur Beschreibung der ‚Figur des Da-Zwischen‘ vorliegen (Stimm 2020). Dabei handelt es sich um eine Kombination von Auswertungsmethoden mit Pilotcharakter, die an die rekonstruktive Sozialforschung (Bohnsack 2014) rückgebunden werden.

Ganz grundlegend ist es somit möglich, Charakteristika für das Veranstaltungsformat ‚Science-Slam‘ herauszuarbeiten, aber es geht eben nicht nur um die Charakterisierung, sondern darüber hinaus um eine mikroskopische Erschließung und Rekonstruktion des Veranstaltungsformats.

4.1 Inszenierungsstrategien und Vermittlungspraktiken der Lernkultur ›Science-Slam‹

Die ›Figur des Da-Zwischen‹ verdeutlicht zunächst, dass zwei Aspekte Einfluss auf die spezifische Lernkultur nehmen: Inszenierungsstrategien und Vermittlungspraktiken.

Die *Inszenierungsstrategien*, welche sich auf der mesodidaktischen Handlungsebene verorten lassen, beeinflussen jede einzelne Science-Slam-Veranstaltung. Sie beschreiben das In-Szene-Setzen des wissenschaftlichen Wissens vor dem Hintergrund der Ansprüche des Veranstaltungsformats. Sie lassen sich auf zwei Ebenen ausdifferenzieren: (1) Welche Inszenierungsstrategien werden durch die Konzeption des Veranstaltungsformats fundiert? und (2) Welche Inszenierungsstrategien werden von den anwesenden Personen eingebracht?

Die Inszenierungsstrategien fordern wiederum auf mikrodidaktischer Ebene *Vermittlungspraktiken* ein, die an die Spezifik des Veranstaltungsformats gebunden sind. Diese Vermittlungspraktiken werden von den auftretenden Wissenschaftler*innen eingebracht. Durch die Analyse können sieben verschiedene Vermittlungspraktiken entlang des spezifisch ausgewählten Science-Slam-Formats differenziert beschrieben werden. Sie kennzeichnen die methodisch-didaktische Ausgestaltung der Slam-Performances: (1) beziehungsabhängiger Vortragsstil, (2) interaktive Teilnahme, (3) sprachliche Kontextsetzung, (4) wissenschaftliche

Illustration, (5) visuelle Kontextsetzung, (6) schematischer Aufbau und (7) verständliche Wissenschaft.

Entlang der beispielhaft ausgewählten Slam-Performance „Dienliche Defekte" von Reinhard Remfortlässt sich in einem ersten Zugang festhalten, dass sich die sieben Vermittlungspraktiken belegen lassen:[6]

- Der *beziehungsabhängige Vortragsstil* bindet sich an die Persönlichkeit des Slammenden, welcher im Beispiel vor allem im Einstieg in seine Slam-Performance dargestellte Inhalte und eigene Person zusammenbringt (Zeile 1–39) und damit eine Projektionsfläche für die Teilnehmer*innen anbietet.
- Die *interaktive Teilnahme* stützt sich in dieser Slam-Performance auf ein Interaktionsangebot durch rhetorische Fragen (u. a. Zeile 144–145) und direkte Fragen zu Ideen und Meinungen (z. B. Zeile 3–5).
- Die *sprachliche und visuelle Kontextsetzung* erfolgt einerseits z. B. durch die Erläuterungen zur Unschärferelation, indem diese am Beispiel der Geschwindigkeitsüberwachung erläutert wird (Zeile 133–136), andererseits durch die Nutzung von Bildmaterial, welches das Erläuterte in einen anderen Kontext setzt, indem z. B. Quanten, die „in sogenannten MASSeinheiten" vorkommen (Zeile 95–96) nun als „Bedienung auf dem Oktoberfest mit acht vollen Maßkrügen" abgebildet werden (Zeile 96). Demgegenüber werden aber auch *wissenschaftliche Illustrationen* genutzt (u. a. Einblendung der Schrödingergleichung, Zeile 168).
- Als zentrales Einstiegsszenario kann für den *schematischen Aufbau* die Definition des Forschungsproblems gelten (in der Beispiel-Slam-Performance Zeile 39–71). Daran schließen sich theoretische Grundlagen über den „Crashkurs Quantentheorie" an (Zeile 71–176). Nach einer Zusammenfassung dieser Grundlagen (Zeile 176–182) erfolgt nun die Rückbindung der theoretischen Grundlagen an das Forschungsproblem (Zeile 176–194) sowie eine beispielhafte Erläuterung der Forschungsmöglichkeiten (Zeile 194–220).
- *Verständliche Wissenschaft* setzt genau bei den Grundlagen als thematische Einführung an. Diese Einführung ist spezifisch inhaltlich ausgerichtet und dient in der vorliegenden Slam-Performance als Vermittlungsmöglichkeit des Forschungsansatzes. Das heißt, dass zum einen das Thema breiter gefasst wird, um mehr inhaltliche Verbindungslinien für die Teilnehmer*innen anzubieten, es wird sozusagen aus dem Forschungsfokus herausgezoomt. Gleichzeitig wird

---

6 Zu den Inszenierungsstrategien können aufgrund des fehlenden Interviewmaterials für die vorliegende Slam-Performance keine Aussagen getroffen werden. Die Zeilenangaben beziehen sich auf das Transkript des Slams von Reinhard Remfort im Anhang dieses Bandes.

aber ein thematisch-inhaltlicher Fokus gehalten. Zum anderen werden die wissenschaftlichen Ausführungen detailliert.

Beziehungsabhängiger Vortragsstil, sprachliche Kontextsetzungen und visuelle Kontextsetzungen referieren vor allem auf die Emotionen der Teilnehmenden und die Gestaltung einer Beziehung zwischen Teilnehmer*innen und Inhalt über diese Vermittlungspraktiken. Diese emotionale Vermittlung wird durch Praktiken der wissenschaftlichen Illustrationen, verständlichen Wissenschaft und den schematischen Aufbau wieder eingefangen und an den wissenschaftlichen Hintergrund der Slam-Performance rückgebunden.

4.2 Weiter-Denken: Science-Slam als Irritationsanlass

Die Lernkultur ‚Science-Slam' ist zentral geprägt von einer unterstellten Differenz zwischen den durch die Akteur*innen eingebrachten Wissensstrukturen, in deren Überführung sich Lern- und Bildungsprozesse erkennen lassen. Gestützt wird diese Annahme durch die performancetheoretische Grundlegung des Veranstaltungsformats, die deutlich macht, dass in einer Performance „Wissen und Erfahrung als Art und Weise der Welterschließung an eine Grenze" stoßen, die „Intensität und Reibung" (Seitz 1996, S. 344) erzeugt. Diese Reibungsflächen sind Voraussetzung für Lern-, aber auch Bildungsprozesse (Schäffter 2001). Die zehnminütigen Auftritte der Wissenschaftler*innen während des Science-Slams werden daher grundlegend als Slam-Performance verstanden. In Anlehnung an Diskurse zu performativen, vollziehenden Handlungen rückt somit der einzelne Slam selbst in den Mittelpunkt (Fischer-Lichte 2004, 2012).

Über die Slam-Performance entsteht ein „performativer Raum" (Fischer-Lichte 2004, S. 188–200), ein sich ständig durch Bewegungen und Wahrnehmungen der beteiligten Akteur*innen verändernder, Atmosphäre ausbildender Raum. „Der performative Raum eröffnet Möglichkeiten, ohne die Art ihrer Nutzung und Realisierung festzulegen. Darüber hinaus läßt er sich auch in einer Weise verwenden, die weder geplant noch vorhergesehen war" (Fischer-Lichte 2004, S. 189). Er versinnbildlicht durch seine spezifische Atmosphäre einen produktiven „»Zwischen-Raum«" (Fischer-Lichte 2004, S. 199). Der Zwischen-Raum erzeugt „Intensität und Reibung" (Seitz 1996, S. 344), wodurch Vertrautes in Frage gestellt und die Wahrnehmung herausgefordert wird. Durch die damit einhergehende Erfahrung von Widerständigkeit, Neugierde und Experimentierfreudigkeit werden Konfrontationen sichtbar, die dazu anregen, Inhalte, Erfahrungen und Deutungen loszulassen, Standpunkte zu hinterfragen, irritiert zu sein und Möglichkeiten zu erschließen (Seitz 1996).

Irritation basiert dabei auf individuellen Erfahrungen und Erwartungen, alltäglichen, selbstverständlichen Überzeugungen und daran anschließenden Antizipationsmustern. Durch Irritation werden diese Erfahrungen und Erwartungen nun aus ihrer Latenz herausgehoben und damit reflexiv zugänglich. Wo Irritationen in der als Beispiel vorliegenden Slam-Performance hervorgerufen werden, lässt sich nur aus der Perspektive der jeweiligen Teilnehmer*innen beantworten, Irritationen sind demnach individuell rückgebunden.

Doch unabhängig von dem Irritationsangebot, welches im Science-Slam liegt, ermöglicht dieser dennoch keine ganzheitliche Aneignung. Es handelt sich eher um eine informative Vermittlung im Umgang mit Wissen (Kade 2005). In der informativen Vermittlung wird die Aneignung in der Kommunikation nicht als Problem reflektiert, sondern im Fokus steht die Vermittlung. Die Aneignung des Wissens bleibt den Zuhörenden, Zuschauenden, Lesenden oder Teilnehmenden überlassen. Kennzeichnend dafür sind die herausgearbeiteten Inszenierungsstrategien und Vermittlungspraktiken, die das wissenschaftliche Wissen in den Mittelpunkt rücken.

Literatur

Bauernschmidt, Stefan. (2018). Öffentliche Wissenschaft, Wissenschaftskommunikation & Co. Zur Kartierung zentraler Begriffe in der Wissenschaftskommunikation. In Stefan Selke & Annette Treibel (Hrsg.), *Öffentliche Gesellschaftswissenschaften. Grundlagen, Anwendungsfelder und neue Perspektiven* (S. 21–42). Wiesbaden: VS Verlag für Sozialwissenschaften.

Bell, Daniel. (1989 [1973]). *Die nachindustrielle Gesellschaft.* Frankfurt am Main: Campus-Verlag.

Blumer, Herbert. (2013). *Symbolischer Interaktionismus. Aufsätze zu einer Wissenschaft der Interpretation.* Berlin: Suhrkamp Verlag.

Bohnsack, Ralf. (2014). *Rekonstruktive Sozialforschung. Einführung in qualitative Methoden.* Opladen: Verlag Barbara Budrich.

Burns, Terry W., O'Connor, John, & Stocklmayer, Susan. (2003). Science Communication: A Contemporary Definition. *Public Understanding of Science 12 (2)*, 183–202.

Conein, Stefanie, Schrader, Josef, & Stadler, Martin. (Hrsg.) (2004). *Erwachsenenbildung und die Popularisierung von Wissenschaft. Probleme und Perspektiven bei der Vermittlung von Mathematik, Naturwissenschaften und Technik.* Bielefeld: W. Bertelsmann Verlag.

Dernbach, Beatrice, Kleinert, Christian, & Münder, Herbert. (2012). Einleitung. Die drei Ebenen der Wissenschaftskommunikation. In Beatrice Dernbach, Christian Kleinert & Herbert Münder (Hrsg.), *Handbuch Wissenschaftskommunikation* (S. 1–15). Wiesbaden: VS Verlag für Sozialwissenschaften.

Dewe, Bernd. (1988). *Wissensverwendung in der Fort- und Weiterbildung: zur Transformation wissenschaftlicher Informationen in Praxisdeutungen*. Baden-Baden: Nomos Verlagsgesellschaft.

Dinkelaker, Jörg, & Kade, Jochen. (2011). Wissensvermittlung und Aneignungsorientierung – Antworten der Erwachsenenbildung/Weiterbildung auf den gesellschaftlichen Wandel des Umgangs mit Wissen und Nicht-Wissen. *REPORT. Zeitschrift für Weiterbildungsforschung 34 (2)*, 24–34.

Drucker, Peter F. (1969). *The Age of Diskontinuity. Guidlines to our Changing Society*. Oxford: Butterworth-Heinemann

Faulstich, Peter. (2006). *Öffentliche Wissenschaft. Neue Perspektiven der Vermittlung in der wissenschaftlichen Weiterbildung*. Bielefeld: transcript Verlag.

Faulstich, Peter, & Haberzeth, Erik. (2010). Aneignung und Vermittlung an lernförderlichen Orten. Theoretische Begründung und exemplarische Analysen an Lernorten. In Christine Zeuner (Hrsg.), *Demokratie und Partizipation. Beiträge der Erwachsenenbildung* (S. 58–79). Hamburg: Universität Hamburg.

Faulstich, Peter, & Trumann, Jana. (2016). Wissenschaftsvermittlung, Popularisierung und kollektive Wissensproduktion. *Magazin erwachsenenbildung.at (27)*, 02/1–02/11. http://www.erwachsenenbildung.at/magazin/16-27/meb16-27.pdf. Zugegriffen: 08. April 2017.

Fischer-Lichte, Erika. (2004). *Ästhetik des Performativen*. Frankfurt am Main: Suhrkamp Verlag.

Fischer-Lichte, Erika. (2012). *Performativität. Eine Einführung*. Bielefeld: transcript Verlag.

Fleige, Marion, & Robak, Steffi. (2017). Lehr-Lernkulturen in der Erwachsenenbildung. In Rudolf Tippelt & Aiga von Hippel (Hrsg.), *Handbuch Erwachsenenbildung/Weiterbildung* (S. 623–641). Wiesbaden: VS Verlag für Sozialwissenschaften.

Gebhardt, Winfried. (2000). Feste, Feiern und Events. Zur Soziologie des Außergewöhnlichen. In Winfried Gebhardt, Ronald Hitzler, Michaela Pfadenhauer (Hrsg.), *Events. Soziologie des Außergewöhnlichen* (S. 17–31). Opladen: Leske+Budrich.

Hagenhoff, Svenja, Seidenfaden, Lutz, Ortelbach, Björn, & Schumann, Matthias. (2007). *Neue Formen der Wissenschaftskommunikation. Eine Fallstudienuntersuchung*. Göttingen: Universitätsverlag Göttingen.

Hill, Miira. (2018). Die Versinnbildlichung von Gesellschaftswissenschaft. Herausforderung Science Slam. In Stefan Selke & Annette Treibel (Hrsg.), *Öffentliche Gesellschaftswissenschaften. Grundlagen, Anwendungsfelder und neue Perspektiven* (S. 169–186). Wiesbaden: VS Verlag für Sozialwissenschaften.

Hippel, Aiga von, Kulmus, Claudia, & Stimm, Maria. (2019). *Didaktik der Erwachsenen- und Weiterbildung*. Paderborn: Verlag Ferdinand Schöningh.

Hollstein, Oliver. (2011). *Vom Verstehen zur Verständigung. Die erziehungswissenschaftliche Beobachtung einer pädagogischen Denkform*. Frankfurt am Main: Fachbereich Erziehungswissenschaften der Johann Wolfgang Goethe-Universität.

Hof, Christiane. (2003). Wissensvermittlung. Zur Differenz von personalen, medialen und strukturalen Formen der Wissensvermittlung. In Dieter Nittel & Wolfgang Seitter (Hrsg.), *Die Bildung des Erwachsenen. Erziehungs- und Sozialwissenschaftliche Zugänge. Festschrift für Josef Olbrich* (S. 25–34). Bielefeld: W. Bertelsmann Verlag.

Kade, Jochen. (2005). Wissen und Zertifikate. Erwachsenenbildung/Weiterbildung als Wissenskommunikation. *Zeitschrift für Pädagogik 51 (4)*, 498–512.

Merton, Robert K., & Kendall, Patricia L. (1946). The Focused Interview. *American Journal of Sociology 51 (6)*, 541–557.

Merton, Robert K., Fiske, Marjorie, & Kendall, Patricia L. (1956). *The Focused Interview. A Manual of Problems and Procedures*. New York: The Free Press.

Nikolow, Sybille, & Schirmacher, Arne. (2007). Das Verhältnis der Wissenschaft und Öffentlichkeit als Beziehungsgeschichte: Histographische und systematische Perspektiven. In Sybille Nikolow & Arne Schirmacher (Hrsg.), *Wissenschaft und Öffentlichkeit als Ressourcen füreinander. Studien zur Wissenschaftsgeschichte im 20. Jahrhundert* (S. 11–36). Frankfurt am Main: Campus-Verlag.

Nolda, Sigrid. (2001). Vom Verschwinden des Wissens in der Erwachsenenbildung. *Zeitschrift für Pädagogik 47 (1)*, 101–120.

Oester, Kathrin. (2008). „Fokussierte Ethnographie": Überlegungen zu den Kernansprüchen der Teilnehmenden Beobachtung. In Bettina Hünersdorf, Christoph Maeder & Burkhard Müller (Hrsg.), *Ethnographie und Erziehungswissenschaft. Methodologische Reflexionen und empirische Annäherungen* (S. 233–243). München: Juventa Verlag.

Olbrich, Josef. (2001). *Geschichte der Erwachsenenbildung in Deutschland*. Opladen: Leske+Budrich.

Pansegrau, Peter, Taubert, Niels, & Weingart, Peter. (2011). Wissenschaftskommunikation in Deutschland. Ergebnisse einer Onlinebefragung. Eine Untersuchung im Auftrag des Deutschen Fachjournalisten-Verbandes (DFJV). https://www.dfjv.de/documents/10180/178294/ DFJV_Studie_Wissenschaftskommunikation_in_Deutschland.pdf. Zugegriffen: 14. April 2015.

Peters, Bernhard. (1993). *Die Integration moderner Gesellschaften*. Frankfurt am Main: Suhrkamp Verlag.

Preckwitz, Boris. (2002). *Slam Poetry – Nachhut der Moderne. Eine literarische Bewegung als Anti-Avantgarde*. Hamburg: Books on Demand.

Rustemeyer, Dirk. (2005). Transformation pädagogischen Wissens: Pädagogik als Einheit und Differenz von Person und Kultur. In Jochen Kade & Wolfgang Seitter (Hrsg.), *Pädagogische Kommunikation im Strukturwandel. Beiträge zum Lernen Erwachsener* (S. 13–22). Bielefeld: W. Bertelsmann Verlag.

Schäffter, Ortfried. (2001). *Weiterbildung in der Transformationsgesellschaft. Zur Grundlegung einer Theorie der Institutionalisierung*. Baltmannsweiler: Schneider Verlag Hohengehren.

Schmidt-Lellek, Christoph J. (2001). Was heißt „Dialogische Beziehung" in berufsbezogener Beratung (Supervision und Coaching)? Das Modell des Sokratischen Dialogs. *Organisationsberatung, Supervision, Coaching (OSC) (3)*, 199–212.

Schulenberg, Wolfgang. (1975). Zu den Problemen der Wissensvermittlung bei Erwachsenen. In Wolfgang Schulenberg (Hrsg.), *Transformationsprobleme der Weiterbildung* (S. 19–35). Braunschweig: Georg Westermann Verlag.

Seitz, Hanna. (1996). *Räume im Dazwischen. Bewegung, Spiel und Inszenierung im Kontext ästhetischer Theorie und Praxis. Grundlegung einer Bewegungsästhetik*. Essen: Klartext.

Stehr, Nico. (1994). *Arbeit, Eigentum und Wissen. Zur Theorie von Wissensgesellschaft*. Frankfurt am Main: Suhrkamp Verlag.

Stimm, Maria. (2020). *Science Slam. Ein Format der Wissenschaftskommunikation aus erwachsenenpädagogischer Perspektive*. Bielefeld: transcript Verlag.

Stimm, Maria. (2016). Ortsraum. Gefühlsraum? Sozialraum! Ein Brückenschlag zwischen Raumbetrachtungsebenen und Bildungsimpulsen am Beispiel des Veranstaltungsformats Science Slam. In Joachim Ludwig, Malte Ebner von Eschenbach & Maria Kondratjuk (Hrsg.), *Sozialräumliche Forschungsperspektiven verschiedener Disziplinen* (S. 75–89). Opladen: Verlag Barbara Budrich.

Strzelewicz, Willy. (1986). Popularisierung in der Erwachsenenbildung als soziokulturelles Problem. In Horst Ruprecht & Gerhard-H. Sitzmann (Hrsg.), *Erwachsenenbildung als Wissenschaft. Das Prinzip der Popularisierung als grundlagentheoretisches Problem der Erwachsenenbildung* (S. 19–41). Weltenburg: Weltenburger Akademie.

Taschwer, Klaus. (1996). Wissen über Wissenschaft. Chancen und Grenzen der Popularisierung von Wissenschaft in der Erwachsenenbildung. In Sigrid Nolda (Hrsg.), *Erwachsenenbildung in der Wissensgesellschaft* (S. 65–99). Bad Heilbrunn: Verlag Julius Klinkhardt.

Tietgens, Hans. (1992). *Reflexionen zur Erwachsenendidaktik*. Bad Heilbrunn: Verlag Julius Klinkhardt.

Voigt, Kristin. (2012). *Informelle Wissenschaftskommunikation und Social Media*. Berlin: Frank & Timme GmbH Verlag.

Wehling, Peter, & Viehöver, Willy. (2013). Uneingeladene Partizipation der Zivilgesellschaft. Ein kreatives Element der Governance von Wissenschaft. In Edgar Grande, Dorothea Jansen, Otfried Jarren, Arie Rip, Uwe Schimank & Peter Weingart (Hrsg.), *Neue Governance der Wissenschaft. Reorganisation – externe Anforderungen – Medialisierung* (S. 213–234). Bielefeld: transcript Verlag.

Science-Slams im Kontext

Ursprünge und Protreptik des Science-Slams

Jesús Muñoz Morcillo

Zusammenfassung

Im vorliegenden Aufsatz wird die antike rhetorische Technik der Hinführung zu einer bestimmten Fachdisziplin – bekannt als Protreptik – im Science-Slam aufgespürt und untersucht. Die aktuelle Forschung setzt sich vornehmlich mit dem Science Slam aus der Rezeptionsperspektive auseinander. Dabei werden rhetorische Aspekte übersehen, die für die kulturgeschichtliche und medientheoretische Einordnung des Science-Slams wichtig sind. Im vorliegenden Beitrag konzentrieren wir uns auf jene rhetorischen Techniken des Science-Slams, welche eine protreptische Strategie durchblicken lassen. Der Vergleich mit früheren rhetorischen Strategien der Wissenspopularisierung erweitert unser Verständnis des soziokulturellen Geflechts, in dem die Kommunikationsform Science-Slam zur Entfaltung kommt. Vor diesem Hintergrund werden protreptische Aspekte aufgegriffen, die sowohl mit Professionalisierungsprozessen als auch mit der Inszenierung höherer Ziele zusammenhängen. Der Unterschied zur traditionellen Protreptik ist nicht so sehr in der medialen Professionalisierung wie in der Vielfalt der Legitimationsansätze zu finden. Wo früher eine bestimmte Philosophieschule den Anspruch erhob, den sicheren Hafen des Lebens zu sein, finden wir heute eine vergleichbare, wenn auch fragmentierte Aussicht auf wahre Erkenntnisse über die großen Fragen der Menschheit.

Schlüsselbegriffe

Protreptik, Rhetorik, Science-Slam, Poetry-Slam, Wanderbühne, Genealogie des Science-Slams, Platon, Mai-Thi Nguyen-Kim, Professionalisierung der Wissensvermittlung, Embodiment populärwissenschaftlicher Kommunikation

© Springer Fachmedien Wiesbaden GmbH, ein Teil von Springer Nature 2020   201
P. Niemann et al. (Hrsg.), *Science-Slam*,
https://doi.org/10.1007/978-3-658-28861-7_11

1   Einleitung

Science-Slams gelten als neues Phänomen der Wissenschaftskommunikation. Der feierliche, performative Wettstreitcharakter des Science-Slams hat seine modernen Ursprünge im Poetry-Slam, der wiederum die literarisch-protreptische Kulturtechnik des antiken musischen Agons (d.h. des Dichterwettstreits) wiederbelebt. Die rhetorische Performance im Dienste der Wissenspopularisierung geht ebenso auf die Antike zurück. Der Dichterwettstreit, die Prunkrede, das Lehrgedicht, die Werberede und die Epideiktik stehen in der Tradition unterhaltender Wissensvermittlung. Diese sind auch die passenden Formate für die Entfaltung der sogenannten Protreptik (wortwörtlich „Kunst der Hinwendung"). Bei der Protreptik geht es darum, eine bestimmte Philosophie- oder Rhetorik-Schule, Weltvorstellung oder Fachdisziplin vor einer Audienz anschaulich und verständlich zu bewerben, so dass die Zuschauer*innen zur „richtigen Erkenntnis" geführt oder zu einer bestimmten Handlung angeregt werden. Die Kulturtechnik der Protreptik ist außerdem gattungsübergreifend: Nicht nur Reden, sondern auch Dialoge, Lehrgedichte und Briefe enthalten protreptische Momente. Besonders interessant für den Vergleich mit dem heutigen Science-Slam sind die rhetorischen und literarischen Wettstreite sowie die sogenannte Werberede. Die Wirkung der Protreptik in populärwissenschaftlichen Kontexten kann bis zur Gegenwart verfolgt werden. Zeitgenössische Beispiele finden wir auch in jenen Science-Slam-Auftritten, die von Wissenschaftler*innen mit der Absicht konzipiert werden, die interessierte Öffentlichkeit vom Nutzen eines bestimmten Forschungsthemas oder eines wissenschaftlichen Faches auf unterhaltende Art und Weise zu überzeugen.

Im vorliegenden Aufsatz werden protreptische Tendenzen der heutigen Wissenschaftskommunikation am Beispiel des Science-Slams aufgespürt und mit früheren Strategien der Wissenspopularisierung verglichen. Dabei werden protreptische Aspekte des Science-Slams aufgegriffen, die sowohl mit Professionalisierungsfragen als auch mit höheren, wegweisenden Zielen der Wissenschaft zusammenhängen. Der Artikel wirft letztendlich die Frage auf, ob Wissenschaftler*innen auf Science-Slams immer protreptisch handeln.

2 Hintergründe

2.1 Was ist Protreptik?

Protreptik ist sicherlich kein gebräuchliches Wort mehr. Wenn dieses Wort in einem Gespräch fällt, haben die meisten Menschen Schwierigkeiten zu verstehen, was damit gemeint ist. Protreptik kommt aus dem griechischen Wort *protreptikós*, ein Adjektiv mit der Bedeutung „anspornend, ermahnend".[1] Dieser Terminus wird in der griechischen Rhetorik in Verbindung mit dem Wort *lógos* oft formuliert. *Lógos* bedeutet je nach Kontext „Wort" oder „Schrift". Im Syntagma *lógos protreptikós* ist *protreptikós* das Adjektiv. Wird *protreptikós* substantiviert, bezieht man sich auf eine Werbeschrift oder eine Werberede in allgemein verständlicher Sprache. Das Wort Protreptik enthält außerdem das Suffix *-ik*. Wenn das griechische Adjektiv *protreptikós* in Protreptik substantiviert wird, dann erhält das Suffix *-ik* die Konnotation von „Handwerk" oder „Kunstfertigkeit". Auf diese Weise entsteht die Bedeutung von Protreptik als „Kunst der Hinwendung" oder „Kunst der Bekehrung" je nach Kontext: Kunst der Hinwendung, wenn es um die Philosophie oder um ein bestimmtes Fach geht, oder Kunst der Bekehrung, wenn es um theologische Kontexte geht. Im ursprünglichen, ambivalenten Sinne geht es jedoch um eine rhetorische „Technik", denn Kunst und Technik wurden in der Antike mit dem gleichen Wort (*techné*) definiert. Protreptik ist demnach eine rhetorische Technik, durch eine anspornende Rede oder Schrift, leidenschaftliches Interesse für ein bestimmtes Thema zu wecken.[2]

Nun stellt sich die Frage, warum die Protreptik wieder relevant sein soll, und was diese mit dem Science-Slam gemeinsam hat. Protreptik und Science-Slam muten wie zwei Parallelwelten an. Dennoch: Beim Kurzvortragturnier „Science-Slam" geht es auch um eine gezielte Mischung aus Unterhaltungswert und Aufmerksamkeitsgewinnung, welche die Einstellung der Zuschauer*innen gegenüber einer bestimmten Fachdisziplin positiv beeinflussen kann. Der Vergleich liegt zwar auf der Hand, eine Herangehensweise muss jedoch gefunden werden, um antike Rhetorik in modernen Kontexten zu reflektieren.

---

1 D. h. „hortatory" nach dem altgriechisch-englischem Wörterbuch und Standardwerk in dieser Kategorie Liddell-Scott-Jones (LSJ).

2 Für eine Quellen-basierte Definition des Wortes „protreptikós" siehe den entsprechenden Eintrag im Griechisch-Englisch-Lexikon Liddell-Scott-Jones (LSJ). Für die Schwierigkeiten einer einheitlichen Definition siehe Kotzé (2018). Über die antike Protreptik im Allgemeinen siehe den einführenden Text von Görgemanns (2001).

2.2   Der Genealogische Ansatz

Ein genealogischer Ansatz zur Erforschung des Science-Slams setzt voraus, dass man den modernen Begriff Wissenschaftskommunikation auflockert. Der Begriff Populärwissenschaft wird bereits in der Fachliteratur für die Popularisierung von Wissenschaft ab dem 19. Jahrhundert verwendet (Daum 2002). Oliver Hochadel verwendet den Begriff Öffentliche Wissenschaft für die deutsche Aufklärung (2003). Für den vorliegenden Aufsatz wird Populärwissenschaft als ein Kofferwort verstanden, das sowohl moderne als auch vergangene Phänomene der Wissenschaftspopularisierung adressiert. Es gibt keine lineare Geschichte des Phänomens „Populärwissenschaft", die z. B. mit dem antiken Lehrgedicht anfängt und in den Science-Slam mündet.[3] Derartige Kontinuitäten sind eher die große Ausnahme, wie Foucault in seinen Ausführungen zur genealogischen Methode moniert. Einerseits wäre eine kontingente Historisierung der zutreffenden Termini wichtig, andererseits wäre aber genauso relevant den Machtverhältnissen populärwissenschaftlichen Handelns jeweils auf den Grund zu gehen – z. B. die Frage nach der Intention der Wissenschaftskommunikation heute und in früheren Zeiten zu untersuchen. Denn, wie Foucault am Anfang seiner bekannten Schrift zur Auseinandersetzung mit Nietzsches *Genealogie der Moral* sagt (Foucault 2009): die „Genealogie ist grau", d. h. sie hat keine einfach definierbaren Konturen, sie ist „ängstlich", denn man braucht relativ viele Hinweise, um eine Aussage machen zu können, sie ist „geduldig", denn nur so erreicht man die Evidenz, nach der man strebt, sie beschäftigt sich mit „Dokumenten", die sich mehrfach bespielen lassen – nämlich mit „Pergamenten" im übertragenen Sinne, jenes kostbare Papier, das man aus bearbeiteter Tierhaut bereits im Altertum produziert hat, und das sich eignete, um vorhandene Texte durch wiederholtes Zerkratzen der Oberfläche mehrfach zu überschreiben.

Bei aller Metaphorik trifft diese Definition auf den Umstand zu, dass den für neu gehaltenen Kulturtechniken oft vergessene Vorgängermodelle vorangehen. Das kann auch der Fall der Populärwissenschaft sein, zu deren Manifestationen sowohl der antike Dichterwettstreit als auch der moderne Science-Slam gehören. Um der Wissenschaftskommunikation genealogisch und terminologisch gerecht zu sein, sind daher allgemeine Formulierungen wie die „Popularisierung von Wissen" im Allgemeinen oder die „Populärwissenschaft" passender als modernere, institutionell geprägte Begriffe wie „Öffentliche Wissenschaft" oder „Wissenschaftskom-

---

3   Zu den Möglichkeiten einer Genealogie der Populärwissenschaft siehe Muñoz Morcillo (2020a); über populäre Formate der Wissensvermittlung in der Antike siehe auch Muñoz Morcillo (2018).

munikation". Diese begriffliche Unschärfe, derer wir uns im vorliegenden Aufsatz bedienen, hat den Vorteil, dass man den Untersuchungshorizont erweitern kann, ohne des Anachronismus beschuldigt zu werden.

2.3 Forschungsfragen zur Existenz und Vielfalt protreptischer Praktiken

Schaut man sich nun die Science-Slam-Szene aus der Perspektive der antiken Protreptik an, fällt auf, dass Science-Slammer*innen auch eine eigene Weltvorstellung vertreten und verbreiten. Der Vergleich der Protreptik mit aktuellen Praktiken der Wissenschaftskommunikation ist kein launenhafter Einfall, denn Protreptik hat immer existiert. Neben dem *genus iudiciale* (Gerichtsrede) und dem *genus deliberativum* (politische Rede) führte Aristoteles in seiner *Rhetorik* das *genus demonstrativum*, d. h. die epideiktische Redegattung ein, die darauf abzielte, Personen, Sachen oder Situationen zu loben oder zu tadeln. Bei der epideiktischen Rede geht es um einen Oberbegriff für sehr unterschiedliche Redeanlässe: Lobreden, Festreden, Hochzeitsreden, Grabreden, Einweihungsreden, Prunkreden, öffentliche Disputationen oder Streitgespräche sind Redetypen, die auch heute existieren. Möglicherweise haben wir erst im Zuge des Positivismus den bewussten Bezug zur angewandten Protreptik verloren, aber die „Kunst der Hinwendung" war durchgehend präsent. Eindeutige moderne Beispiele sind Ratgeberbücher, ermahnende Essays oder päpstliche Enzyclicae.[4] Bereits in der Spätantike setzte der Übergang von der Werberede zur Werbeschrift ein, um die Reichweite dieser kostbaren Reden nachhaltiger zu gestalten. Auch heute entstehen aus Science-Slam-Beiträgen Webvideos oder populärwissenschaftliche Sachbücher, die ein noch breiteres Publikum erreichen.

Zwei Forschungsfragen sollte man nun formulieren: Gibt es überhaupt so etwas wie eine Protreptik des Science-Slams? Die Arbeitshypothese lautet, dass Science-Slams auch einen Werbecharakter haben und somit zur Tradition der Protreptik gehören. Trifft dies zu, sollten Unterschiede zwischen der traditionellen und der heutigen Protreptik des Science-Slams auszumachen sein. Science-Slams sind performativ geprägt, werden in regelmäßigen Abständen organisiert und generieren ein wachsendes Publikum – eine Community, die durch das Online-Stellen der Beiträge seit den ersten Science-Slams im Jahr 2006 immer größer wird. Können

---

4   Protreptische Literatur ist heute in jedem intellektuellen und populärwissenschaftlichen
    Kreis sehr präsent: von Ratgeber-Büchern zur ketogenen Diät (z. B. Mercola 2017) bis
    zu Sloterdijks Einleitung zur vertikalen Selbstoptimierung des Menschen als stetem
    „Übenden" (Sloterdijk 2009).

wir daher auch im Falle des Science-Slams von Community Building reden? Eine erfolgreiche Protreptik setzt eine wachsende Gruppe von Anhängern*innen voraus. Science-Slams scheinen daher ein gutes Beispiel für einen Vergleich mit der protreptischen Literatur zu sein, die unter anderem darauf abzielte, neue Schüler*innen zu gewinnen oder Einfluss auf die Gesellschaft auszuüben.[5]

3   Historische Entwicklung

3.1   Ursprünge des Science-Slams in der Antike

Der Science-Slam ist dem antiken Dichterwettstreit in der Gattung des Lehrgedichts nicht unähnlich.[6] Die Tradition des Science-Slams als öffentlichem Spektakel der Wissensvermittlung lässt sich – mit unvermeidbaren Brüchen und Transformationen – bis Homer und Hesiod zurückverfolgen. Ein anonymer Kompilator aus der Regierungszeit Hadrians (117–138 n. Chr.) zitiert eine interessante Episode aus Alkidamas verlorenem Werk *Museion*. Demnach sollen beide Dichter in einem Agon, d.h. einem Dichterwettstreit, aufgetreten sein.[7] Hesiod siegte über Homer, weil seine Dichtung einen moralischen Nutzen hatte. Die von Homer zelebrierten Tugenden und Techniken wären für den Krieg, aber nicht für das Zusammenleben im Frieden geeignet.

Ob diese Anekdote sich tatsächlich zugetragen hat oder nicht, ist nicht so relevant. Allein die Erzählung dieser Geschichte zeigt die Wertschätzung der Lehrdichtung Hesiods als Medium zur Popularisierung ethischer Werte und praktischen Wissens, die für das Zusammenleben in der Polis unabdingbar waren.

---

5   Es gibt zahlreiche Beispiele zur gesellschaftlichen Dimension der epideiktischen Rede lange nach der Antike wie z.B. die politische Lobrede Leonardo Brunis über Florenz (*Laudatio florentinae urbis*) oder die öffentlichen Prunkreden von Latein-Lehrern während der Renaissance, welche die Relevanz des Faches für die Ausbildung des angehenden Staatsmannes zum Wohle der Stadt beweisen sollten. Das protreptische Ziel bestand darin, Sympathien, Renommee und neue zahlende Kunden zu gewinnen.

6   Bisher wurden die Ursprünge des Poetry-Slams in der Dichtungsstreit-Tradition angesehen (Hedayati-Aliabadi 2017; Anders 2008; Verlan 2005); dass es eine wissenschaftliche Gattung des Dichterwettstreits gab, wurde jedoch noch nicht in Verbindung mit dem Science-Slam gebracht.

7   Siehe *Certamen Homeri et Hesiodi*, vgl. West (1967); Argumente gegen Wests These, dass die Anekdote vom Sophisten Alkidamas erfunden wurde, liefert z.B. Richardson (1981).

Hesiod bekam als Sieger einen bronzenen Dreifuß, den er den Musen des Berges Helikon weihte, was er selber im Lehrgedicht *Werke und Tage* (Verse 650–659) kommentiert:

> „[...] nach meinem Sieg im Gesang habe ich dort [...]
> den gehenkelten Dreifuß geholt;
> den habe ich den Musen am Helikon wieder gewidmet,
> dort wo jene zuerst mich erfüllten mit tönendem Sange."[8]

Dreifüße waren begehrte Trophäen und wiederkehrende Votivgaben: Paradigmatisch ist der Wettstreit von Herakles und Apollon um den delphischen Dreifuß, der womöglich hier als Hintergrundmotiv mitschwingt, denn Herakles repräsentiert archaische Tugenden wie Kraft, Tapferkeit und Furchtlosigkeit, ähnlich wie die meisten homerischen Krieger, während Apollon, als Gott der Musik, des Lichts, der Heilkünste und der Weissagung, für Fortschritt und Ordnung steht – Werte, die wir auch bei Hesiod, und bei späteren Lehrdichtern wie Lukrez finden können.

Der Dichterwettstreit, sowie weitere Belege über diese Art von Ereignissen bei Autoren wie Hesiod oder Aristophanes,[9] zeigt, dass nicht nur die Epik und das Theater, sondern auch das Lehrgedicht sich eines breiten Publikums erfreute. Der Schlüssel zum Erfolg für derartige Wettbewerbe waren die protreptischen Qualitäten der Beiträge. Nun stellen sich die Fragen, ab wann man von Protreptik sprechen kann und welche Typen der Protreptik gepflegt wurden.

3.2 Ursprünge und Typen der Protreptik in der Antike

Die Antike ist eine extrem lange Zeitperiode gewesen, die etwa vom 3000. Jahr v. Chr. bis zum Niedergang des Weströmischen Reiches reicht, was üblicherweise im Jahr 476 datiert wird. Das Römische Reich existierte jedoch im Osten Europas, sowohl *de iure* als auch *de facto*, bis zum Fall Konstantinopels im Jahr 1453. Die italienische Renaissance sorgte auch dafür, dass die rhetorische Tradition einen weiteren, entscheidenden Impuls bis in die Neuzeit bekam. Es gibt daher keinen Grund dafür anzunehmen, dass die Protreptik ausschließlich eine Angelegenheit vergangener Zeiten sei. Protreptische Reden und Schriften wurden immer produziert (vgl. Wila 2005).

---

8   Übersetzung nach H. Gebhardt.
9   Vgl. *Werke und Tage*, 656–659; Aristophanes, *Frieden*, 1282–1283.

Doch der Ursprung der Protreptik als eine bewusste rhetorische Aktivität geht auf die Zeit Platons zurück. Etwa im 5.–4. Jh. v. Chr. entstehen zwei Typen von Protreptik: die sophistische und die philosophische. Vor Platon haben wir es mit einer archaischen Form der Protreptik zu tun, die wir bereits in Hesiod und in Homer vorfinden. Hesiod hatte nämlich sein bekanntestes Lehrgedicht *Werke und Tage* verfasst, um seinen arbeitsscheuen Bruder Perses zum richtigen Bauernleben zu führen. Er erklärt ihm u. a., warum Astronomie und Meteorologie für die Landwirtschaft wichtig sind. Mit anschaulichen Beispielen führt Hesiod vor, wie nützlich naturwissenschaftliche und technische Kenntnisse sind. Das Lehrgedicht *Werke und Tage* ist wahrscheinlich die älteste Werbeschrift über den richtigen, wissensbasierten Lebensstil, von dem wir wissen, dass er die Grundlage für den womöglich ältesten „Science-Slam" lieferte.

In der klassischen Antike, d. h. ab dem 5.–4. Jh. v. Chr., entsteht die sophistische Protreptik. Die Sophisten haben „die Lehre der unfehlbaren Überredungskunst" in kostbaren Reden beworben. Sie haben die unfehlbare Überredungskunst mit dem Wort „Areté" definiert (Platon, *Euthydemos* 278e3–282d3). Üblicherweise wird der Terminus Areté mit „Vortrefflichkeit" (LSJ) übersetzt. Der Dozent besitzt die perfekte Vermittlungsfähigkeit und kann die rhetorische „Areté" an seine Schüler*innen weitergeben. Sie boten damit an, was wir heute Soft Skills nennen würden, doch mit dem Unterschied, dass diese Skills damals eine zentrale Bedeutung einnahmen. Diese Sophisten versprachen ihren Schüler*innen[10] die Fähigkeit, über jedes Thema wortgewandt zu berichten und, in Streitgesprächen, das Publikum mit glänzender Beredsamkeit überreden zu können. Mithilfe von Werbereden führt der Sophist-Dozent diese unfehlbare Vermittlungs- und Überzeugungsfähigkeit vor und gewinnt dadurch neue Schüler*innen. Wie wird das gemacht? Die rhetorische Areté wird inszeniert. Man braucht eine Streitgesprächssituation, um die eigene rhetorische Überlegenheit zu beweisen. Dabei ist das Thema nicht besonders relevant. Alltagsthemen eignen sich gut, aber auch philosophische Fragen über das Gute und das Schöne sind möglich. Im platonischen Dialog *Phaidros* wird eine solche Rede von Lysias wiedergegeben, in der es um die Liebe und die Freundschaft geht. Die Hauptfrage der Kontroverse lautet, ob Liebende Freunde werden können oder nicht. Fiktive Themen, d. h. Gedankenexperimente aus dem eigenen Kulturraum, wie die Hintergründe zum Raub der Helena, werden auch behandelt, bspw. in einer Rede von Gorgias. Von diesem Sophisten ist die *Lobrede auf Helena* überliefert worden – die vermutliche Auslöserin des Troja-Krieges. Gorgias nimmt in seiner Rede Menelaos' Ehefrau, Helena, in Schutz, in dem er erklärt, dass sie

---

10 Die meisten Schüler*innen der Sophisten waren Männer. Der Vollständigkeit wegen gendern wir auch in diesem Fall.

durch Gewalt, Liebe, Beredsamkeit oder sogar durch Einwirkung der Götter hätte überredet oder getäuscht werden können (*Lobrede auf Helena* 30–31). Wortgewandt und überzeugend erläutert er, warum die Meinung, dass Helena unschuldig am Troja-Krieg war, die richtige sei.

Das eigentliche Ziel dieses Rede-Typus war, Ansehen zu erlangen, potentielle Schüler*innen zu gewinnen und dadurch auch die eigenen Finanzen zu verbessern. Gute rhetorische Fähigkeiten waren durchgehend bis in die Kaiserzeit und darüber hinaus, überlebenswichtig. Kinder wohlhabender Familien sind erstmal zum *Grammatikós* und dann zur Rhetorikschule gegangen (Marrou 1956; Fernández Delgado 2007). Nachdem man das Schreiben gelernt hat, sollten die Vorübungen der Rhetorik im *Grammatikós*-Unterricht beherrscht werden. Im Anschluss an den *Grammatikós* haben die zukünftigen Eliten Philosophie in der Rhetorikschule gelernt. Aber bereits mit den Vorübungen der Rhetorik – bekannt als *Progymnásmata* – wurde den Pubertierenden beigebracht, wie man schöne Geschichten und Lobreden schreiben und wie man sich mit der Macht des Wortes vor Gericht verteidigen konnte. Das Bildungssystem war, von den Rhetorikschulen der klassischen Antike bis zur Gründung der ersten Universitäten, durch diese rhetorischen Vorübungen geprägt, die im Lateinsprachraum Europas als *Praexercitamina* bekannt wurden.

Die ersten Beispiele protreptischer Reden kennen wir aus dem platonischen Dialog *Euthydemos* (273c-282d, 288d-293a). Sokrates und der angehende Philosophie-Student Kleinias treffen die Sophisten Euthydemos und Dyonisodoros. Sokrates stellt sie Kleinias als weise Männer vor. Beide Sophisten sollen sich in vielen relevanten Wissensbereichen auskennen, wie Kriegsführung und Rechtsprechung. Sokrates erklärt Kleinias, dass sie aus ihm einen Experten in Rechtsprechung machen können. Euthydemos und Dyonisodoros lachen und der Erste erwidert: „Wir beschäftigen uns nicht mehr mit diesen Themen, Socrates, sondern nur nebenher bedienen uns davon." (273c-d: οὗτοι ἔτι ταῦτα, ὦ Σώκρατες, σπουδάζομεν, ἀλλὰ παρέργοις αὐτοῖς χρώμεθα.) Offensichtlich ist Euthydemos der Inhalt nicht so wichtig. Den Sophisten geht es vielmehr um die rhetorischen Fähigkeiten, um die Professionalisierung der Wissensvermittlung und der Argumentation, was sie *Areté* nennen (*Euthydemos* 273d: ἀρετήν, ἔφη, ὦ Σώκρατες, οἰόμεθα οἵω τ᾽ εἶναι παραδοῦναι κάλλιστ᾽ ἀνθρώπων καὶ τάχιστα.). Sokrates hingegen stellt sich die *Areté* als die Hinführung zur Philosophie vor.

Die Sophisten verdrehen nahezu jedes Argument, sodass sie das Streitgespräch gewinnen und der hilflose Kleinias immer verwirrter ist. Die Episode kann als Beispiel rhetorischer Protreptik angesehen werden, bei der die Professionalisierung der Überredungskunst im Vordergrund steht, während die Inhalte nach und nach irrelevant werden. Die Argumentationskunst ist hier die Botschaft und das beworbene Produkt zugleich.

Die philosophische Rhetorik wird auch zum ersten Mal im gleichen platonischen Dialog definiert. Sokrates entwickelt die philosophische Rhetorik im Kern. Sie besteht darin, die Aussicht auf das Erlangen wahren Wissens in einer Werberede so zu bewerben, dass es möglich ist, durch Philosophie wahre Erkenntnisse zu erlangen (*Euthydemos* 277c–278d). Meistens geschieht dies in dialektischen Einführungen in die Philosophie, aber es ändert sich im Laufe der Zeit. Am Anfang begegnen wir oft dem Dialog als Hauptvermittlungsformat, denn laut Platon kann die Wahrheit nur durch Dialektik entschleiert werden. Protreptische Beiträge werden aber auch u. a. in Werbereden und Briefen formuliert. Derartige Texte sind immer rhetorisch poliert, verständlich und anschaulich formuliert, denn sie sind für eine sehr große Leserschaft gedacht. Sokrates' Protreptik baute auf die sogenannte Elenktik auf, das heißt auf „die Kunst der Überführung durch Fragen". Diese funktioniert ähnlich wie die Protreptik der Sophisten, bedient sich aber zugleich der Paränese, d. h. des Rats oder der Ermahnung, und wirkt somit viel ethischer als die rein rhetorische Vorführ-Protreptik. Durch diese zwei Methoden stellte Sokrates die Weichen für die philosophische Protreptik. Ab der hellenistischen Zeit im 4. Jh. hatte jede Philosophieschule solche Werbeschriften im Programm. Aristoteles' *Protreptikós* ist etwa die bekannteste Schrift, aber auch Epikur hat einen protreptisch geladenen Brief über seine atomistisch begründete Ethik als Aufruf zur Führung eines sicheren und möglichst sorglosen Lebens (*Brief an Menoikeus*) geschrieben.

Der spätere römische Dichter Lukrez verwendet, in protreptischer Manier, die Metapher der Philosophie als heilende Distanz, als sicheren Hafen gegenüber den ständigen Schiffbrüchen des Lebens, (*Über die Natur der Dinge* 2,1–4): Die epikureischen Lehrsätze geben uns die Sicherheit der naturwissenschaftlichen Wahrheit und dadurch die ersehnte Seelenruhe in Krisenzeiten. Cicero schreibt auch einen einflussreichen protreptischen Text stoischer Unterschrift, den *Hortensius*, auch wenn er nicht erhalten ist.[11] Nicht nur die Philosophie, sondern auch weitere Fachdisziplinen wie die Medizin wurden protreptisch beworben. So wird z. B. die Medizin und ihre praktischen Lehren von Galen im 2. Jh. n. Chr. als das beste Fach gepriesen (*Protrepticus ad artes addiscendas* 1–3,5). Heron von Alexandria (1. Jh.) begründet auch die Wichtigkeit des Automatenbaus in den Vorwörtern zu seinen Hauptwerken (z. B. *Automata* und *Pneumatica*). Protreptik wurde oft im Dienste der christlichen Religion und des Neuplatonismus eingesetzt. In der Spätantike wird

---

11 Im 3.–4. Jh. hat Augustinus über die Lektüre von Ciceros Hortensius gesagt: „Jene Schrift gab meinem Gemütsleben eine andere Richtung, und meinen Gebeten das Ziel auf Dich selbst, oh Herr." (*Confessiones* 3,4,7). Dieser Gedanke beweist die Wirkungsmächtigkeit protreptischer Schriften. Cicero war zwar nicht christlich, aber Augustinus hat sich dieser Schrift bedient, um die eigene neuplatonische Vision der christlichen Doktrin in *De doctrina cristiana*, wieder eine Werbeschrift, zu begründen.

Clemens von Alexandria einen Werbetext über die christliche Wahrheit schreiben (*Mahnrede an die Heiden*, 2. Jh.), und Boethius verfasst im 6. Jh. einen Bestseller über die neuplatonische Philosophie in der Form eines protreptischen Dialogs mit der Personifizierung der Philosophie (*Der Trost der Philosophie*).[12] Die Protreptik hört in der Spätantike auf, eine exklusive performative Leistung zu sein und wird vermehrt zur schriftlichen Aktivität und somit zur Lese-Erfahrung.

Im Bereich der Medizin vertritt Galen ein Fach, das seit der Antike als angewandte Wissenschaft existiert und damit dem modernen Menschen gar nicht so fremd vorkommt. In seinem *Protrepticus* zur Medizin erklärt er uns, dass das Studium einer Kunst oder eines Faches, den Menschen erst zum Menschen macht. Die zugrundeliegende Idee ist, dass Philosophieren uns anders als Tiere macht. Medizin wurde auch als eine Art des Philosophierens gedacht. Güter ohne Weisheit sind wertlos – eine ethische Vorstellung, die im platonischen Dialog *Euthydemos* auch vorkam. Als Mediziner wusste Galen sehr viel über Gymnastik und die Folgen von Leistungssportarten. Er vertrat die Meinung, dass Leistungssportler ihren Körper kaputt machten. Berufsathleten machen keinen vernünftigen Gebrauch von Gymnastik: „gesittete Menschen rennen nicht, schreien nicht, prügeln sich nicht." Dazu ergänzt er noch, dass seine ermahnende Schrift nicht nur beweisen soll, dass die beste Kunst die Medizin ist, sondern auch, dass seine protreptische Schrift durch ihre Schönheit unterhält.

3.3 Unterhaltung, Autorschaft und inszeniertes Wissen im Mittelalter

Im Mittelalter entsteht eine neue Variante der Protreptik, die sehr modern anmutet, denn es hat viel mit bewusster Komplexitätsreduktion und Selbstinszenierung zu tun – Faktoren, die bei populären Formaten der Wissensvermittlung wie Science-Slams oder Webvideos sehr präsent sind.

Ein bislang verkannter Wissenschaftskommunikator aus dem Byzanz des 12. Jh., der Polymath und Polygraph Johannes Tzetzes, hatte ein sehr ausgeprägtes Selbstbewusstsein über seine Vermittlungserfolge. Er war kein bescheidener Vermittler, sondern ein genauso unterhaltsamer wie polemisierender Autor, der nicht nur durch

---

12 Boethius war einer der letzten römischen Intellektuellen, der Griechisch konnte. Im 6. Jh. gab es das weströmische Reich nicht mehr. Auf Grund seiner griechischen Kenntnisse wurde er verdächtigt, den gotischen König am Byzanz verraten zu wollen, weswegen er festgenommen wurde. Im Gefängnis hat er das protreptische Buch *Consolatio Philosophiae* geschrieben.

die Nützlichkeit seiner Schriften, sondern auch durch seine literarische Persona eine große Leserschaft in gebildeten Kreisen jenseits des 12. Jahrhunderts in ganz Europa unterhielt (Muñoz Morcillo 2020b). In Briefen und Gedichten lieferte er zahlreiche Erklärungen zur Philosophie, Literatur und Wissenschaft der Antike. Tzetzes wollte so viele Menschen erreichen, dass er sogar Erklär-Gedichte zu seinen Erklär-Briefen schrieb. Verschiedene Zielgruppen wurden mit maßgeschneiderten Texten erreicht. Immer wieder liest man zwischen den Zeilen, wie herausragend seine Vermittlungseigenschaften waren: Am Anfang seiner Erklär-Gedicht-Sammlung, bekannt als *Chiliades*, sagt er: „Es gibt niemanden, den Gott je gemacht hat, / mit einem besseren Gedächtnis als das von Tzetzes in diesem Leben." (*Chiliades* 11, 270–280). Durch die gezielte Wiederholung und Variation derartiger Aussagen in seinen Erklär-Gedichten generiert Tzetzes ein besonderes Vertrauen in sein Denkvermögen und Vermittlungskompetenzen. Die *Chiliades* waren zudem nicht mehr in Hexametern geschrieben, wie die frühen Lehrgedichte der Antike, sondern in tonalen politischen (d. h. denkapentasyllabischen) Versen, dem populärsten Versmaß seiner Zeit. Tzetzes überführte quasi das gesamte ihm bekannte Wissen der Antike in eine moderne vorführtaugliche Literaturform, die diese Inhalte erst für ein Laienpublikum verständlich und attraktiv machte. Form und Inhalt wurden angepasst, inhaltliche Komplexität reduziert, „Coolness" erhöht. Er beschreibt u. a. Maschinen wie die Erfindungen des Archimedes. Diese Beschreibungen sind jedoch gar nicht technisch, sondern rhetorisch-psychologisch aufgebaut. Tzetzes erzählt die ganzen Ereignisse rund um die Belagerung von Syrakus während des zweiten punischen Krieges gegen die Römer (214–212 v. Chr.). Eine der Maschinen, die er kommentiert, ist der katoptrische Spiegel, der im Stande ist, durch bewegliche Spiegelteile das Licht der Sonne zu sammeln, sie zu bündeln und gegen die feindlichen Schiffe mit verheerenden Folgen zu richten. Tzetzes literarische Inszenierung nimmt die Idee des Todessterns von Star Wars vorweg: Die Bündelung der Lichtstrahlen wird zu einer mächtigen Waffe, welche die feindlichen Schiffe in Feuer setzt. Tzetzes beschreibt die Funktionsweise des katoptrischen Spiegels als Teil einer spannenden Erzählung. Dabei ist der beschreibende Teil sehr anschaulich, kurz und prägnant, so dass der Zugang für Laien niederschwellig gehalten wird. Erklär-Sequenzen moderner Science-Slams funktionieren sehr ähnlich.

Aber Tzetzes' Protreptik ist anders als die platonischen Beispiele. Gegenstand seiner Werbeschriften sind er selbst und seine Produkte: Niedrigschwellige Kommunikation, spannende Unterhaltung und eine inszenierte, unfehlbare Deutungshoheit bilden sein protreptisches Programm, um immer mehr Kunden zu gewinnen. Was seine Protreptik-Auffassung so faszinierend macht, ist die Modernität des Ansatzes. Tzetzes erlaubt es sich, Klassiker zu korrigieren oder komplexes Wissen auf unterhaltende Art und Weise herunterzubrechen. Dadurch bekräftigt er seine Autorschaft nicht nur gegenüber den konkurrierenden Intellektuellen seiner Zeit, sondern auch gegenüber den schwer zugänglichen Autoren der Antike. Er hat z. B. Homer in seinen *Allegorien der Illias* kommentiert und neu gedeutet. Den Tragödiendichter Lykophron hat er sogar korrigiert. In einer seltenen Abbildung von Tzetzes wird Letzterer gegenüber von Lykophron dargestellt. Tzetzes zeigt seine Kommentare (Scholia) zu Lykophrons Schriften mit mahnender Geste, während der eigentliche Autor, Lykophron, Tzetzes' Korrekturen eifrig zu übernehmen scheint.[13] Durch Korrektive der alten Autoritäten und durch bewusstes Auftreten schafft Tzetzes eine ermahnende Art und Weise der Vermittlung. Sein Ziel ist vor allem zahlende Kundschaft für seine literarischen Vermittlungsprojekte zu gewinnen. Tzetzes hatte immer wieder Schüler*innen aus überragend wohlhabenden Familien – z. B. die Kaiserin Irene (geb. Bertha von Sulzbach) gehörte zu dieser Zielgruppe. Er hatte aber auch normale Schüler*innen, weshalb er verschiedene Sprachregister pflegte. Im Wettstreit mit anderen Gelehrten seiner Zeit avancierte Tzetzes zum erfolgreichsten Popularisierer der Antike bis lange nach dem Fall Konstantinopels. Ab der Renaissance wurden seine Texte von Humanisten aller Disziplinen in ganz Europa sehr begehrt.

4 Protreptik im Science-Slam

Die ca. 10 Minuten-langen Science-Slams sind zwar länger als vergleichbare Erklär-Formate wie Webvideos, sie sind aber wesentlich kürzer als traditionelle populärwissenschaftliche Vorträge und meistens auch unterhaltsamer und anschaulicher als diese. Zeitbegrenzung, Verständlichkeit, Vortragsstil und Unterhaltungswert stehen im Vordergrund. Ein relativ heterogenes Publikum (vgl. dazu den Beitrag von Niemann et al. in diesem Band) bestimmt durch Applaus oder per Wertekarten, welche vortragende Person den Slam gewinnt. Die Etymologie des Wortes ist umstritten[14], doch lassen sich die modernen Termini Science-Slam und Poetry-Slam mit großer Wahrscheinlichkeit in Anlehnung an den Ausdruck Grand Slam verstehen, der bereits im ausgehenden 18. Jh. für Kartenspiele wie Whist und Bridge dokumentiert ist – mit der Bedeutung eines „vollständigen Siegs". Bedeutet doch Grand Slam wortwörtlich „großer Schlag".[15]

---

13 Cod. Pal. Graec 18, fol. 96 v, 13th c., Universitätsbibliothek Heidelberg.

14 Siehe https://www.etymonline.com/word/slam. Zugegriffen: 5. April 2019.

15 Für eine kurze Darstellung der Vorgängertraditionen des Poetry-Slams unter Berufung auf die bisherige Literatur zu diesem Thema siehe Minu Hedayati-Alibadi (2018), S. 9–20.

Heute kennen wir den Ausdruck Grand Slam aus den großen Tennis-, Golf-, Baseball-, Rugby- oder Rennsport-Turnieren. Doch die Verbindung zum Poetry-Slam lässt den Science-Slam einen gesellschaftlichen Charakter einnehmen, der weit über den reinen Wettbewerb und die Kunstfertigkeit der Akteure hinausgeht. Vermittlungskunst, Performance, Stil und Nützlichkeit des Vortrags scheinen wichtige Kriterien des Science-Slams zu sein – Kriterien, die den Bezug zu früheren Formen der populären Rhetorik zulässig machen.

Es sind meistens Nachwuchswissenschaftler*innen, die sich in die Arena des Science-Slams trauen. In diesen Kreisen ist der Science-Slam als „Rockkonzert" der Wissenschaft bekannt. Der Science-Slam ist aber vor allem ein Theater- und Club-Event, und steht somit eindeutig in der Tradition des Dichterwettstreits und der Wanderbühnen. Hervorgegangen ist der Science-Slam aus der Initiative des Verständlichkeitsforschers und selber Poetry-Slammer Alex Dreppec. 2009 übernahm und verbreitete Markus Weißkopf das Format als Geschäftsführer des „Haus der Wissenschaft" in Braunschweig. Das Wissenschaftssystem betrat somit ein kulturelles Terrain, das bislang anderen Formen der Kreativität eigen war. Und dennoch: Nicht alles ist im Science-Slam ganz neu. Wenn ein Science-Slammer seine Forschung vorsingt – wie z. B. Uwe Gaitzsch mit seinem Supraleiter-Rap –, dann haben wir es mit einer modernen Version der öffentlichen Lesung von Lehrgedichten zu tun, die mit der Homer-Hesiod-Episode vergleichbar wäre – wurden doch daktylische Hexameter auch nach vorgegebenem Rhythmus vorgesungen.

Die bekanntesten Science-Slammer Deutschlands sind zurzeit meistens Herren aus den MINT-Fächern wie Martin Buchholz, Johannes Hinrich von Borstel, Sebastian Lotzkat oder Reinhard Remford. Buchholz gewann die erste deutsche Meisterschaft im Jahre 2010 mit einem Vortrag zur Thermodynamik „Entropie – von Kühltürmen und der Unumkehrbarkeit der Dinge". Reinhard Remford gewann 2013 den gleichen Preis mit einem Physik-Thema zu Diamantenstrukturen in seinem Vortrag „Dienliche Defekte". Derartige Auftritte sind seit dem ersten Science-Slam im Jahre 2006 meistens als Webvideo im Internet dokumentiert.[16]

Weder die deutsche Meisterschaft noch die Europameisterschaft wurden bislang von einer Science-Slammerin gewonnen. Dennoch gibt es herausragende Frauenstimmen in der Science-Slam-Szene: Die Materialwissenschaftlerin Anastasia August gewann bspw. den siebten Wiesbadener „Science-Slam" mit einem Vortrag

---

16 Neben der deutschen Meisterschaft, die seit 2010 jährlich stattfindet, existiert seit 2014 auch die Europameisterschaft im Science-Slam. Das Phänomen ist jedoch bisher stark auf den deutschen Sprach- und Kulturraum bezogen.

zum Thema „Wärme speichern wie ein Bär".[17] Die Geowissenschaftlerin Thora Schubert gewann die zweite Runde der IdeenExpo Science-Slams (2018/2019) mit einem Beitrag zum Thema „Warum es sinnvoll ist, auf Geowissenschaftler zu hören". Der Titel verrät bereits den protreptischen Charakter des Vortrags.

Weitere Slammerinnen sind die Medizinerin Giulia Enders mit ihrem sehr erfolgreichen Beitrag „Das Darmrohr – Darm mit Charme" (Berlin 2012)[18] oder die Chemikerin Mai-Thi Nguyen-Kim mit eindeutig protreptischen Beiträgen wie „So cool kann Chemie sein!" oder „Wieso finden viele junge Leute Chemie uncool?". Im letzten Beispiel, erfüllt der Science-Slam-Auftritt eine besondere Brettsprungfunktion für Nguyen-Kims spätere Entwicklung als YouTuberin – mit erfolgreichen Channels wie „maiLab" oder „The Secret Life of Scientists". Nguyen-Kim ist außerdem deshalb ein besonderer Fall, weil sie die Ergebnisse ihrer Diplomarbeit anhand eines Tanzfilms erläuterte, was stark an Formen der populären Verschränkung zwischen Theater und anschaulicher Vermittlung erinnert – etwa an die Tradition der Bänkelsänger, die vom Mittelalter bis ins 19. Jahrhundert Gerüchte und Wissenswertes in Form von Liedern mit Bildern und dramatischen Elementen auf öffentlichen Plätzen vortrugen.[19]

4.1   Mai-Thi Nguyen-Kim – Protreptik der Chemie

Die Chemikerin und YouTuberin Nguyen-Kim fragt sich im Rahmen eines 2016 stattfindenden Science-Slams in Hamburg, wieso viele junge Leute Chemie uncool finden und was man dagegen unternehmen kann. Passend zum Thema heißt ihr Beitrag „So cool kann Chemie sein!" Als Fallbeispiel verwendet sie ihre eigene Forschung. Nach einer witzigen, kurzweiligen Einführung (in Form einer lockeren *captatio benevolentiae*) erläutert sie eine einfallsreiche kurze Formel zur Berechnung des Interesses an einem wissenschaftlichen Thema als die Proportion zwischen „Komplexität" und „Coolness". Diese simple Formel wird auf die Ergebnisse ihrer Diplomarbeit angewandt. Die Komplexität ihrer Forschung wird anhand des sperrigen Titels ihrer Diplomarbeit exemplarisch vorgeführt: „Self-assambled

---

17 https://www.wiesbadener-kurier.de/lokales/wiesbaden/nachrichten-wiesbaden/die-mathe-matikerin-anastasia-august-gewinnt-den-siebten-wiesbadener-science-slam_17384410. Zugegriffen: 5. April 2019.

18 https://www.youtube.com/watch?v=MFsTSS7aZ5o. Zugegriffen: 5. April 2019. Vgl. auch Enders (2017).

19 Für eine Verbindung zwischen SlamPoetry, Rap und Bänkelgesang siehe Hedayati-Aliabadi (2017), der sich auf Anders (2008) und Verlan (2005) bezieht. Magnus Klaue (2015) ist der Ansicht, dass der Science-Slam Erbe des Stegreiftheaters ist.

Nanoparticles for siRNA Delivery". Zur allgemeinen Belustigung wird der ominöse erklärende Untertitel der Diplomarbeit nachgelegt: „Chiral Poly-a-aminoamidines and Synthetic Polyphenols". Um das Interesse an Ihrer Forschung zu maximieren, muss die Coolness erhöht, die Komplexität reduziert werden. Dies gelingt ihr mit einem audiovisuellen „Experiment". Sie führt einen Tanzfilm („Dancing Drug Delivery") vor und kommentiert ihn live. Im Tanzfilm geht es um das eigentliche Thema ihrer Diplomarbeit, d. h. wie Krebszellen durch Polymere bekämpft werden können. Krebszellen und Anti-Krebs-Wirkstoffe werden durch Hiphop-Tänzer*innen dargestellt. Auch komplexere Begriffe wie Targeting-Liganden, Fluorophore und Polymere werden durch Tanzeinlagen anschaulich gemacht.

Ihr Ziel ist, das Interesse des Publikums an ihrer Forschung zu erhöhen. Der laute Applaus zum Schluss lässt vermuten, dass sie damit erfolgreich war.

Dieser Beitrag ist aus dem Jahr 2016, bevor Mai-Thi Nguyen-Kim der Durchbruch als Wissenschafts-YouTuberin gelang. Mittlerweile ist sie eine recht bekannte Wissenschaftspublizistin mit Auftritten auf Terra X Lesch & Co und ZDF neo. 2018 übernahm sie zusammen mit Ralph Caspers die Nachfolge von Ranga Yogeshwar bei Quarks (WDR). Ihr YouTube-Kanal maiLab ist seit dem 1.10.2016 eine Produktion für funk, ein Gemeinschaftsangebot der ARD und des ZDF. Aus ihrer Leidenschaft für Chemie-Vermittlung wurde ein Fulltime-Job in Theorie und Praxis, denn Nguyen-Kim ist nicht nur freie Wissenschaftsjournalistin, sondern auch Dozentin am Nationalen Institut für Wissenschaftskommunikation (NaWiK). 2018 wurde sie mit dem Grimme Online Award, dem Webvideopreis Deutschland und dem Georg von Holtzbrinck Preis für Wissenschaftsjournalismus ausgezeichnet. Das ist ein klarer Fall von Professionalisierung inszenierter Protreptik mit dem allgemeinen Ziel, Interesse für ein bestimmtes Fach zu generieren.[20]

Im Vergleich zu ihrem Auftritt im Jahre 2013 in einem Science-Slam der RWTH-Wissenschaftsnacht, in der sie noch über die begrifflich sperrige bio-kompatible Verkleidung der Polymere namens PEG sprach, hat Nguyen-Kim ihr Thema immer weiter vereinfacht, bis die „Coolness" ihrer Wissenschaftsperformance auf Kosten inhaltlicher Tiefe stark zum Vorschein kam. Ihre ausgefeilte *Areté* besteht in der Beherrschung der Kommunikationskunst, die nur die Spitze des Eisbergs zeigt, so dass der Zugang zu wissenschaftlichen Erkenntnissen niederschwellig ist und die Publikumsbegeisterung ordentlich aufkommt. Mit ihren Auftritten plädiert

---

20 Die Inszenierung ist keine exklusive Methode des Science-Slams, sondern eine alte Maßnahme zur vertrauensbildenden Vermittlung wissenschaftlichen Wissens, die mit der rhetorischen Autobiographie der Wissenschaft einhergeht. Zur Geschichte der Wissenschaftskommunikation als Autobiographie der Wissenschaft siehe Baudouin (1993).

sie nicht explizit für mehr Wissenschaftler*innen wie sie, sondern für mehr Wissenschaftsinteressenten. In aristotelischen Termini: Das Gewinnen von Followers durch Wissenschaftsbegeisterung ist hier die „Substanz" – d.h. die Essenz – der Nachahmer-Effekt unter angehenden Studierenden ist die „Akzidens" – d.h. die Nebenwirkung, die nicht gezielte aber willkommene Konsequenz. Die philosophische Protreptik läge einerseits in dem bewussten Abbau von Stereotypen – Forschung ist nicht nur nützlich, sie kann auch ziemlich cool sein – und, andererseits, im verbleibenden, wenn auch beinah nebensächlichen Eindruck, dass die Krebs-Forschung und ihre Vermittlung gesellschaftsrelevant sind. Nguyen-Kim ernährt ein Narrativ der Autorschaft, der Wahrheitssuche und der Begeisterung für einfache Sachen, wenn diese mit der Lupe der Wissenschaft beobachtet werden, und leistet somit einen weitgehend kritiklosen Beitrag zur Wissenschaftsglaubwürdigkeit.

Dies geschieht dennoch ohne Rückgriff auf romantische Vorstellungen über ein höheres Ziel, obwohl sich das Thema Krebsforschung dafür eignen könnte. Die Coolness des anschaulichen Erklärens wissenschaftlicher Themen und der Abbau von Vorurteilen gegenüber der Wissenschaftlerfigur sind die bestimmenden Leitideen in Nguyen-Kims YouTube-Kanälen „The Secret Life of Scientists" und „maiLab". Erst im mailab-YouTube-Kanal finden wir eine ausgearbeitete „philosophische Protreptik", insbesondere im programmatischen Channel-Trailer „Ein Liebesbrief an die Wissenschaft"[21]. Ihre stete Professionalisierung im Bereich der Wissenschaftspublizistik veranlasste die regelmäßige Produktion von YouTube-Erklär-Videos als Schaufenster der ARD und des ZDF, die auf diese Weise potentielle Zuschauer*innen für andere Fernsehformate abholen.

Dieses Profil ist keine Seltenheit. Reinhardt Remford und Giulia Enders durchliefen auch Professionalisierungswege. Der erste gewann die deutsche Science-Slam-Meisterschaft 2013 mit einem Beitrag über Diamantenepitaxie mit dem Titel „Dienliche Defekte". Ab diesem Moment entwickelte sich seine Karriere als Populärwissenschaftler weiter, insbesondere im Bereich der Wissenschaftspublizistik im Radio mit dem Podcast „Methodisch inkorrekt", den er zusammen mit seinem Kollegen Nicolas Wöhrl produziert – auch Physiker und Science-Slammer mit gelegentlichen Auftritten im Fernsehen.

Die damalige Medizinabsolventin Giulia Enders erlangte Ende 2012 den Sieg beim Science-Slam mit ihrem Kurzvortrag „Darm mit Charme". Der Vortrag wurde auf YouTube hochgeladen und die Resonanz war so groß, dass sie das Angebot bekam, ein Buch zu diesem Thema zu schreiben. An der visuellen Gestaltung des Vortrags und des Buches war ihre Schwester, die Kommunikationsdesignerin Jill Enders, beteiligt. Dieses populärwissenschaftliche Sachbuch über ein unzureichend unter-

---

21 https://www.youtube.com/watch?v=gk9O9nSsB7g. Zugegriffen: 5. April 2019.

suchtes Organ war ein Verlagserfolg – inzwischen sogar jenseits der Bundesrepublik. Das Hörbuch zum Buch *Darm mit Charme* wurde 2015 mit dem Hörbuch-Award des Bundesverbandes Musikindustrie ausgezeichnet. Sie war ebenso in mehreren Fernsehsendungen wie Scobel, 3nach9 oder Markus Lanz zu sehen. Auch wenn Giulia Enders in der Wissenschaftskommunikation mit ihrem Forschungsthema sehr erfolgreich war, ist sie grundsätzlich in der Medizin geblieben. Sie kennt jedoch nun das Potential der Wissenschaftspublizistik, um ein Thema so zu vermitteln, dass sehr viele Menschen dafür interessiert werden, insbesondere dann, wenn das Thema tabuisiert oder unzureichend erforscht ist. Laut eigener Aussage hatte Giulia Enders erfolglos versucht, hochrangige Wissenschaftler*innen für ihr Forschungsprojekt zu gewinnen. Nun hat sie das „Darm mit Charme"-Thema ins Zentrum des Interesses gerückt und die Aufmerksamkeit der Öffentlichkeit und der Institutionen darauf gelenkt. Konsequenterweise forscht sie noch im Bereich Gastroenterologie weiter.

Derartige Erfolgsgeschichten von Science-Slammer*innen zeigen, wie mächtig der sprach- und bildrhetorische Ansatz sein kann. Veranlasst wird dadurch entweder die Hinführung zu einem bisher gesellschaftlich oder institutionell kaum beachteten Forschungsthema (Darmforschung, Diamantenepitaxie) oder zu einer Aufwertung bestimmter naturwissenschaftlicher Fächer – Chemie im Falle von Nguyen-Kim. Aber auch geisteswissenschaftliche Fächer wie Linguistik oder Theologie werden von Science-Slammern*innen protreptisch vorgestellt. Der protreptische Trend scheint außerdem gut verbreitet zu sein. Science-Slammer*innen beschränken sich nicht nur auf die unterhaltsame Darstellung eigener Forschungsprojekte. Diese Auftritte sind meistens mit gesellschaftlichen Botschaften gekoppelt. Markus Herbsts Beitrag zum Science-Slam Salzburg 2019 hat den Titel „Wie verführt man Schüler… zur Physik?".[22] Die Linguistin Katharina Minz begründet den entscheidenden Nutzen von Sprachwissenschaft mit ihrem Beitrag „Wie Sprachwissenschaft die Hälfte der Menschheit gerettet hat" (Science-Slam Berlin 2015)[23]. Daniel Münch plädiert für den Einsatz populärer Fernsehsendungen für die Vermittlung historischen Wissens in seinem Beitrag „Warum ‚Game of Thrones' UNBEDINGT in den Geschichtsunterricht gehört" (Science-Slam 2016)[24]. Christian Krumm stellt die protreptische Frage, ob wir tatsächlich aus der Geschichte lernen (Science-Slam Köln 2016)[25], um uns klarzumachen, dass wir umdenken müssen, um unser gegenwärtiges politisches Handeln besser zu steuern. Christoph Vogelsang gibt Hinweise für die

---

22 https://www.youtube.com/watch?v=YsazdIy2Ijg. Zugegriffen: 5. April 2019.

23 https://www.youtube.com/watch?v=c4ihllhERrI. Zugegriffen: 5. April 2019.

24 https://www.youtube.com/watch?v=jSknlP-FjhI. Zugegriffen: 5. April 2019.

25 https://www.youtube.com/watch?v=WRQD5-43EE8. Zugegriffen: 5. April 2019.

Ausbildung des guten Physik-Lehrers in „Was Physiklehrer können sollten" (31. Science-Slam Berlin)[26]. Der Betriebswirtschaftler Daniel Hunold erklärt uns, wie man richtig lernt (Science-Slam 2018)[27]. Sogar die christliche Protreptik meldet sich wieder zu Wort in Claudia Paganinis Vortrag „Warum christliche Philosophie?" (Science-Slam Innsbruck 2018).[28]

All diese Beispiele zielen darauf ab, ein bestimmtes Handeln oder Umdenken zu bewirken und tragen daher im Kern die protreptische Tradition weiter. Diese kann sich als professionalisierte Variante zeigen oder als populärphilosophische Auseinandersetzung mit der Relevanz und dem Nutzen eines bestimmten wissenschaftlichen Themas. Die Akteure der Science-Slams senden die eindeutige Botschaft, dass wir mehr Leute brauchen, die uns Geschichten aus den Natur- und (inzwischen auch) aus den Geisteswissenschaften erzählen, um das Bewusstsein der Öffentlichkeit gegenüber Forschung zu schärfen. Wenn ein Professionalisierungsprozess eintritt, wird die Inszenierung von Authentizität relevant, um Glaubwürdigkeit und Aufrichtigkeit zu generieren.[29] In diesem Sinne ist jeder Beitrag, der Wissenschaftserzähler*innen als „die guten Menschen" darstellt, auch eine moderne Werberede, insbesondere dann, wenn Authentizität und Kunstfertigkeit eine Einheit bilden.

5   Ausblick: Science-Slams in der Kritik und die Gefahr der sophistischen Protreptik

In der Printausgabe von *Forschung & Lehre* (2015)[30] bezeichnete Magnus Klaue Science-Slammer als „verbissen an der Optimierung ihrer Performance arbeitende Existenzgründer." Auch in der FAZ sprach er im selben Jahr vom Science-Slam als „Wanderbühne der Wissenschaft", die unter dem Vorwand der Bürgerkommunikation vom „Symptom der Torschlusspanik" zeugt, „mit der insbesondere Nachwuchswissenschaftler auf ihre prekären Zukunftsaussichten reagieren". Of-

---

26 https://www.youtube.com/watch?v=txKBQQ9pUcc. Zugegriffen: 5. April 2019.

27 https://www.youtube.com/watch?v=J_C-9zKp6l0. Zugegriffen: 5. April 2019.

28 https://www.youtube.com/watch?v=t4cHU3KGD2w. Zugegriffen: 5. April 2019.

29 Zur Rolle der Authentizität in den Neuen Medien siehe u. a. Breuer (2012) und Wetschanow (2005).

30 Hier zitiert nach Schmermund (2018); Vgl. auch seinen FAZ-Artikel „Die Wanderbühne der Wissenschaft". https://www.faz.net/aktuell/feuilleton/forschung-und-lehre/die-wanderbuehne-der-wissenschaft-was-science-slams-ueber-die-wissenschaft-verraten-13549279.html. Zugegriffen: 5. April 2019.

fensichtlich fasst Klaue den neuen Trend als Ausschlussphänomen auf. Nach seiner simplifizierenden, polemisierenden Beobachtung würden alle Science-Slammer etablierte Formen der Binnenwissenschaftskommunikation vernachlässigen und ihre Zeit ausschließlich auf Wanderbühnen und Clubs verbringen. Die Realität zeigt jedoch, dass weder alle Science-Slammer*innen Wissenschaftspublizist*innen werden noch diejenigen, die es werden, ihre wissenschaftliche Karriere abbrechen. Doch Science-Slams stehen nicht nur in der Kritik von Magnus Klaue. Cornelius Courts, selber Science-Slammer und Wissenschaftler, macht sich auch Sorgen um die neuesten Entwicklungen des Science-Slams:

„Leider beobachte ich aber inzwischen einen Trend, der eine Abweichung vom ursprünglichen Gedanken und Zweck des Science Slam, wie er noch in der oben zitierten Definition zu finden ist, darstellt und meiner Meinung nach dem Format auf lange Sicht schaden wird: es gewinnen überdurchschnittlich häufig jene Slams/Slammer, die am wenigsten wissenschaftlich sind und am meisten mit Klamauk, Gags und Platitüden (z. B. den leidigen Männer-Frauen-Witzen) aufwarten. Häufig sprechen diese Slammer nicht einmal mehr über ihr eigenes Forschungsthema, sondern über irgendwelche mehr oder weniger ‚wissenschaftlichen' oder mit Wissenschaft assoziierbaren Zusammenhänge, die sich zwar besonders gut für eine komödiantische Darstellung eignen, aber sonst nicht oder nur äußerst peripher mit dem Slammer und seinem Forschungsthema zu tun haben."[31]

Courts beschreibt im Grunde genommen das alte Dilemma zwischen der gewinnorientierten sophistischen Rhetorik und der philosophisch, zum Wohl der Gemeinschaft oder zur individuellen Rettung orientierten Protreptik. Die zunehmende Professionalisierung von Science-Slammer*innen führt zu einer inhaltlichen Entwertung der Veranstaltung. Ob dies wirklich zutrifft, sei dahingestellt. Interessant ist hier die Tatsache, dass derartige Bedenken hinsichtlich eines vermeintlich schädlichen Ungleichgewichts zwischen Wissensvermittlung und rhetorischen Skills ziemlich alt sind. Platon kritisierte bereits die Sophisten als „professionalisierte Existenzgründer", die sich auf Effekthascherei und Überredenskunst spezialisiert hatten. Deren Protreptik zielte darauf ab, zahlende Kunden zu gewinnen. Eine besondere Karikatur dieser Situation lieferte der Komödiendichter Aristophanes (*Die Wolken*). Prunkreden und Streitgespräche waren deren natürliche Bühne, um sich zu bewerben. Dennoch: Alle Autoren, die philosophisch-protreptische Texte verantwortet haben, waren auch auf rhetorische Mittel angewiesen – mit dem Unterschied, dass sie eine ethische Haltung einnahmen. In der heutigen Science-Slam-Szene ist eine rein rhetorische Beschäftigung mit Populärwissenschaft gar

---

31 http://scienceblogs.de/bloodnacid/2015/03/19/quo-vadis-science-slam/. Zugegriffen: 5. April 2019.

nicht auszumachen. Selbst beim oberflächlichsten Science-Slam schwingt etwas nützliches Wissen mit. Tritt die angewandte, nützliche Seite des Wissens hervor, kann man sogar von einer aufrichtigen protreptischen Absicht ausgehen.

Auf die anfangs formulierte Forschungsfrage, ob es eine Protreptik im heutigen Science-Slam gibt, muss daher unsere vorläufige Antwort „Ja" lauten. Science-Slams bieten eine Bühne für protreptische Reden im philosophischen wie im sophistischen Sinne, ohne das Letzteres negativ aufgefasst werden sollte. Die sophistische Variante hängt stark mit der Professionalisierung der Werberede zusammen. Sobald ein Wissenschaftler imstande ist, über jedes beliebige Thema zu argumentieren, kommt die rhetorische Dimension der Protreptik stärker in den Vordergrund. Denn in einem Science-Slam, wie in jedem populärwissenschaftlichen Kommunikationsakt, geht es nicht nur um eine reine, anschauliche Wissensvermittlung, sondern auch um die kulturelle und soziale Dimension der Wissenschaft. Oft werden gesellschaftsrelevante Themen aufgegriffen. Wir finden Argumente pro Wissenschaft, wo früher Argumente pro Philosophie zum Vorschein kamen. Eine bestimmte philosophische Schule wurde mit dem Argument beworben, die richtige Lebenslehre zu sein. Auch wissenschaftliche Fachdisziplinen argumentieren zugunsten ihrer besonderen Stellung hinsichtlich des Nutzens für die Vortragenden und die Gesellschaft. Allerdings ist die Bringschuld-Argumentation an dieser Stelle nicht programmatisch, denn Science-Slammer*innen treten freiwillig und aus Überzeugung auf. Pressestellen und institutionalisierte Wissenschaftskommunikation implementieren hingegen die Legitimationsfrage als Bestandteil ihres Programms mit einem Auge auf Entscheidungsträger*innen und Steuerzahler*innen. Aus dieser Einstellung resultiert eine unvermeidliche Gatekeeper-Funktion, welche der Glaubwürdigkeit der Wissenschaftskommunikation manchmal schadet (vgl. Kohring 2012). Science-Slams fördern hingegen einen inhaltlich begründeten, persönlich geprägten und auf Glaubwürdigkeit aufbauenden Legitimationsansatz.

In den heutigen Science-Slams wird Wissenschaft oft als Korrektiv für falsche Annahmen verstanden – ein Phänomen, das man auch in populärwissenschaftlichen YouTube-Videos beobachten kann. Das ist nicht wunderlich, denn beide Formate sind populäre Ausdrücke der Wissenschaftskultur, bauen auf performative Leistungen auf und setzen uns immersiv mit dramatisch aufgebauten und emotionsgeladenen Wissenschafts-Stories auseinander.

In diesem Sinne haben wir es mit einer besonderen Form des „Embodiment" populärwissenschaftlicher Kommunikation zu tun. Science-Slams sind im deutschsprachigen Raum eine der sinnlichsten populärwissenschaftlichen Erfahrungen, die man machen kann. Deren Zustandekommen ist das Ergebnis eines katalysierenden Kommunikationsakts, eine nicht zu unterschätzende soziale Lebenserfahrung, welche uns sowohl intellektuell als auch emotional zu stimulieren imstande ist. Diese

breite Grundlage, die crossmediale Präsenz des Phänomens und sein Wandercha-
rakter veranschaulichen Merleau-Pontys Idee der „Leiblichkeit" als Fundierung
des Menschen in der Welt. Wir haben es mit einer scheinbar neuen Art von „Sein
in der Welt" mit allen Sinnen zu tun, als aktiv-konstitutiver Dimension unseres
Verständnisses von Leben, Wissen und Kommunikation, in der Körper und Geist
gleichermaßen einbezogen werden. Eine derartig erfahrungsbasierte, sozialisierbare
Populärwissenschaft ist jedoch keine absolute neue Erscheinung. Zusammen mit
anderen Phänomenen populärer Wissensvermittlung wie das Webvideo fördern
Science-Slams das körperliche Bewusstsein unserer Existenz. Ähnlich wie beim
populärwissenschaftlichen Webvideo werden wir in protreptischer Manier stimuliert,
„über den Rahmen" des Vorgeführten hinauszuschauen (Favero 2014). Das Ergebnis
digitaler Ästhetik und Interaktion ist jedoch nicht neu. Epikureische Philosophen
aus hellenistischer Zeit hatten bereits die Idee verteidigt, dass in jedem Menschen
vorhandene Fähigkeiten, nämlich die Sinneswahrnehmung, die Emotionen und der
spontane Zugang des Geistes, den Schlüssel zum Weltverständnis liefern können
(Long, 1971; Asmis, 1999). So unwissenschaftlich auch immer Emotionen und
spontane Assoziationen in Verbindung mit der Wissenschaftsproduktion klingen
mögen, machen diese Erkenntniskategorien die Produktion angewandten Wissens
erst möglich.

Ähnlichkeiten mit früheren Traditionen der Protreptik gibt es auch im Bereich
des systematischen Aufbaus einer Gefolgschaft, was insbesondere bei Science-Slammer*innen mit YouTube-Kanälen, Podcast-Sendungen oder populärwissenschaftlichen Publikationen zum Vorschein kommt. Science-Slammer*innen, die gleichzeitig YouTuber*innen sind, und jene, die es nicht zu werden vorhaben, handeln
entsprechend unterschiedlich. Für Erstere steht im Vordergrund die Profilierung als
Autoren*innen, die soziale Legitimierung des eigenen Faches durch eine Mischung
von Coolness, Anziehung neuer Interessenten und die Begründung der Nützlichkeit
von Wissenschaft in jedem konkreten Fall. Für Science-Slammer*innen ohne weitere
mediale Ambitionen stehen die eigene Forschung sowie besondere, persönliche
Gründe mit einer gewissen philosophischen Tiefe viel stärker im Vordergrund. Die
Frage nach den Unterschieden und Ähnlichkeiten mit der Protreptik-Tradition lässt
sich nun provisorisch beantworten. In den kommentierten Beispielen sehen wir
aller Komik zum Trotz die Inszenierung eines höheren Zieles, die Legitimierung der
Fächer im gesellschaftlichen Kontext und eine gewisse ontologische Tiefe, welche
die philosophische Protreptik früher geboten hat. Der neue sichere Hafen der Wissenschaft wird in Science-Slams einem relativ heterogenen Publikum schmackhaft
gemacht. Insbesondere jene Science-Slammer*innen, deren Fächer nicht so generös
von Steuergeldern finanziert werden, adressieren die Nützlichkeit ihrer Fachgebiete,
etwa um die soziale Akzeptanz zu erhöhen. Die Aussicht auf wahre Erkenntnisse

durch die eigene Forschungsarbeit und die reine Wissenschaftsfaszination sind hingegen öfters wiederkehrende Themen unter Naturwissenschaftler*innen. Die Protreptik des Science-Slams ist somit unterschiedlich nicht so sehr in Bezug auf Professionalisierungsprozesse wie hinsichtlich der zu vermittelnden Inhalte.

Literatur

Anders, Petra. (2008). Texte auf Wanderschaft. Slam Poetry als Schrift-, Sprech- und AV-Medium. *Aisthesis 55 (3)*, 306–320.

Asmis, Elisabeth. (1999). Epicurean Epistemology. In J. Barnes, J. Mansfeld, & M. Schofield (Hrsg.), *Cambridge History of Hellenistic Philosophy* (S. 260–294). Cambridge: Cambridge University Press.

Baudouin, Jurdant. (1993). Popularization of science as the autobiography of science. *Public Understanding of Science 2 (4)*, 365–373.

Breuer, Stephan. (2012). Über die Bedeutung von Authentizität und Inhalt für die Glaubwürdigkeit von Webvideo-Formaten in der Wissenschaftskommunikation. In Caroline Y. Robertson-von Trotha, & Jesús Muñoz Morcillo (Hrsg.), *Öffentliche Wissenschaft und Neue Medien. Die Rolle der Web 2.0-Kultur in der Wissenschaftsvermittlung* (S. 113–126). Karlsruhe: KIT Scientific Publishing.

Daum, Andreas W. (2002). *Wissenschaftspopularisierung im 19. Jahrhundert. Bürgerliche Kultur, naturwissenschaftliche Bildung und die deutsche Öffentlichkeit. 1848–1914.* München: R. Oldenbourg Verlag.

Enders, Giulia. (2017). *Darm mit Charme. Alles über ein unterschätztes Organ.* Berlin: Ullstein.

Favero, Paolo. (2014). Learning to look beyond the frame: reflections on the changing meaning of images in the age of digital media practices. *Visual Studies 29 (2)*, 166–179.

Fernández Delgado, José A. (2007). Influencia literaria de los progymnásmata. In José A. Fernández Delgado, Francisca Pordomingo Pardo, Antonio Stramaglia (Hrsg.), *Escuela y literatura en Grecia Antigua* (S. 273–306). Cassino: Università degli Studi di Cassino.

Görgemanns, Herwig. (2001). Protreptik. In Hubert Cancik, Helmuth Schneider, & Manfred Landfester (Hrsg.), *Der Neue Pauly 10*, (S. 468–471). Stuttgart: Metzler.

Hedayati-Aliabadi, Minu. (2018). *Slam Poetry: Deutsch-US-amerikanische Studie zu den Ansichten und Handlungsweisen der Akteure.* Wiesbaden: J. B. Metzler.

Hochadel, Oliver. (2003). *Öffentliche Wissenschaft. Elektrizität in der Deutschen Aufklärung.* Göttingen: Wallstein Verlag.

Foucault, Michel. (2009). Nietzsche, die Genealogie, die Historie. In Daniel Defert, & Francois Ewald (Hrsg.) unter Mitarbeit von Jacques Lagrange, *Geometrie des Verfahrens. Schriften zur Methode* (S. 181–205). Berlin: Suhrkamp.

Klaue, Magnus. (2015). Die Wanderbühne der Wissenschaft. Frankfurter Allgemeine, 22.04.2015. https://www.faz.net/aktuell/feuilleton/forschung-und-lehre/die-wander-buehne-der-wissenschaft-was-science-slams-ueber-die-wissenschaft-verraten-13549279.html. Zugegriffen: 5. April 2019.

Kohring, Matthias (2012). Die Wissenschaft des Wissenschaftsjournalismus. Eine Forschungskritik und ein Alternativvorschlag. In Caroline Y. Robertson-von Trotha, & Jesús Muñoz Morcillo (Hrsg.), *Öffentliche Wissenschaft und Neue Medien. Die Rolle der Web 2.0-Kultur in der Wissenschaftsvermittlung* (S. 127–148). Karlsruhe: KIT Scientific Publishing.

Kotzé, Annemaré. (2018). Protreptik. In *Reallexikon für Antike und Christentum Bd. 28* (372–393). Stuttgart: Anton Hiersemann Verlag.

Long, Anthony A. (1971). Aisthesis, Prolepsis and Linguistic Theory in Epicurus, *BICSU 18*, 114–33.

Marrou, Henri I. (1956). *A History of Education in Antiquity.* Madison, Wisconsin: The University of Wisconsin Press.

Mercola, Joseph. (2017). *Fat for Fuel: A Revolutionary Diet to Combat Cancer, Boost Brain Power, and Increase Your Energy.* Carlsbad, California: Hay House.

Muñoz Morcillo, Jesús (2018): Ars longa: Wissenschaftskommunikation in der Antike. Wissenschaftskommunikation.de. https://www.wissenschaftskommunikation.de/ars-longa-wissenschaftskommunikation-in-der-antike-14633/. Zugegriffen: 5. April 2019.

Muñoz Morcillo, Jesús, & Robertson-von Trotha, Caroline Y. (Hrsg.). (2020a). *Genealogy of Popular Science. From Ancient Ecphrasis to Virtual Reality.* Bielefeld: transcript.

Muñoz Morcillo, Jesús. (2020b). John Tzetzes on Ékphrasis. Proceedings of Tzetzes: An International Conference. 6th-8th September 2018, Ca' Foscari University of Venice. (im Erscheinen)

Richardson, Nicholas J. (1981). The Contest of Homer and Hesiod and Alcidamas' Mouseion. *The Classical Quarterly 31 (1),* 1–10.

Schmermund, Katrin. (2018). Mit der eigenen Forschung auf der Clubbühne. Forschung & Lehre. https://www.forschung-und-lehre.de/zeitfragen/mit-der-eigenen-forschung-auf-der-clubbuehne-523/. Zugegriffen: 5. April 2019.

Sloterdijk, Peter. (2009). *Du musst dein Leben ändern. Über Anthropotechnik.* Frankfurt a. M.: Suhrkamp Verlag.

Verlan, Sasha. (2005). SchlagZeilen – PunchLines. Vermittlung von Nachrichten in Rap-Texten. *Mitteilungen des Deutschen Germanistenverbandes 52,* 286–297.

West, Martin L. (1967). The contest of Homer and Hesiod, *The Classical Quarterly 17,* 433–50.

Wetschanow, Karin. (2005). Die diskursive Aushandlung und Inszenierung von Authentizität in den Medien. *Wiener Linguistische Gazette Sonderausgabe 72-A.* Institut für Sprachwissenschaft der Universität Wien, 1–16.

Wila, Jean-Pierre. (2005). Protreptik. In *Historisches Wörterbuch der Rhetorik Bd. 7* (S. 376–380). Berlin: De Gruyter.

Audio-visuelle Wissenschaftskommunikation im Internet
Science-Slams in deutschen Wissenschaftsvideos

Bettina Boy

Zusammenfassung

YouTube und andere Videoplattformen gewinnen als Informationsquelle für wissenschaftliche Themen immer mehr an Bedeutung. Auf diesen Plattformen ist die Vermittlung wissenschaftlichen Wissens durch Wissenschaftler*innen, Forschungsinstitute, Forschungsorganisationen und Universitäten sowie interessierte Laien unabhängig von klassischen Medien möglich geworden. Die Angebote, die zu wissenschaftlichen Themen auf YouTube zu finden sind, sind entsprechend vielfältig. Darunter finden sich u. a. aufgezeichnete Science-Slams. Diese stellen einen Sonderfall dar, da sie nicht zu den Angeboten zählen, die speziell für die Veröffentlichung auf YouTube produziert wurden. In diesem Beitrag werden unterschiedliche Präsentationsformen der externen audio-visuellen Wissenschaftskommunikation auf YouTube analysiert sowie typologisiert und Gemeinsamkeiten und Unterschiede zwischen YouTube-Videos zu Wissenschaft und aufgezeichneten Science-Slams dargestellt und diskutiert. Die Untersuchung zeigt, dass Kanäle von sogenannten YouTuber*innen, die keine direkte Verbindung zu wissenschaftlichen Institutionen haben, diesen in ihrer Reichweite überlegen sind. Auch aufgezeichnete Science-Slams scheinen Wissenschaftler*innen bessere Möglichkeiten zu bieten, eine breitere Öffentlichkeit zu erreichen, als die Präsentation ihrer Forschung in Videos von wissenschaftlichen Institutionen.

Schlüsselbegriffe

Science-Slams, YouTube, externe Wissenschaftskommunikation, Wissenschaftsvideos, Wissenschaftsvermittlung, Webvideos, YouTube-Formate

© Springer Fachmedien Wiesbaden GmbH, ein Teil von Springer Nature 2020   225
P. Niemann et al. (Hrsg.), *Science-Slam*,
https://doi.org/10.1007/978-3-658-28861-7_12

1   Einleitung: Audio-visuelle Wissenschaftskommunikation

Science-Slams entstanden aus dem Format des Poetry Slams, bei dem Autor*innen „überwiegend mit ihren eigenen Texten um die Gunst des Publikums wetteifern" (Grummt 2015, S. 2). Laut Westermayer (2013) wurde der erste Science-Slam – eine Veranstaltung, die das Format des Poetry Slams auf die Präsentation von Wissenschaft und Forschung überträgt – im Jahr 2006 in Darmstadt initiiert (Westermayer 2013, S. 127, siehe auch den Beitrag von Dreppec in diesem Band). Es handelt sich um einen Wettbewerb, bei dem mehrere Wissenschaftler*innen in einzelnen Beiträgen von etwa 10 bis 15 Minuten einem meist fachfremden Publikum ihre Forschungsaktivitäten näherbringen möchten (ebd.). Der Sinn der Science-Slams besteht darin, Wissenschaftler*innen eine (nicht nur sprichwörtliche) Bühne zu bieten, auf der sie einem Laienpublikum Ausschnitte aus der eigenen Forschung präsentieren können. Die Zuschauer*innen bestimmen anschließend, wer als Sieger*in aus dem Wettbewerb hervorgeht. Dementsprechend spielt neben der Vermittlung von Informationen auch die Unterhaltungskomponente eine wichtige Rolle, wobei „alle Hilfsmittel, wie beispielsweise Präsentationsfolien, Demonstrationsexperimente oder auch künstlerische Einlagen" (Niemann et al. 2017, S. 103f.) erlaubt sind. Solche Live-Events werden oft vom Veranstalter oder von Zuschauer*innen aufgezeichnet und auf Plattformen wie YouTube veröffentlicht. Science-Slams sind zwar in erster Linie ein Präsenzformat, neben dem Live-Publikum haben die Aufzeichnungen aber das Potenzial, online eine große Reichweite zu erzielen und eine breitere Öffentlichkeit zu erreichen.

Laut aktuellem Wissenschaftsbarometer ist zwar das Fernsehen im Jahr 2018 weiterhin die wichtigste Informationsquelle hinsichtlich Wissenschaft und Forschung: 37 Prozent der Befragten sehen sich mindestens häufig Sendungen über Wissenschaft und Forschung an (Wissenschaftsbarometer – Wissenschaft im Dialog/ Kantar Emnid 2018, S. 10). Als zweitwichtigste Quelle wird aber bereits das Internet genannt. Hier gewinnen YouTube und ähnliche Videoplattformen (beispielsweise vimeo) immer mehr an Bedeutung, gerade in der Gruppe der 14- bis 29-Jährigen: Im Internet nutzen sie Videoplattformen am zweithäufigsten als Informationsquelle (nach Webseiten und Mediatheken von klassischen Medienanbietern) (vgl. Wissenschaftsbarometer, Ergebnisse nach Subgruppen – Wissenschaft im Dialog/ Kantar Emnid 2018, S. 96). Auch die steigende Anzahl der hochgeladenen Videos zu Wissenschaftsthemen auf der beliebtesten Plattform YouTube spricht für eine hohe Präsenz und zunehmende Relevanz von audio-visueller Wissenschaftskommunikation im Internet. Trotzdem gilt die Vermittlung von Wissenschaft über dieses Portal noch immer als wenig erforscht (vgl. u. a. Breuer 2012; Allgaier 2016; Erviti und Stengler 2016; Geipel 2018). Im Internet allgemein und auf Videoplattformen wie YouTube im Speziellen ist die Vermittlung wissenschaftlichen Wissens durch Wissenschaftler*innen, Forschungsinstitute, Forschungsorganisationen und Universitäten unabhängig von klassischen Medien möglich geworden. Diese Form der externen audio-visuellen Wissenschaftskommunikation richtet sich nicht primär an die eigene Wissenschaftscommunity, sondern an ein breites Laienpublikum. Neben Wissenschaftler*innen treten hier auch nichtwissenschaftliche Akteur*innen als Expert*innen auf und nehmen aktiv am Kommunikationsprozess zwischen Wissenschaft und Öffentlichkeit teil. Die Angebote, die zu wissenschaftlichen Themen auf YouTube zu finden sind, sind entsprechend vielfältig. Darunter finden sich auch aufgezeichnete Science-Slams. Diese stellen einen Sonderfall dar, da sie nicht zu den Angeboten zählen, die speziell für die Veröffentlichung auf YouTube produziert wurden, sondern das Ergebnis eines Live-Events sind. Im Rahmen dieses Beitrags sollen unterschiedliche Präsentationsformen externer Wissenschaftskommunikation auf YouTube in den Fokus genommen werden.

Da eine umfassende Bestandsaufnahme deutscher Angebote von Wissenschaftsvideos ebenso fehlt wie eine Typologie der Filme und der Anbietenden sollen zunächst die Ergebnisse einer Analyse und Kategorisierung von 400 Wissenschaftsvideos präsentiert werden, aus der vier Typen audio-visueller Wissenschaftskommunikation auf YouTube abgeleitet wurden, die Vermittlungskonzepte und Charakteristika umfassen. Zunächst wird auf den aktuellen Stand der Forschung zu Wissenschaft auf YouTube eingegangen. Anschließend werden das methodische Vorgehen und die Ergebnisse der Analyse dargestellt. Ausgehend davon werden die Gemeinsamkeiten und Unterschiede zwischen den typologisierten YouTube-Videos zu Wissenschaft und aufgezeichneten Science-Slams im Hinblick auf die Produktionsbedingungen, Funktionen und Reichweiten dargestellt und diskutiert.

2 Forschungsüberblick: Audio-visuelle Wissenschaftskommunikation auf YouTube

2.1 YouTube – Plattformcharakteristika und Entwicklungen

Die externe Wissenschaftskommunikation für ein breites Publikum wurde traditionell von professionellen Kommunikator*innenen dominiert (Valenti 1999). Mit der Entstehung des Web 2.0 üben Onlineformate wie Blogs, Social Media- und Videoplattformen erheblichen Einfluss auf die traditionelle Medienlandschaft aus (Brossard 2013; Minol et al. 2007). Damit einhergehend hat sich die Rolle der Wissenschaftsjournalist*innen als Gatekeeper gewandelt, denn viele Web 2.0-Plattformen basieren auf einer partizipatorischen Kultur, in der sich passive Konsumenten*innen zu aktiven Teilnehmenden wandeln können. Wissenschaftskommunikation wird hier nicht nur von professionellen Kommunikator*innen betrieben, sondern auch von Wissenschaftler*innen, Interessengruppen, Organisationen und Amateuren/ Laien (Nisbet und Scheufele 2009; Lo et al. 2010; Welbourne und Grant 2016). Zu den erfolgreichsten Web 2.0-Plattformen gehört YouTube, eine Webseite, auf der User*innen Videoinhalte hochladen, konsumieren, kommentieren und bewerten können. Es kann zwischen zwei Arten von Content unterschieden werden: Professionally Generated Content (PGC) und User Generated Content (UGC). Bei PGC handelt es sich meist um klassische Medieninhalte wie Fernsehsendungen, Ausschnitte aus Filmen, Musikvideos etc. Die Nutzer*innen von YouTube können über eigene sogenannte Kanäle Videos hochladen und teilen (UGC). Die Zahl der professionell produzierten Videos nimmt stark zu, einfache selbstgemachte Webvideos von Amateur*innen rücken in den Hintergrund (vgl. u. a. Kim 2012; Döring 2014; Geipel 2018). Dadurch stellt sich die Frage, wie die Grenze zwischen UGC und PGC zu ziehen ist, wenn sich ehemalige Amateur*innen professionalisieren und das Hochladen von Videos auch kommerziellen Erfolg verspricht. Ein Beispiel, welches diese Entwicklungen verdeutlicht, ist die Einführung des YouTube-Partnerprogramms: Seit 2007 ermöglicht YouTube bestimmten User*innen mit ihren Videos Geld zu verdienen, wenn ihr Kanal eine Wiedergabezeit von 4.000 Stunden in den letzten 12 Monaten und 1.000 Abonnenten erreicht hat (Google 2019). Diejenigen, die in das Programm aufgenommen werden, haben entsprechend ein Interesse daran, Content hochzuladen, der auf YouTube Erfolg verspricht. „Mit der Einführung von Werbeeinblendungen im Jahr 2007 wird die Professionalisierung explizit. Für YouTuberInnen wird es dadurch immer wichtiger, Abonnentenzahlen zu steigern und mehr Views zu generieren" (Geipel 2018, S. 141). Die zunehmende Professionalisierung sowie Kommerzialisierung zeigt, dass der Content, der von heutigen YouTuber*innen erstellt wird, kaum noch mit den Amateur-Clips der Anfangszeit vergleichbar ist. Die meisten erfolgreichen YouTube-Kanäle zeichnen sich durch professionell produzierten Content aus: hohe Bild-Qualität, aufwendige Schnitttechnik, Spezialeffekte und eine eigene Art „Corporate Identity", die sich im Design des Kanals und der einheitlichen Aufmachung der Videos widerspiegelt. Daher wird nachfolgend der Begriff „YouTuber*innen" verwendet, wenn von professionell agierenden Video-Produzent*innen die Rede ist, die keiner wissenschaftlichen Institution oder einem (Medien)Unternehmen angehören.

2.2 Forschungsstand: Wissenschaftskommunikation auf YouTube

Bislang gibt es nur wenige wissenschaftliche Untersuchungen zu Wissenschaftskommunikation auf Videoplattformen wie YouTube. Eine systematische Analyse der wissenschaftlichen Inhalte, die auf der Plattform YouTube hochgeladen werden, gestaltet sich schwierig: „Ständig wechselnde Algorithmen zur Kategorisierung sowie die hohe Mobilität von Inhalten auf der Plattform (Kanäle werden gelöscht, neue kommen hinzu) machen eine genaue Quantifizierung existierender Kanäle zum Thema Wissenschaft nahezu unmöglich" (Geipel 2017, S. 189). Ein Problem der Plattform YouTube ist, dass es sich nicht um ein „geordnete[s] oder nach inhaltlichen Maßstäben kuratierte[s] Bewegtbildarchiv[…]" (Allgaier 2016) handelt. User*innen können sich nicht sicher sein, ob das, was sie über die YouTube-Suchergebnisse zu bestimmten Themen finden, auch wissenschaftlich fundiertes Wissen vermittelt. Der Algorithmus von YouTube bewirkt, dass User*innen sehr unterschiedliche Videos angezeigt bekommen, je nachdem, wie ihr Nutzerverhalten in der Vergangenheit war oder wie viele Likes ein Video bekommen hat (dieses wird dann eher auf der Startseite eines Nutzers oder einer Nutzerin angezeigt, als ein Video ohne Likes und mit wenigen Views). In einigen Studien wurde der Fokus der Analyse auf bestimmte Themenbereiche wie Klimawandel oder Impfungen gerichtet (siehe dazu Allgaier 2016a, 2016b; Shapiro und Park 2015). Eine systematische Analyse von englischsprachigen Videos auf 39 YouTube-Kanälen (unabhängig von der behandelten Thematik) legen Welbourne und Grant (2016) vor. Sie untersuchen, welche Faktoren dazu beitragen, dass Wissenschaftsvideos und -kanäle eine hohe Reichweite erzielen. Sie unterscheiden zwischen professionellen Angeboten von kommerziellen Medienanbietern und Content, der von Amateur*innen (UGC) veröffentlicht wurde. Sie kommen zu dem Ergebnis, dass die Kanäle von Amateur*innen höhere Aufrufzahlen generieren und häufiger abonniert werden, obwohl sie im Gegensatz zu kommerziellen Anbietern über weniger finanzielle Mittel verfügen. Diesen Erfolg erklären sie damit, dass die Amateur*innen häufig selbst als Moderator*innen auftreten, ihre Inhalte kreativ und authentisch präsentieren und gleichzeitig informativ und unterhaltsam über Wissenschaft erzählen. Zu beachten ist dabei, dass Welbourne und Grant alle Videos, die nicht von Unternehmen produziert wurden, als UGC bzw. Content von Amateur*innen definieren und diese PGC gegenüberstellen: „amateur science communicators now compete for views with large well-funded corporations like the British Broadcasting Corporation and the Discovery Channel" (2016, S. 707). Dies bedeutet im Umkehrschluss nicht, dass UGC automatisch wenig professionell produziert sein muss. Wie bereits beschrieben, hat eine Professionalisierung bei der Produktion von User Generated

Content stattgefunden. Auch Morcillo, Czurda und Robertson-von Trotha (2016) stellen dies in ihrer Studie von 190 populärwissenschaftlichen YouTube-Videos fest. Sie untersuchen die Videos im Hinblick auf verwendete narrative Strategien, Videobearbeitung, Einstellungen, Montage, Sound, Spezialeffekte, etc. und stellen fest, dass die Videos insgesamt eine hohe Variation an Genres und Subgenres sowie eine hohe Komplexität in der Montage und der Narration aufweisen. Die meisten YouTuber*innen sprechen ihre Zuschauer*innen zudem direkt an und treten immer professioneller auf. Insgesamt attestieren auch sie den Wissenschaftsvideos eine zunehmende Professionalisierung, „[b]ut the most significant aspect is that most of these YouTubers and creative web video producers are storytelling experts" (Morcillo und Rodertson-von Trotha 2016, S. 22). Eine systematische Analyse von deutschen Webvideos zu Wissenschaft steht bisher aus. Hier setzt die vorgelegte Studie an.

3   Das Design der Studie: Methodisches Vorgehen

Das Korpus der Studie setzt sich aus 400 Videos deutscher Anbieter zusammen, die von August 2017 bis März 2018 im Rahmen des Projekts „Audio-visuelle Wissenschaftsvermittlung im Fernsehen und im Internet"[1] gesichtet wurden. Ziel war dabei, ein möglichst breites Bild der Anbieter und Beitragsarten zu erhalten. Als Auswahlkriterium galt, dass die Videos sich inhaltlich mit wissenschaftlich generiertem Wissen beschäftigen und/oder den methodischen Prozess des Forschens und der Erkenntnisgewinnung beleuchten. Einbezogen wurden Videos von wissenschaftlichen Institutionen (Universitäten, Forschungseinrichtungen etc.), die auf dem jeweils zugehörigen YouTube-Kanal hochgeladen wurden. Außerdem wurden Videos erfasst, die auf der redaktionell betreuten Plattform *SciViews* und der Homepage des *Fast-Forward-Science-Wettbewerbs* – ein Wettbewerb für Wissenschaftsvideos – empfohlen wurden. *ScieViews* ist ein Online-Angebot des Verlags Spektrum der Wissenschaft. Die *SciViews*-Redakteur*innen treffen eine Auswahl an Webvideos, die sie für „journalistisch, inhaltlich oder ästhetisch wertvoll [,] sehenswert oder auch einfach nur für unterhaltsam halten" und rezensieren diese. Zumeist handelt es sich dabei um YouTube-Videos, die auf der Webseite von *SciViews* eingebunden werden. Der Webvideo-Wettbewerb *Fast Forward Science* ist ein gemeinsames

---

1   Das von der Klaus Tschira Stiftung geförderte Forschungsprojekt beschäftigt sich seit Mitte 2017 mit audio-visuellen Formen der externen Wissenschaftskommunikation mit dem Ziel, handlungsorientierte Empfehlungen für die Erstellung von Wissenschaftsvideos abzuleiten.

Projekt von Wissenschaft im Dialog und dem Stifterverband bei dem Studierende, Forschende, interessierte Laien und Wissenschaftskommunikator*innen dazu aufgerufen werden, ihre Videoproduktionen als Wettbewerbsbeitrag einzureichen. Die Wahl der Gewinner*innen erfolgt durch eine Jury. Zudem gibt es die Kategorie *Community Award*, „für den die Finalisten in einem Online-Voting gegeneinander antreten und auf YouTube um die meisten „Mag-Ichs" und Kommentare kämpfen" (FastForwardScience.de 2019). Zu den Teilnehmenden gehören sowohl etablierte Wissenschafts-YouTuber*innen, als auch bisher weniger bekannte Produzent*innen von Webvideos zu Wissenschaft, daher wurden diese bei der Korpuserstellung einbezogen, um eine möglichst vielfältige und breite Auswahl an Videos zu treffen. Zusätzlich wurden Videos von Medienunternehmen (beispielsweise vom Kanal *Terra X Lesch & Co* oder Angebote von *funk*) einbezogen, die speziell für die Veröffentlichung auf YouTube produziert wurden, um auch den Bereich des Professionally Generated Content abzudecken. Bei der Auswahl von User Generated Content wurde zusätzlich der Netzwerkcharakter von YouTube genutzt: YouTuber*innen empfehlen Videos anderer YouTuber*innen oder gehen Kooperationen mit ihnen ein (Cross Promotion). Die Auswahl der Videos erfolgte also zusätzlich nach einer Art Schneeballsystem: Das Video eines bekannteren YouTube-Kanals diente als Ausgangsquelle für die Suche nach anderen Kanälen[2]. Um ein umfassendes Bild eines YouTube-Kanals, der sich mit Wissenschaft beschäftigt, zu erlangen, wurden bei der Zusammenstellung des Korpus jeweils die fünf aktuellsten und fünf beliebtesten Videos der Kanäle bzw. Anbieter*innen einbezogen. Auf einigen wenigen Kanälen fanden sich zum Zeitpunkt der Codierung weniger als 10 Videos zu Wissenschaft, daher wurden nur die vorhandenen Videos codiert. Insgesamt wurden Wissenschaftsvideos von 45 verschiedenen Kanälen analysiert. Die Erstellung des Korpus sollte anschließend der Typologisierung der Wissenschaftsvideos dienen. Abgefilmte Science-Slams wurden bei der Erstellung des Korpus nicht einbezogen, da es sich hierbei nicht um Videos handelt, die speziell für die Veröffentlichung auf YouTube produziert wurden.

Methodologisch folgt die Studie den Prinzipien des theoretischen Samplings, wie sie im Rahmen einer Grounded Theory entwickelt wurden:

> „Theoretisches Sampling meint den auf die Generierung von Theorie zielenden Prozeß der Datenerhebung, währenddessen der Forscher seine Daten parallel erhebt, kodiert

---

2 Ausgeschlossen wurden sogenannte Instructional Videos bzw. Nachhilfevideos, die schulisches und universitäres Lehrmaterial aufbereiten, da diese zum Ziel haben Wissen, statt wissenschaftliche Inhalte zu vermitteln. Außerdem wurden abgefilmte Vorlesungen und Vorträge (z. B. TED Talks) nicht einbezogen, da es sich hierbei nicht um Formate handelt, die speziell für die Veröffentlichung auf YouTube produziert wurden.

und analysiert sowie darüber entscheidet, welche Daten als nächste erhoben werden sollen und wo sie zu finden sind. Dieser Prozeß der Datenerhebung wird durch die im Entstehen begriffene – materiale oder formale – Theorie kontrolliert" (Glaser und Strauss 1998, S. 53).

Während des Kodierprozesses werden die Daten ständig verglichen ("constant comparative method"), wodurch immer wieder Unterschiede und Ähnlichkeiten zwischen den Daten erarbeitet werden. "Dieses ständige Vergleichen von Vorkommnissen führt sehr bald zur Generierung von theoretischen Eigenschaften und Kategorien" (Glaser und Strauss 1998, S. 112). Die strukturellen Eigenschaften der einzelnen Kategorien bilden sich erst aus der vergleichenden Analyse der vorkommenden Phänomene, in diesem Fall der Videos. In der konkreten Umsetzung der Methode wurden mittels multimodaler Diskursanalyse Eigenschaften der unterschiedlichen Videos erarbeitet und in ein Kategoriensystem eingeordnet. Eine detaillierte Kodierung der 400 Internet-Wissenschaftsvideos bzw. ihrer Erscheinungsformen wurde ihrerseits zu einer Verbesserung der Kodierkriterien genutzt (vgl. Glaser und Strauss 1998). Auf Grundlage dieses Prozesses wurden folgende Kategorien gebildet, deren Ausprägungen beim Kodieren erfasst wurden:

Zunächst wurden allgemeine Informationen zu den Webvideos und den dazugehörigen Kanälen erfasst, darunter Titel, Kanalname, Abonnentenzahl, Aufrufe, Zahl der Kommentare. Es wurde erfasst, zu welchem übergeordneten Basistyp das Video gehört (für eine ausführliche Beschreibung der Typen siehe 4.1.) und welche Hauptfunktionen das Video inhaltlich erfüllt, darunter beispielsweise die Funktion des Erklärens, des Argumentierens, des Unterhaltens oder der Vorstellung einer Forscherpersönlichkeit. Es wurde kodiert, um welche Kommunikationsform bzw. welches Genre es sich handelt (z. B. Dokumentarfilm, Portrait, Reportage etc.), wer der/die Kommunikator*in ist, der/die für die Veröffentlichung des Videos verantwortlich ist und welchen Hintergrund diese*r hat bzw. welche Institution als Herausgeber fungiert. Da in einem Video häufig mehrere Akteur*innen auftreten – beispielsweise als Interviewpartner*in –, wurden diese ebenfalls erfasst. Hierbei wurde zwischen Wissenschaftler*innen und Laien unterschieden. Außerdem wurden die verwendeten Modi (z. B. Bewegtbild, Musik, Animation, eingeblendete Abbildungen etc.) analysiert sowie Gestaltungselemente wie Intro, Outro, Schnitt und Zwischentitel erfasst. Darüber hinaus wurde dokumentiert, ob das Video Elemente wie Experimente, Demonstrationen oder Laborbilder enthält. Die Themen der Videos wurden außerdem wissenschaftlichen Disziplinen zugeordnet. Die Auswertung der Ergebnisse gibt Aufschluss darüber, wie audio-visuelle Wissenschaftskommunikation auf YouTube charakterisiert werden kann.

Für den Vergleich der Wissenschaftsvideos auf YouTube mit aufgezeichneten Science-Slams wurden die Videos des Kanals *ScienceSlam* gewählt, da der Kanal eines der ersten Suchergebnisse ist, wenn man den Begriff Science-Slam in der Suchleiste von YouTube eingibt (bei geleertem Browsercache und gelöschten Cookies). Es kann daher davon ausgegangen werden, dass Nutzer*innen, die gezielt nach Videos von Science-Slams suchen, auf diesen Kanal stoßen werden. Es finden sich aktuell 372 Videos auf dem Kanal, darunter aufgezeichnete Science-Slams und Interviews mit Science-Slammer*innen. Der Kanal wurde von über 28.000 Nutzer*innen abonniert. Damit ist *ScienceSlam* der am häufigsten abonnierte deutsche Kanal, der größtenteils aufgezeichnete Science-Slams veröffentlicht. Für diesen Beitrag wurden weitere Kennzahlen des Kanals (Aufrufzahlen insgesamt) und die drei am häufigsten bzw. die drei am wenigsten häufig aufgerufenen Videos (gemessen an Views) näher betrachtet.

Science Slam Deutschland (7872 Abonnenten, Stand 16.07.2019) ist ein weiterer Kanal, auf dem zahlreiche aufgezeichnete Science-Slams auf YouTube hochgeladen werden. Außerdem veröffentlichen häufig auch Universitäten Videos von Science-Slam-Veranstaltungen, wenn diese beispielsweise an der Universität selbst stattgefunden haben (Beispiele hierfür finden sich unter anderem auf den Kanälen der Universität Mannheim, der RWTH Aachen, der Universität Stuttgart und der TU Berlin).

4   Ergebnisse

Auf Grundlage der multimodalen Analyse der Videos wurden vier Basistypen von Wissenschaftsvideos ermittelt, die sich an den dominantesten Merkmalen, sowohl in Bezug auf die Funktionen, wie auch die Gestaltungselemente der Videos orientieren. Der Großteil der Videos im gesamten Korpus wurde professionell und aufwendig produziert (die technische Qualität in Bezug auf Film und Sound wurde bei nur 36 von 400 Videos als schlecht kodiert). Viele bedienen sich verschiedener Montagetechniken, eigenen Intro- und Outro-Sequenzen sowie eigener Kanallogos. Sie sind multimodale Kompositionen, von denen die meisten gesprochene Sprache, Bewegtbilder und Visualisierungen enthalten. Der Großteil aller analysierten 400 Videos im Korpus behandelt naturwissenschaftliche Themen. Die untersuchten Videos sind im Schnitt um die fünf Minuten lang. Die Mehrzahl der Videos (214) wurden nicht von aktiv forschenden oder lehrenden Wissenschaftler*innen oder wissenschaftlichen Institutionen erstellt. Dabei handelt es sich zumeist um Einzelpersonen.

4.1   Typologie von Wissenschaftsfilmen auf YouTube

Präsentationsfilm

Vorläuferformate dieses Typs sind die klassische Vorlesung und der wissenschaftliche Vortrag. Der/die „Vortragende*in" bzw. YouTuber*in ist häufig in einer Halbtotalen (Talking Head Format) zu sehen. Charakteristisch für diese Kommunikationsform ist es, dass der/die Präsentierende wissenschaftliche Inhalte in direkter Ansprache an die Rezipient*innen vermittelt. Das kann in eher informeller Art („du") oder formeller Art passieren. Charakteristisch für diese Form der direkten Rezipientenadressierung ist das Live-Experiment, das die Unmittelbarkeit der Kommunikationsform unterstreicht. Die Präsentation kann auch dialogisch mit zwei Moderator*innen/ Präsentierenden erfolgen. Der Präsentationsfilm konzentriert sich auf eine begrenzte Fragestellung. Im Zentrum dieses Basistyps steht eine wiederkehrende Person als Sprecher oder Sprecherin, so dass die gesprochene Sprache den Leitmodus darstellt. Allerdings können andere Modi auf der visuellen Ebene hinzugefügt werden, beispielsweise Texteinblendungen, Hintergrundabbildungen oder Exponate. Der/die Präsentierende berichtet nicht über die eigene Forschung, sondern über Themen, für die er oder sie sich persönlich interessiert oder von denen der/die Präsentierende annimmt, dass sie interessant und relevant für die Nutzer*innen sind.

Beispiel für einen Präsentationsfilm Die Videos des Kanals Doktor Whatson können dem Typus Präsentationsfilm zugeordnet werden. Im Beispielvideo erklärt Doktor Whatson alias Cedric Engels seinen Zuschauer*innen in direkter Ansprache das Phänomen der Schwarzen Löcher (vgl. Abb. 1). Das Video wurde zum Zeitpunkt der Erfassung (Oktober 2017) 46.4402 Mal aufgerufen und 1.610 Mal kommentiert und gehörte damit zu einem der fünf beliebtesten Videos des Kanals. Die Form des Talking Head-Videos wird durch Texteinblendungen ergänzt und durch Computeranimationen unterbrochen. Engels gehört zu den bekannteren YouTuber*innen, die sich mit Wissenschaft beschäftigen, seine Videos können der Kategorie User Generated Content zugeordnet werden.

Abb. 1 Screenshot des Videos „Was passiert in einem schwarzen Loch?"
des Kanals Doktor Whatson. Quelle: https://www.youtube.com/
watch?v=xlGEZ6ZJxQY&list=LLdSMfBpnboyliB1LCPCyiDw&index=687;
Zugegriffen: 02.10.2019

Expertenfilm

Diese Kategorie zeichnet sich dadurch aus, dass eine Forscherpersönlichkeit im
Zentrum steht. Die Wissenschaftsvideos dieser Kategorie sind dementsprechend
personalisiert: Ein Forschungsgebiet oder eine Forschungsfrage wird mit Hilfe
entsprechender Spezialist*innen/Expert*innen behandelt. Ziel ist es, Expert*innen
und deren Spezialgebiete gleichermaßen vorzustellen. Je nach Art der Darstellung
kann der Fokus mehr oder weniger stark auf der Person des*der Experten*in liegen.
Das Video kann entsprechend eher ein Porträt oder eher ein Forschungsbericht
sein. Expertenfilme haben in der Regel eine narrative Struktur: Die Person wird
eingeführt, ihre Entwicklung dargestellt und Besonderheiten der Biographie erzählt,
weshalb Expertenfilme entsprechend stark personalisiert sind. Häufig handelt es
sich bei Videos dieses Typs um PR-Videos von wissenschaftlichen Institutionen.

Beispiel für einen Expertenfilm Bei diesem Beispiel für einen Expertenfilm handelt
es sich um ein Portrait eines Wissenschaftlers, der an der Universität Magdeburg
beschäftigt ist. Es wurde im Oktober 2015 auf dem YouTube-Kanal *Otto-von-Gue-
ricke-Universität Magdeburg | OVGU* hochgeladen und hatte bei der Erfassung
2.233 Aufrufe (Stand Oktober 2017). Damit gehörte es zu einem der beliebtesten

Videos auf dem Kanal (bezogen auf Aufrufzahlen). Es wurde nicht kommentiert. Im Zentrum des Videos steht Prof. Dr. Marko Sarstedt, welcher über seine Arbeit am Lehrstuhl für Marketing und seine persönlichen Erfahrungen an seinem ersten Arbeitstag berichtet (vgl. Abb. 2). Die Hauptfunktionen des Videos sind folgende: Forscher vorstellen, Forschung(sgebiet) vorstellen, Porträtieren. Es kommen die Modi Bewegtbild, eingeblendeter Text, gesprochene Sprache und Musik zum Einsatz.

Abb. 2   Screenshot des Videos „Prof. Dr. Marko Sarstedt an der Otto-von-Guericke-Universität Magdeburg OVGU" des Kanals Otto-von-Guericke-Universität Magdeburg | OVGU. Quelle: https://www.youtube.com/watch?v=drOSie8bOP4; Zugegriffen: 02.10.2019

Animationsfilme

Animationsfilme zeichnen sich dadurch aus, dass – in der Regel computergenerierte – künstliche Bewegtbilder gezeigt werden, die einen Prozess, ein Problem, einen Sachverhalt oder eine wissenschaftliche Theorie veranschaulichen sollen. Die gesprochene Sprache ist meist aus dem Off zu hören und die Visualisierungen werden parallel dazu eingeblendet. Sind die Bewegtbilder nicht computerbasiert, handelt es sich häufig um Live Drawings und Writings oder Whiteboard-Videos (Zeichnungen auf weißem Grund), die ebenfalls als Animationsfilme verstanden werden können.

Beispiel für einen Animationsfilm Als Beispiel für einen Animationsfilm wurde das Video „Schrödingers Katze" des Kanals *100SekundenPhysik* gewählt (vgl. Abb. 3). Es handelt sich um eines der beliebtesten Videos des Kanals, welches zum Zeitpunkt der Erfassung 915.465 Aufrufe und 3.652 Kommentare generiert hatte (Stand Dezember 2017). Kanalbetreiber ist Leon Baar, der seit seinem 16. Lebensjahr Videos auf YouTube hochlädt, aber selbst nicht als Akteur in seinen Videos in Erscheinung tritt. Es handelt sich um User Generated Content. Wie bei den meisten Animationsfilmen kommt auch in diesem Beispiel die Stimme aus dem Off und zeitgleich wird das Gesagte visuell unterstützt durch teilanimierte Live Drawings (die Zeichnungen entstehen im Zeitraffer). Die Hauptfunktion des Videos ist es, zu erklären und zu veranschaulichen, wie das Gedankenexperiment von Erwin Schrödinger in Zusammenhang mit der Forschung zur Quantenmechanik steht.

Abb. 3 Screenshot des Videos „Schrödingers Katze" des Kanals 100SekundenPhysik. Quelle: https://www.youtube.com/watch?v=bitYXYlmT2Y; Zugegriffen: 02.10.19

Narrative Erklärfilme

Narrative Erklärfilme basieren auf einer Ausgangsfrage, die im Verlaufe des Beitrags beantwortet wird. Sie sind komplexer aufgebaut als die drei anderen Typen und bedienen sich häufig einer Mischung von Elementen, die die anderen Typen charakterisieren: So finden sich Funktionseinheiten wie Anmoderationen, Experteninterviews, Laboraufnahmen, Computeranimationen, etc. Narrative Erklärfilme haben außerdem häufig eine argumentative Struktur: sie liefern Argumente, warum etwas so ist/sein soll oder warum etwas existiert. Außerdem kombinieren sie narrative und informative Elemente, indem sie eine unterhaltsame Geschichte erzählen und gleichzeitig Wissen vermitteln. Bei diesem Basistyp werden zahlreiche verschiedene Kommunikationsmodi verwendet, so dass die modale Dichte relativ hoch ist: Die Beiträge sind oftmals durch Film-, Bild- und Sounddesign aufwendig gestaltet.

Beispiel für einen narrativen Erklärfilm Als Beispiel für einen narrativen Erklärfilm dient ein Video des Kanals *Die Klugscheisserin*, in dem sich die Kanalbetreiberin Lisa Ruhfus der Frage widmet, wie die Pille funktioniert (vgl. Abb. 4). Ruhfus ist ausgebildete Journalistin. Das Video wurde zum Zeitpunkt der Erfassung 86.120 Mal aufgrufen, 225 Mal kommentiert und gehört zu den Videos mit den meisten Views (bezogen auf den Typ narrativer Erklärfilm). Das Video beinhaltet An- und Abmoderation, 2D-Animationen, ein Experteninterview mit einer Frauenärztin, Filmfootage aus den 60ern und ähnelt klassischen Erklärfilmformaten, wie sie im Fernsehen beispielsweise von *Quarks* produziert werden.

Abb. 4 Screenshot des Videos „Nie wieder Periode? So funktioniert die Pille! – Lisa on Tour" des Kanals Klugscheisserin. Quelle: https://www.youtube.com/watch?v=0FCzBq6Ps8s; Zugegriffen: 02.10.2019.

Analyse der Videos im Korpus

Unter den 400 gesampelten Videos ist der Typ Präsentationsfilm am häufigsten zu finden (140 Mal), gefolgt vom narrativen Erklärfilm (114 Mal), dem Animationsfilm (92 Mal) und dem Expertenfilm (54 Mal). Betrachtet man die Hintergründe der Kanalbetreiber*innen verteilt auf die vier Typen von Wissenschaftsvideos, so wird deutlich, dass Akteur*innen, die keiner wissenschaftlichen Institution zugeordnet werden können, am häufigsten Animationsfilme und Präsentationsfilme produzieren. Kanäle, die von wissenschaftlichen Institutionen betrieben werden, zeigen sich für alle Expertenfilme und die meisten Erklärfilme (etwa 75 Prozent) verantwortlich. Weiterhin wurde erfasst, welche Arten von Institutionen/Herausgebern Videos produzieren. YouTuber*innen und Forschungseinrichtungen zeigen sich jeweils für etwa 30 Prozent der erfassten Videos verantwortlich, gefolgt von Medienunternehmen (16 Prozent), YouTuber*innen, die in Multi-Channel-Netzwerken aktiv sind (10 Prozent) und Universitäten (9 Prozent). Videos von Stiftungen machen nur einen Anteil von 6 Prozent aus. Insbesondere bei den Videos von Medienunternehmen handelt es sich um Professionally Generated Content, der speziell für die Veröffentlichung auf den dazugehörigen YouTube-Kanälen produziert wurde: Beispiele hierfür sind Angebote des Netzwerks *funk*[3] (ARD und ZDF) oder der Kanal *Terra X Lesch & Co* (ZDF in Zusammenarbeit mit objektiv media). Inhaltlich erfüllt der Großteil der Animations- und Präsentationsfilme die Funktion, wissenschaftliche Zusammenhänge bzw. Begrifflichkeiten zu erklären. In Expertenfilmen werden am häufigsten Wissenschaftler*innen und Forschungsaktivitäten vorgestellt. Narrative Erklärfilme sind inhaltlich die heterogenste Gruppe.

Die meisten Aufrufzahlen werden von Präsentationsfilmen und Animationsfilmen generiert: Videos dieser Typen wurden im Schnitt um die 140.000 Mal angeklickt. Die Aufrufzahlen unterscheiden sich stark: Die beliebtesten Videos beider Typen erreichen View-Zahlen von über 1 Mio. Wenig beliebte Videos wurden unter 50 Mal aufgerufen, auch wenn sie schon vor längerer Zeit hochgeladen wurden. Narrative Erklärfilme wurden im Schnitt 25.000 Mal aufgerufen und Expertenfilme generierten durchschnittlich 4.000 Aufrufe. Unter den 50 beliebtesten YouTube-Videos des Korpus (gemessen an Aufrufzahlen) finden sich keine Produktionen von wissenschaftlichen Institutionen. Wissenschaftsvideos, die beispielsweise über den YouTube-Kanal der DFG abrufbar sind, haben im Verlauf von Jahren (teilweise sind die Videos seit über sechs Jahren online) nicht einmal vierstellige Abrufzahlen generiert und gehören somit nicht annähernd zu den „Big Playern" der audio-visuellen Wissenschaftskommunikation. Dieses lässt sich auch bei den

---

3 Die Videos, die für funk produziert werden, können auch auf funk.net, Facebook und
   Instagram oder über die funk-App abgerufen werden.

Videos der meisten anderen wissenschaftlichen Einrichtungen feststellen, deren
Aufrufzahlen im Vergleich zu Videos von nicht-wissenschaftlichen Kanalbetreiber*innen ebenfalls gering sind. Die Videos von Kanälen wie *100SekundenPhysik*,
MaiLab (ehemals *Schönschlau*) oder *Terra X Lesch & Co.* erreichen häufig schon
wenige Wochen nach der Veröffentlichung über 500.000 Aufrufe.

Neben dem Hintergrund der Kanalbetreiber*innen wurde auch untersucht, welche
Akteur*innen in den Videos auftreten. Gerade bei der Gruppe der YouTuber*innen
sind Kanalbetreiber*innen und Akteur*in meist identisch, da die Produzent*innen
der Videos auch selbst in diesen auftreten. Sie sind die häufigsten Akteur*innen in
Präsentationsfilmen und in Animationsfilmen (soweit Personen in diesen auftreten). In narrativen Erklärfilmen und Expertenfilmen sind die meisten auftretenden
Personen Wissenschaftler*innen. Akteur*innen mit wissenschaftlichem Hintergrund treten also am häufigsten in Wissenschaftsvideotypen auf, die eher geringe
Aufrufzahlen generieren. Auch diese Ergebnisse zeigen, dass YouTuber*innen, also
jene Akteur*innen, die keiner wissenschaftlichen Institution angehören und auch
nicht als Wissenschaftler*innen auftreten, die externe Wissenschaftskommunikation auf YouTube dominieren.

4.2   Der Kanal *ScienceSlam* auf YouTube

Wie bereits erwähnt, finden sich auf dem Kanal *ScienceSlam* 372 Videos, von denen
der Großteil Aufzeichnungen von Science-Slams sind, die für die Veröffentlichung
auf YouTube bearbeitet wurden. Außerdem finden sich Interviews mit Science-Slammer*innen auf dem Kanal. Im Unterschied zu den zuvor beschriebenen
Wissenschaftsvideos sind alle Akteur*innen, die in diesen Videos Vorträge halten,
Wissenschaftler*innen, die über die eigene Forschung berichten. Diese aufgezeichneten performativen Wissenschaftsdarbietungen wurden insgesamt 4.911.448
aufgerufen und 28.039 User*innen haben den Kanal abonniert. Im Schnitt wurde
ein Video entsprechend etwa 13.200 Mal aufgerufen. Das beliebteste Video, in
welchem die bekannte Slammerin und Buchautorin Guila Enders auftritt, wurde
1.105.445 Mal aufgerufen und 231 Mal kommentiert (Stand 20.03.2019). Es handelt
sich um einen Slam, der vor über sechs Jahren aufgezeichnet wurde. Danach folgt
„So cool kann Chemie sein! (Mai-Thi Nguyen Kim – Science Slam)" mit 437.392
Aufrufen und 358 Kommentaren. Mai-Thi Nguyen Kim hat durch ihre Arbeit als
Wissenschaftsjournalistin (Moderatorin bei Quarks) und als Betreiberin eines ei-
genen YouTube-Kanals zu Wissenschaft (MaiLab für das funk-Netzwerk) größere
Bekanntheit erlangt. Auf Platz drei liegt das Video „Warum verliebt sich Penny in
Leonard – Psychologie (Kay Weibert – Science Slam)" mit 370.298 Aufrufen. Das

neueste Video des Kanals („Wie viel Gentechnik ist in Ohne-Gentechnik-Produkten? (David Spencer – Science Slam)"), welches am 20.03.2019 hochgeladen wurde, hat bisher 1.747 Aufrufe generiert (Stand 27.03.2019). Die drei Videos mit den geringsten Aufrufzahlen[4] wurden zwischen 152 und 261 Mal aufgerufen. Alle drei wurden vor über 7 Jahren hochgeladen und gehören zu den ersten Veröffentlichungen auf dem Kanal. Die geringen Aufrufzahlen dieser Videos im Vergleich mit den neuesten Uploads sprechen dafür, dass die Beliebtheit des Kanals insgesamt über die Jahre gestiegen ist, wodurch Videos, die zum jetzigen Zeitpunkt hochgeladen werden, häufiger aufgerufen werden. Für eine bessere Vergleichbarkeit wurden die durchschnittlichen Aufrufzahlen pro Woche (bezogen auf die Zahl der Wochen, die das Video online ist) für die drei am häufigsten und die drei am wenigsten häufig aufgerufenen Videos ermittelt (siehe Tab. 1).

Tab. 1 Durchschnittliche Aufrufzahlen pro Woche.

Auftretende*r Slammer*in im Video	Giulia Enders	Mai-Thi Nguyen Kim	Kay Weibert	Oliver Adrian	Martin Adam	Kai Plociennik
Durchschnitt-liche Aufruf-zahlen des Videos pro Woche	3251,31	2877,58	5789,89	0,415	0,628	0,652
Datum der Veröffent-lichung	14.11.2012	27.04.2016	03.11.2017	04.05.2012	03.05.2012	25.10.2011

Hierbei zeigt sich, dass die Bekanntheit eines Slammers über die Slammer-Szene hinaus (wie im Falle von Giulia Enders und Mai-Thi Nguyen Kim) nicht unbedingt ausschlaggebend für die Beliebtheit eines Videos des Kanals *ScienceSlam* sein muss. Das Video „Warum verliebt sich Penny in Leonard – Psychologie (Kay Weibert – Science Slam)" generierte die meisten Aufrufzahlen pro Woche. Hier liegt nahe, dass der Bezug des Themas des Slams von Kay Weibert zur beliebten Serie „Big Band Theory" dazu beigetragen hat, dass das Video häufig aufgerufen wurde.

---

4   „Oliver Adria – Wie heiße Luft die Welt verbessern kann" von Oliver Adria, „Martin Adam – Leuchtende Proteine und saubere Medikamente" von Martin Adam und „Science Slam Köln – Kai Plociennik" von Kai Plociennik zum Thema Komplexitätstheorie.

Bei der Nachproduktion der meisten Videos auf dem Kanal wurden Intro- und Outro-Sequenzen hinzugefügt, die das Logo des Kanals und Credits beinhalten. Außerdem ist das Kanallogo in der unteren rechten Ecke der meisten Videos zu sehen. Einige Videos enthalten auch Bauchbinden, in denen die Slammer*innen vorgestellt werden. Alle Slammer*innen, deren Auftritte auf dem Kanal veröffentlich wurden, verwenden in ihren Präsentationen Visualisierungen, häufig in Form von Power-Point-Folien. Die Slammer*innen werden zudem in den neueren Aufzeichnungen sowohl in der totalen als auch der halb-totalen Perspektive gezeigt, was darauf schließen lässt, dass mehrere Kameras und Schnitttechniken zum Einsatz kommen. Auch auf dem Kanal *ScienceSlam* lässt sich eine Professionalisierung der Produktion erkennen. Durch die Nachbearbeitung der Aufzeichnungen und das Hinzufügen vom Logo des Kanals bzw. der Veranstalter wirkt die Aufmachung einheitlich und hat Widererkennungswert. Die Qualität der neueren Uploads ist im Vergleich zu den ersten Veröffentlichungen erheblich gestiegen (bezogen auf Bild- und Tonqualität).

Am ehesten lassen sich aufgezeichnete Science-Slams dem Typ Präsentationsfilm zuordnen. Auch Science-Slams basieren auf dem Vorläuferformat des wissenschaftlichen Vortrags. Der/die Präsentierende vermittelt wissenschaftliche Inhalte in direkter Ansprache an das Publikum und indirekt auch an die YouTube-Nutzer*innen. Gesprochene Sprache ist der Leitmodus, welcher durch andere Modi auf der visuellen Ebene ergänzt werden kann. Der entscheidende Unterschied zum Typ Präsentationsfilm ist allerdings, dass die Slammer*innen ihre eigene Forschung präsentieren und sie nicht als wiederkehrende Akteur*innen in einer Vielzahl von Videos zu unterschiedlichen Themen auftreten. Sie sind nicht selber die Produzent*innen des hochgeladenen Videos und können somit auch nur schwer eine eigene Community auf dem Kanal *ScienceSlam* ansprechen. Hier lässt sich eher eine Gemeinsamkeit mit Videos des Typs Expertenfilm erkennen, die zum Ziel haben Expert*innen und deren Spezialgebiete vorzustellen und in denen immer unterschiedliche Expert*innen bzw. Wissenschaftler*innen als Akteur*innen auftreten. Viele Videos des Kanals *ScienceSlam* sind jedoch erfolgreicher als Videos des Typs Expertenfilm. Von den 50 Videos dieses Typs im Korpus erreichen lediglich drei Videos fünfstellige Aufrufzahlen und wurden nur zwischen 8 und 27 Mal kommentiert.

Die hohen Aufrufzahlen der beliebtesten Videos auf dem Kanal *ScienceSlam* sprechen dafür, dass ein*e Wissenschaftler*in die Möglichkeit hat, durch die Teilnahme an einem Science-Slam und die Veröffentlichung auf YouTube, neben dem Live-Publikum auch online ein größeres Laienpublikum zu erreichen. Natürlich ist einschränkend zu beachten, dass die beiden beliebtesten Videos des Kanals Slams von Personen zeigen, die ohnehin schon in der Öffentlichkeit präsent sind.

Allerdings zeigen die Aufrufzahlen des Slams zum Thema Liebe in der Serie „Big Bang Theory" die Potenziale dieser Videos, was die Reichweite betrifft. Eine der Hauptfunktionen des Science-Slams ist es, das Publikum zu unterhalten. Dieses liegt darin begründet, dass die Zielgruppe der Science-Slams das Live-Publikum vor Ort ist. Es ist davon auszugehen, dass die Zuschauer*innen sich in erster Linie entscheiden, einen Science-Slam zu besuchen, weil sie unterhalten werden wollen und die Slammer*innen sich an diesen Erwartungen bei der Gestaltung ihrer Präsentationen orientieren (vgl. auch den Beitrag von Niemann et al. in diesem Band). YouTube ist zwar nur ein zusätzlicher Distributionskanal, der für die Veröffentlichung der Science-Slams genutzt wird, Slams, die den Geschmack des Publikums treffen und dieses unterhalten, haben aber das Potenzial, die Bekanntheit eines*r Slammenden und seiner/ihrer Forschung enorm zu steigern.

5 Diskussion und Fazit: Webvideos zu Wissenschaft und (aufgezeichneten) Science-Slams

Die Ergebnisse der Analyse der 400 Webvideos zu Wissenschaft und der aufgezeichneten Science-Slams legen nahe, dass eine Professionalisierung der Produktion von User Generated Content stattfindet: verschiedene Montagetechniken, eigene Intro- und Outro-Sequenzen sowie eigene Kanallogos werden von den meisten Produzent*innen eingesetzt und ergänzen andere visuelle Elemente, wie Einblendungen, Animationen etc. Im Bereich der Wissenschaftskommunikation auf YouTube kann also ebenfalls davon gesprochen werden, dass der Content kaum noch mit den Amateur-Clips der Anfangszeit der Plattform vergleichbar ist und sich die erfolgreichen Produzent*innen an die Kommunikationsbedingungen angepasst haben. YouTuber*innen ohne Verbindung zu wissenschaftlichen Institutionen gehören zu der Gruppe dieser erfolgreichsten Produzent*innen von Wissenschaftsvideos auf YouTube. Gründe dafür könnten sein, dass diese sich an der Plattformlogik von YouTube orientieren und diese als soziales Netzwerk, statt nur als Plattform zum Hochladen von Videoinhalten sehen. Sie treten mit der Community in Kontakt, adressieren ihre Zuschauer*innen direkt (verbale Aufforderungen zum Abonnieren und Kommentieren in den Videos) und gehen auf deren Wünsche und Themenvorschläge ein. Häufig reagieren sie auch auf Kommentare zu ihren Videos und wirken dadurch nahbarer als beispielsweise Akteur*innen, die in Videos von Wissenschaftsinstitutionen auftreten. Der Erfolg eines Kanals scheint besonders im Falle des Typs Präsentationsfilm mit der Person zusammenzuhängen, die im Video auftritt. Sie spricht ihre Zuschauer*innen in den meisten Fällen direkt an und agiert authentisch. Unter Videos von wissenschaftlichen Institutionen finden sich häufig nur wenige oder keine Kommentare und es kommt zu keinem Austausch zwischen den Nutzer*innen und den Kanalbetreiber*innen.

Am erfolgreichsten in Bezug auf die Generierung von Aufrufzahlen sind neben Präsentationsfilmen auch Animationsfilme. Diese Formate präsentieren Inhalte in kreativer Weise. Sie beschäftigen sich häufig mit prägnanten Fragestellungen oder abstrakten Phänomenen (Schwarze Löcher, Dunkle Materie, Déjà-Vu-Erfahrungen), um diese anschaulicher bzw. ansprechender vermitteln zu können, da für diese Phänomene reale Bilder oder Aufnahmen oft fehlen. Die Produzent*innen der Animationsfilme rufen – ebenso wie viele Produzent*innen von Präsentationsfilmen – in Videos häufig zur Partizipation und Interaktion der User*innen auf. In einigen Animationsfilmen treten die YouTuber*innen in Erscheinung und moderieren ihre Animationen beispielsweise an oder richten sich direkt an die Community und sind somit das Gesicht ihres Channels (ein Beispiel hierfür ist Finn Dohrn, Betreiber des Kanals *BYTEThinks*[5]).

Auffällig ist, dass die auftretenden Akteur*innen in den Videos, die die meisten Aufrufzahlen generieren, zum Großteil keine Wissenschaftler*innen sind. Die Ergebnisse der Analyse zeigen, dass gerade Videos des Typs Expertenfilm, in denen der Großteil der auftretenden Akteur*innen Wissenschaftler*innen sind, im Vergleich am wenigsten aufgerufen werden. Dieses spricht dafür, dass Nutzer*innen nur selten mit Wissenschaftsvideos in Berührung kommen, die von wissenschaftlichen Institutionen hochgeladen wurden und in denen Wissenschaftler*innen als Akteur*innen auftreten. Betrachtet man die Aufrufzahlen der Videos des Kanals *ScienceSlam* (knapp 5 Mio. insgesamt), zeigt sich, dass diese bei weitem häufiger rezipiert werden als die Videos von wissenschaftlichen Institutionen im Korpus. Für Wissenschaftler*innen, die ein Interesse daran haben, ihre Forschung einem breiten Laienpublikum zu präsentieren, ist eine Teilnahme an einem Science-Slam, der auf YouTube veröffentlicht wird, erfolgsversprechender, als in einem Video aufzutreten, welches von einer wissenschaftlichen Institution produziert wird.

Auch für zukünftige Forschung stellt sich die Frage, wie sowohl (aufgezeichnete) Science-Slams als auch YouTube-Videos zu Wissenschaft die externe Wissenschaftskommunikation beeinflussen, oder konkreter gefragt: Wie erfolgreich sind sie bei der Vermittlung von Wissenschaft und welches Bild von Wissenschaft wird tatsächlich an die Zuschauenden vermittelt? Es lässt sich feststellen, dass sich auf YouTube im Bereich der audio-visuellen Wissenschaftskommunikation Formate ausdifferenziert haben, die am erfolgreichsten sind, wenn sie die Spezifika der

---

5   Link zum Kanal von Finn Dohrn: https://www.youtube.com/user/bytethinks Zugegriffen: 24.09.2019.

Plattform aufgreifen und Inhalte kreativ und authentisch präsentieren. Durch die Plattformlogik haben sich Distributionsstrukturen etabliert, die es ermöglichen, dass Kanäle, die keine direkte Verbindung zu wissenschaftlichen Institutionen (Forschungseinrichtungen, Universitäten) haben, diesen in ihrer Reichweite überlegen sind. Dieses hat zur Folge, dass YouTuber*innen und Produzent*innen von Animationsfilmen im Bereich der Wissenschaftskommunikation auf YouTube dominieren. Dieser Umstand spricht dafür, dass wissenschaftliche Institutionen und Akteur*innen, die sich der Darstellung eigener wissenschaftlicher Inhalte verschrieben haben, ihre Position stärken sollten, damit dieser Kommunikationsraum auch von Wissenschaftler*innen selber stärker genutzt werden kann. Aufgezeichnete Science-Slams bieten Wissenschaftler*innen momentan zwar eine Plattform, um die eigene Forschung auf YouTube zu präsentieren und einer breiteren Öffentlichkeit nahe zu bringen, ohne einen eigenen YouTube-Kanal betreiben zu müssen. Die Potenziale im Bereich der externen audio-visuellen Wissenschaftskommunikation auf YouTube sind aber noch lange nicht ausgeschöpft. Welche Auswirkungen die derzeitigen Entwicklungen auf die zukünftigen Kommunikationsstrategien der institutionellen Wissenschaftskommunikation haben werden, bleibt abzuwarten. Wie das Verhältnis von Wissenschaft und Öffentlichkeit durch Wissenschaftsvideos auf YouTube beeinflusst wird, ist sicherlich ebenfalls eine Frage, der sich die Forschung zu Wissenschaftskommunikation zukünftig widmen sollte.

Literatur

Allgaier, J. (2016a). Wo Wissenschat auf Populärkultur trifft. In T. Körkel und K. Hoppenhaus (Hrsg.), *Web Video Wissenschaft – Ohne Bewegtbild läuft nichts mehr im Netz: Wie Wissenschaftsvideos das Publikum erobern* (S. 15–24). Heidelberg: Spektrum der Wissenschaft.

Allgaier, J. (2016b). Science on YouTube: What do people find when they are searching for Climate Science and Climate Manipulation? *14th International Conference on Public Communication of Science and Technology (PCST)*, Istanbul, Turkey, 26–28 April 2016.

Breuer. S. (2012). Über die Bedeutung von Authentizität und Inhalt für die Glaubwürdigkeit von Webvideo-Formaten in der Wissenschaftskommunikation. In C. Y. Robertson-von Trotha, J. M. Morcillo (Hrsg.), *Öffentliche Wissenschaft und Neue Medien: Die Rolle der Web 2.0-Kultur in der Wissenschaftsvermittlung* (S. 101–112). Karlsruhe: KIT Scientific Publishing.

Brogiato, H.-P., Fritscher, B., & Wardenga, U. (2005). Visualisierungen in der deutschen Geographie des 19. Jahrhunderts. Die Beispiele Robert Schlagintweit und Hans Meyer. *Berichte zur Wissenschaftsgeschichte. Organ der Gesellschaft für Wissenschaftsgeschichte 28(1)*, 237–254.

Brossard D. (2013). New media landscapes and the science information consumer. *Proceedings of the National Academy of Sciences of the United States of America* 110, 14096–14101.

Bucher, H.-J. (2016). Ein ‚Pictorial Turn' im 19. Jahrhundert? Überlegungen zu einer multimodalen Mediengeschichte am Beispiel der illustrierten Zeitungen. In S. Geise, T. Birkner, K. Arnold, M. Löblich, & K. Lobinger (Hrsg.), *Historische Perspektiven auf den Iconic Turn. Die Entwicklung der öffentlichen visuellen Kommunikation,* (S. 280–317). Köln: Herbert von Halem Verlag.

Döring, N. (2014). Professionalisierung und Kommerzialisierung auf YouTube. *merz. medien + erziehung 58(4),* 24–31.

Erviti, M. C., & Stengler, E. (2016). Online Video as a Science Communication Tool. *15th Annual STS Conference.* Graz, Österreich.

Euen, C. (2015). Science Slams. Banale oder clevere Wissenschaftskommunikation?. deutschlandfunk.de, 14.07.2015, URL: http://www.deutschlandfunk.de/science-slams-banale-oder-clevere-wissenschaftskommunikation.680.de.html?dram:article_id=325405. Zugegriffen: 12. März 2019.

Geipel, A. (2017). Die Audiovisuelle Vermittlung Von Wissenschaft Auf YouTube. In P. Weingart, H. Wormer, A. Wenninger, & R. Hüttl (Hrsg.), *Perspektiven Der Wissenschaftskommunikation Im Digitalen Zeitalter,* (S. 188–195). Weilerswist-Metternich: Velbrück Wissenschaft.

Geipel, A. (2018). Wissenschaft@YouTube. In E. Lettkemann, R. Wilke, & H. Knoblauch (Hrsg.), *Knowledge in Action: Neue Formen Der Kommunikation in der Wissensgesellschaft,* (S. 137–163). Wiesbaden: Springer VS.

Glaser, B. G., & Strauss, A. (1998). *Grounded theory. Strategien qualitativer Forschung.* Bern: Huber.

Große, W. (2012). *Filme für die Wissenschaft. Die Epoche des wissenschaftlichen Films in Göttingen.* Göttingen: Buchverlag Göttinger Tageblatt.

Grummt, D. (2015). Sociology goes Public. Der Science Slam als geeignetes Format zur Vermittlung soziologischer Erkenntnisse?, Verhandlungen des 37. Kongresses der Deutschen Gesellschaft für Soziologie in Trier 2014, URL: http://publikationen.soziologie.de/index.php/kongressband_2014/article/view/120/pdf_87. Zugegriffen: 12. März 2019.

Google. (2019). YouTube Partner Program Overview, Application Checklist, & FAQs – YouTube Help. support.google.com/youtube/answer/72851. Zugegriffen: 02. März 2019.

Hartmann, F., & Bauer, E. K. (2002). *Bildersprache: Otto Neurath. Visualisierungen.* Wien: Facultas.

Hickethier, K. (1998). *Geschichte des deutschen Fernsehens.* Stuttgart; Weimar: J B Metzler Verlag.

Kim, J. (2012). The institutionalization of YouTube: From user-generated content to professionally generated content. *Media, Culture & Society 34(1),* 53–67.

Kupferschmitt, T. (2018). Ergebnisse der ARD/ZDF-Onlinestudie 2018. Onlinevideo-Reichweite und Nutzungsfrequenz wachsen, Altersgefälle bleibt. In *Media Perspektiven* 9/2018, 427–437.

Lo, A. S., Esser, M. J., & Gordon, K. E. (2010). YouTube: A gauge of public perception and awareness surrounding epilepsy. *Epilepsy & Behavior 17,* 541–545.

Minol, K., Spelsberg, G.; Schulte, E., & Morris, N. (2007). Portals, blogs and co.: The role of the internet as a medium of science communication. *Biotechnology Journal 2,* 1129–1140.

Mirzoeff, N. (1998). *The Visual Culture Reader.* New York: Routledge.

Morcillo, J. M., Czurda, K., & Robertson-von Trotha, C. Y. (2016). Typologies of the Popular Science Web Video. *Journal of Science Communication 15(04)*. doi: https://doi.org/10.22323/2.15040202

Morus, I. R. (2006). Seeing and Believing Science. *Isis 97(1)*, 101–110.

Nguyen-Kim, M. T. (n.d.). Mai Thi Nguyen-Kim on about.me. URL: https://about.me/maithi. Zugegriffen: 12. März 2019.

Nisbet, M. C., & Scheufele, D. A. (2009). What's next for science communication? Promising directions and lingering distractions. *American Journal of Botany 96*, 1767–1778.

Niemann, P., Schrögel, P., & Hauser, C. (2017). Präsentationsformen der externen Wissenschaftskommunikation: Ein Vorschlag zur Typologisierug. *Zeitschrift für Angewandte Linguistik 67*, 81–114.

Ratzeburg, W. (2002). Mediendiskussion im 19. Jahrhundert. Wie die Kunstgeschichte ihre wissenschaftlichen Grundlagen in der Fotografie fand. *kritische Berichte 30(1)*, 22–39.

Reichle, I. (2005). Fotografie und Lichtbild: Die unsichtbaren Bildmedien der Kunstgeschichte. In A. Zimmermann (Hrsg.), *Sichtbarkeit und Medium. Austausch, Verknüpfung und Differenz naturwissenschaftlicher und ästhetischer Bildstrategien* (S. 169–181). Hamburg: Hamburg University Press.

Rowley-Jolivet, E. (2010). The evolution of medical imagery in the 19th century: The Lancet, 1823–1905. In Banks, D. (Hrsg.), *Aspects diachroniques du texte de specialité* (S. 53–74). Paris: L'Harmattan.

Ruchatz, J. (2003). *Licht und Wahrheit. Eine Mediumgeschichte der fotografischen Projektion.* München: Wilhelm Fink Verlag.

Shapiro, M. A., & Park, H. W. (2015). More than entertainment: YouTube and public responses to the science of global warming and climate change. *Social Science Information 54(1)*, 115–145.

Spektrum der Wissenschaft. (2017). Über SciViews. URL: https://www.spektrum.de/alias/dachzeile/ueber-sciviews/1482409. Zugegriffen: 14.03.2019

Valenti, J. M. (1999). Commentary: How well do scientists communicate to media? *Science Communication 21*, 172–178.

Weeden, B. (2008). *The education of the eye. History of the Royal Politechnic Institut 1838–1881.* Cambridge: University of Westminster.

Westermayr, S. (2013). *Poetry Slam in Deutschland. Theorie und Praxis einer multimedialen Kunstform.* 2. erw. Aufl., Marburg: Tectum.

Welbourne, D. J., & Grant, W. J. (2016). Science Communication on YouTube: Factors That Affect Channel and Video Popularity. *Public understanding of science 25(6)*, 706–718.

Wissenschaft im Dialog gGmbH/Kantar Emnid. (2018). Wissenschaftsbarometer. URL: https://www.wissenschaft-im-dialog.de/projekte/wissenschaftsbarometer/wissenschaftsbarometer-2018/. Zugegriffen: 25. September 2019.

Wissenschaft im Dialog gGmbH – Fast Forward Science. (2019). Kategorien & Preise. URL: https://fastforwardscience.de/wettbewerb/kategorien-preise/. Zugegriffen: 13. März 2019.

YouTube. (2016). Creator Academy. https://www.youtube.com/user/creatoracademy. Zugegriffen: 25. September 2019.

Anhang

© Springer Fachmedien Wiesbaden GmbH, ein Teil von Springer Nature 2020
P. Niemann et al. (Hrsg.), *Science-Slam*,
https://doi.org/10.1007/978-3-658-28861-7

Science-Slam-Präsentation „Dienliche Defekte" von Reinhard Remfort in der Best-of-Show zur Deutschen Meisterschaft im Science-Slam 2016 in Darmstadt vom 16.12.2016

Transkript

Bei diesem Transkript handelt es sich um eine Übertragung in Schriftdeutsch. Es wurde basierend auf der Aufzeichnung der Science-Slam-Präsentation von Reinhard Remfort „Dienliche Defekte" im Rahmen des Best-Ofs am Vorabend der Deutschen Meisterschaft im Science-Slam 2016 in Darmstadt am 16.12.2019 (zur Verfügung gestellt von Science-Slam Darmstadt) angefertigt. Dies war auch die Grundlage für die Beiträge zum Symposium.

Eine öffentlich zugängliche Version dieses Slams findet sich auf YouTube unter: https://www.youtube.com/watch?v=7Aylpp-5aBM (zugegriffen: 02.10.2019), Vortrag von Reinhard Remfort beim Science-Slam am 20.11.2013 in Köln. Der Wortlaut in dieser Variante unterscheidet sich daher von dem hier vorliegenden Transkript geringfügig.

© Springer Fachmedien Wiesbaden GmbH, ein Teil von Springer Nature 2020
P. Niemann et al. (Hrsg.), *Science-Slam*,
https://doi.org/10.1007/978-3-658-28861-7

1 Vielen Dank. Ich freue mich heute hier zu sein und bevor ich anfange, habe ich eine
2 Frage, die ich immer stelle bei Science-Slams, wenn ich auf einer Bühne stehe und
3 zwar: sind Physiker heute hier, abgesehen vom Boris? So, das sind überdurchschnitt-
4 lich viele, davon jetzt – ihr dürft weiter aufzeigen, ihr seid hier unter Freunden, nie-
5 mand tut euch was – davon jetzt mal nur die Frauen. Ernsthaft, das sind, Moment,
6 warte mal, okay, davon jetzt die Singles. Okay, Party heute Abend. Nein, normaler-
7 weise ist da nie Eine über und dann sage ich immer, das ist die traurige Geschichte,
8 wenn man halt Physik studiert. Das war auch das Unrealistischste an dem Filmaus-
9 schnitt vorhin, eine Physikerin. Nicht der Kittel, sondern eine Physikerin, man trifft die
10 leider sehr, sehr selten. Naja, egal.

11 Kommen wir zu dem, was ich euch eigentlich erzählen wollte, ich erzähle euch ein
12 bisschen, was ich in meiner Doktorarbeit mache, die bestimmt jetzt bald demnächst
13 mal fertig wird. Und zwar beschäftige ich mich mit Diamanten und um das zu machen,
14 habe ich jahrelang studiert und bin Physiker geworden.

15 Das war nicht das, was meine Eltern für mich geplant haben. Mein Bruder zum Bei-
16 spiel ist Religionslehrer, ist er wirklich. Meine Mutti hätte viel, viel lieber gesehen,
17 dass ich sowas hier werde: Arzt. Weißer Kittel, fettes Gehalt, hohes Ansehen und so.
18 Das Problem war nur, als ich Achtzehn, Neunzehn war und gerade so mit dem Abi
19 durch war, habe ich viel zu viel gesoffen und gekifft, um auch nur in die Nähe von so
20 einem Medizinstudienplatz zu kommen. Und was macht man dann als kleiner dicker
21 achtzehnjähriger Junge, der zu viel säuft und morgens nicht aus dem Bett kommt und
22 nicht weiß, wie man sich anzieht und so? Man sucht sich einen Job, wo erstens der
23 Dresscode scheißegal ist und zweitens, wo ein gewisser Alkohollevel akzeptiert ist o-
24 der schlicht und einfach nicht auffällt. Habe ich gemacht, bin Physiker geworden. Da-
25 mit meine Mutti jetzt nicht komplett enttäuscht von mir ist, dachte ich mir, okay Rein-
26 hard, wenn schon nicht Arzt, dann doch wenigstens noch Doktor. Und habe nach mei-
27 ner Diplomarbeit gedacht: komm, bleibst noch eine Runde hier, ist so schön und
28 schlecht bezahlt, beschäftigst du dich noch weiter mit: Der Epitaxie hochreiner Dia-
29 mantschichten zur Untersuchung oberflächennaher NV-Störstellen.

30 Wobei mein Professor an der Stelle immer sagt: Reinhard, rede nicht von Störstellen,
31 wenn man Anträge schreibt, ist das schlecht. Störstellen, das ist bei Menschen negativ
32 besetzt, die assoziieren direkt schlechte Dinge. Das ist so, als ob man an einer katholi-
33 schen Klosterschule von intensiver Einzelbetreuung reden würde. Das ist prinzipiell
34 nicht schlecht, geht aber schnell mal in den falschen Hals. Ja, deshalb hat mein Profes-
35 sor gesagt: Reinhard, rede nicht von Störstellen, rede von Zentren, nenne die Dinger
36 lieber Zentren. Geht genauso gut. Haben wir gemacht, Anträge geschrieben und un-
37 tersuchen NV-Zentren.

38 Was zur Hölle ist denn jetzt so ein NV-Zentrum? Es hat irgendwas mit Diamanten zu
39 tun und so. So ein NV-Zentrum habe ich bei meinen Eltern mal beim Frühstück nach-
40 gebaut. Die haben da immer so Atombaukästen rumliegen. Und, nur weil man an Gott
41 glaubt, heißt das nicht, dass man *(lacht)* – Entschuldigung. So ein NV-Zentrum lebt in
42 einem Diamantgitter, also das Schwarze hier, das sind Kohlenstoffatome, die sind tet-
43 raedrisch gebunden und bilden einen Kristall. Und das NV-Zentrum ist jetzt nichts an-
44 deres als ein Stickstoffatom und eine Leerstelle in diesem Gitter. Das heißt, da wo
45 sonst ein Kohlenstoffatom ist, ist jetzt ein Stickstoffatom und gegenüber da fehlt ein-
46 fach ein Atom. Und wenn man sowas hat, dann bildet sich eine NV-Fehlstelle oder

47 Zentrum oder wie auch immer man das Ding nennen möchte. Das steht für Nitrogen
48 Vacancy. Klingt hipper. Und die Dinger, die untersuche ich in meiner Doktorarbeit.

49 Die machen nämlich was ziemlich Cooles, die sind für einen Physiker unglaublich inte-
50 ressant. Und das mache ich folgendermaßen, das mach ich so, dieses Untersuchen,
51 wie ein guter Physiker das halt macht, wenn er etwas hat, was er nicht kennt. Er
52 nimmt es, schleppt es in sein Labor, sucht sich den fettesten Laser, den er finden kann
53 und brät so lange mit einem brennenden Laser darauf herum, bis irgendwas passiert.
54 Und bei so einem NV-Zentrum passiert was ziemlich Cooles, wenn man da mit einem
55 Laser darauf herumballert: das winkt zurück. Und dieses Zurückwinken des NV-
56 Zentrums, das ist ein unglaublich deutliches Signal. Das ist was, was man überhaupt
57 nicht übersehen kann. Also das ist genau genommen; das sieht so aus (vgl. Abb. 1):

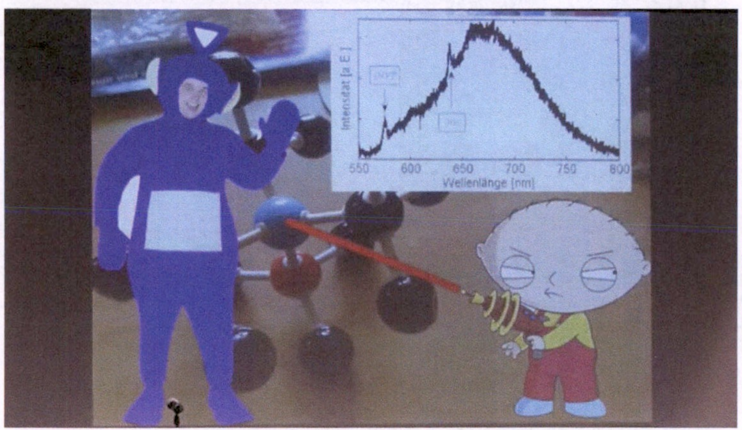

58
59 **Abbildung 1:** „Zurückwinken" des NV-Zentrums. Screenshot aus der Aufzeichnung der Science-Slam-
60 Präsentation von Reinhard Remfort „Dienliche Defekte" im Rahmen der Deutschen Meisterschaft im
61 Science-Slam 2016 in Darmstadt, TC: 04:29. Quelle: (Video) Helene Gicquel, Jens Kanold, Andre Liegl.

62 Also jetzt lernt ihr was fürs Leben, wenn ein Physiker von einem unglaublich deutli-
63 chen, nicht zu übersehenden Signal redet, meint er so eine verrauschte Kurve mit zwei
64 kleinen Peaks, die man nur bei Vollmond sieht oder wenn drei andere Physiker mit
65 spitzen Hüten um das Messgerät tanzen. Also die Dinger sieht man nicht wirklich so
66 gut. Diese kleinen Peaks sind aber unglaublich interessant. Die beschreiben nämlich
67 etwas, was darin vorgeht, was unglaublich tolle Anwendungen ermöglicht, aber was
68 das genau ist und um euch erklären zu können, was da passiert, muss ich was mit euch
69 machen, was, ich sage mal so, ja sind viele Physiker hier, ich sage mal achtzig Prozent
70 der Leute hier überhaupt nicht gefallen wird. Und zwar müssen wir, um euch zu erklä-
71 ren, was an diesem NV-Zentrum so toll ist, müssen wir Folgendes machen: einen
72 Crashkurs Quantentheorie.

73 Die Quantentheorie hat angefangen so vor grob minus hundert Jahren, plus minus fünf-
74 zig Jahre. Angefangen mit diesem Schnäutzer hier, Max Planck. Max Planck hat in
75 München studiert und hat sich dort mit einem super interessanten Thema beschäftigt
76 und zwar mit Schwarzkörperstrahlung, also der Strahlung schwarzer Körper. Schwar-

77 zer Körper ist hier rechts neben ihm abgebildet. Und wie man sieht, strahlen die Din-
78 ger nicht so besonders dolle. Man kann sich aber anstatt dieses idealen schwarzen
79 Körpers, kann man sich ein Äquivalent angucken, Hohlraumstrahlung. Hohlraumstrah-
80 lung ist nichts anderes als die Strahlung eines heißen, hohlen Raumes. Der hat also
81 jahrelang in München gesessen und in den Ofen geguckt. Und wenn man jahrelang in
82 München sitzt und nur lange genug in den Ofen guckt, dann kann man irgendwann
83 diese tollen Diagramme zeichnen (vgl. Abb. 2):

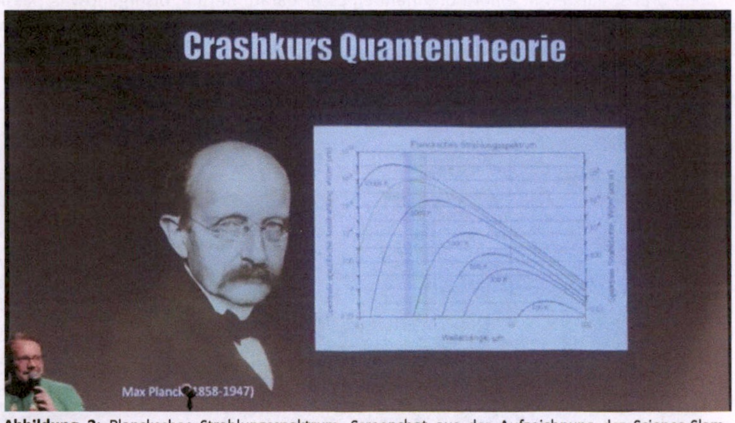

84
85 **Abbildung 2:** Plancksches Strahlungsspektrum. Screenshot aus der Aufzeichnung der Science-Slam-
86 Präsentation von Reinhard Remfort „Dienliche Defekte" im Rahmen der Deutschen Meisterschaft im
87 Science-Slam 2016 in Darmstadt, TC: 06:02. Quelle: (Video) Helene Gicquel, Jens Kanold, Andre Liegl.

88 Der hat nämlich festgestellt, der Herr Planck, dass die Energie, die aus diesem Ofen
89 rauskommt, also die Wärmestrahlung und das ganze Licht und so, dass diese Energie,
90 die da rauskommt, da nicht kontinuierlich rausplätschert, sondern immer nur in fes-
91 ten, einzelnen Paketen, also immer so diskrete einzelne Pakete. Und die Dinger hat er
92 Quanten genannt. Ich hätte die Plancks genannt, aber Chance vertan. (Oh, falscher
93 Knopf)

94 So, der hat die Dinger Quanten genannt, also diese Energiepakete, die da rauskom-
95 men und ich muss ja sagen, hätte ich in München studiert wie der Herr Planck, wäre
96 mir an ganz anderer Stelle aufgefallen, dass alle Größen in der Natur immer in so
97 Quanten vorkommen, in sogenannten Maßeinheiten *(PPT-Präsentation: Bild von*
98 *Maßkrügen auf dem Oktoberfest)*, also festen Paketen. Das ist ein Naturgesetz.

99 Und viel, viel härter als das ist, dass der Typ für diese Erkenntnis, also nur für diese
100 Erkenntnis, dass die Energie, die da rausfällt, in festen Paketen rauskommt, der hat
101 dafür einen Nobelpreis bekommen. Zu dieser Zeit hat man für so einen Scheiß einen
102 Nobelpreis bekommen, das geht heute nicht mehr *(PPT-Präsentation: Bild von Barack*
103 *Obama)*. Heute muss man was leisten, um einen Nobelpreis zu bekommen. Und diese
104 Folie tut mir seit der letzten Wahl echt leid. Ist schon alt der Vortrag.

105 Das war Punkt eins im Crashkurs Quantentheorie. Alles auf der Welt taucht in festen
106 Paketen auf, in sogenannten Quanten. Insgesamt gibt es drei Punkte, durch die ihr

107 durch müsst beim Crashkurs Quantentheorie, dann machen wir weiter mit den NV-
108 Zentren. Punkt Nummer zwei ist die sogenannte Unschärferelation. Hat der ein oder
109 andere vielleicht schon mal von euch von gehört. Die haben wir dem netten Herrn hier
110 zu verdanken, das ist Herr Heisenberg, der mit den Drogen. Ihr kennt den, ne? Der
111 Herr Heisenberg hat die Unschärferelation entdeckt. Die Unschärferelation ist hier auf
112 der Briefmarke abgebildet und die Unschärferelation ist super einfach und schnell
113 erklärt, die ist nämlich das und das (vgl. Abb. 3):

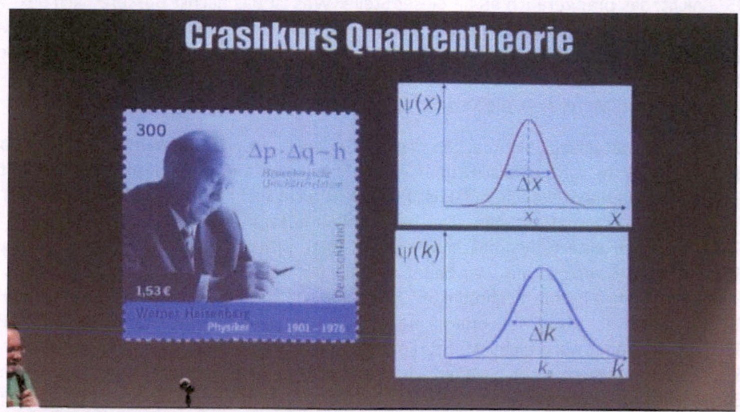

114
115 **Abbildung 3:** Heisenbergsche Unschärferelation. Screenshot aus der Aufzeichnung der Science-Slam-
116 Präsentation von Reinhard Remfort „Dienliche Defekte" im Rahmen der Deutschen Meisterschaft im
117 Science-Slam 2016 in Darmstadt, TC: 07:47. Quelle:(Video) Helene Gicquel, Jens Kanold, Andre Liegl.

118 Und an der Stelle sagt mein Prof immer, der Rest ist selbsterklärend. Zugegebener
119 Weise, es ist nicht ganz selbsterklärend. Die Unschärferelation sagt etwas über quan-
120 tenmechanische Systeme aus und zwar Folgendes: wir können in so einem quanten-
121 mechanischen System immer nur eine Eigenschaft von zwei verknüpften Eigenschaf-
122 ten genau messen und es gibt viele Eigenschaften, die miteinander verknüpft sind, ein
123 Beispiel ist hier abgebildet. Das oben ist der Ort, das hier unten ist der Impuls. Und
124 wenn wir jetzt viele Experimente machen, können wir von dem Teilchen, das wir mes-
125 sen, immer nur eine dieser beiden Größen sehr genau messen, entweder wir messen
126 den Ort sehr genau, dann ist die Wahrscheinlichkeitsverteilung hier oben sehr, sehr
127 spitz und wir wissen genau, wo das Teilchen ist. Dann wissen wir aber nicht mehr wie
128 schnell, weil diese Kurve hier unendlich breit wird. Wenn wir aber den Impuls genau
129 messen, also die hier sehr, sehr spitz wird, die Kurve, und wir genau wissen, wie
130 schnell das Teilchen ist, dann haben wir überhaupt keine Ahnung mehr, wo es ist,
131 dann kann es überall sein. Also wir wissen immer nur, wo etwas ist oder wie schnell
132 etwas ist. Beides gleichzeitig zu messen, ist physikalisch schlicht und einfach nicht
133 möglich. Und das ist ein fundamentales, physikalisches Grundgesetz und eine ver-
134 dammt gute Diskussionsgrundlage, wenn die netten Herrn in Grün das nächste Mal
135 glauben, euch mit Hundertzwanzig in der Dreißigerzone geblitzt zu haben. Weil ent-
136 weder ihr seid Hundertzwanzig gefahren oder ihr wart in der Dreißigerzone. Eins von
137 beidem, beides gleichzeitig geht schlicht und einfach nicht, Unschärfe halt.

138   Kommen wir zum Punkt drei, der aus diesen beiden ein bisschen resultiert. Der letzte
139   Punkt im Crashkurs Quantentheorie, das ist mein persönlicher Held: Erwin Schrödin-
140   ger. Erwin Schrödinger war sowas wie der erste Science Slammer. Der hat nämlich
141   versucht, extrem komplexe Sachverhalte, die hier, die Schrödinger-Gleichung, mit et-
142   was zu erklären, also allgemeinverständlich, das Leute einfach mögen. Und er hat sich
143   dafür bei etwas bedient, das auch heute noch im Internet unglaublich beliebt ist. Und
144   es ist nicht Pornographie. Physiker haben nämlich keinen Sex. Die meisten zumindest
145   nicht, das prangere ich an an dieser Stelle. Was ist das nächst Bessere nach Sex, was
146   man im Internet findet? Richtig, Katzis! So, und der Herr Schrödinger war Naturwis-
147   senschaftler und der hat das gemacht, was ein guter Naturwissenschaftler halt macht:
148   der hat beobachtet und hat festgestellt, der natürliche Lebensraum einer Katze ist
149   eine Kiste. Menschen, die Katzen haben, wissen das. Bis dahin war das super.

150   Also, er hat gesagt, wir machen mal ein Gedankenexperiment. Wir packen eine Katze
151   in eine Kiste, ist didaktisch super. Menschen lieben Katzen, Menschen lieben Kisten.
152   Dann kam die Stelle, die didaktisch vielleicht nicht mehr ganz so sauber ist, weil es für
153   Kinder problematisch wäre. Der hat nämlich gesagt, wir packen zu der Katze in die
154   Kiste noch eine Höllenmaschine, die die Katze prinzipiell töten könnte. Schematisch
155   sieht das Ganze so aus. Wir haben also unsere Kiste, in die wir nicht reingucken. Ihr
156   kennt wahrscheinlich Schrödingers Katze alle. Da ist halt die Katze drin und diese Höl-
157   lenmaschine. Diese Höllenmaschine löst mit einer Wahrscheinlichkeit von fünfzig Pro-
158   zent aus oder auch nicht. Macht die Giftampulle kaputt oder auch nicht. Und tötet die
159   Katze oder auch nicht. Solange wir jetzt die Kiste nicht aufmachen und nicht reingu-
160   cken, sind beide Zustände – tote Katze, lebendige Katze – gleichberechtigt. Das heißt,
161   die Katze ist nicht entweder tot oder lebendig, sondern solange wir keine Messung
162   vornehmen, ist sie beides gleichzeitig – sie ist tot und lebendig. Das stimmt für Katzen
163   genau genommen nicht, sondern eigentlich nur für Quantenzustände. Aber das hier ist
164   ja leichter vorstellbar, wenn man das so sagen möchte. Die Katze existiert also in zwei
165   gleichberechtigten Zuständen gleichzeitig, solange wir nicht messen. Das hilft uns aber
166   trotzdem, weil wir damit rechnen können und damit weitere Experimente machen
167   können, man kann das ganze nämlich wunderbar mathematisch sauber beschreiben.
168   Das sieht dann so aus (vgl. Abb. 4):

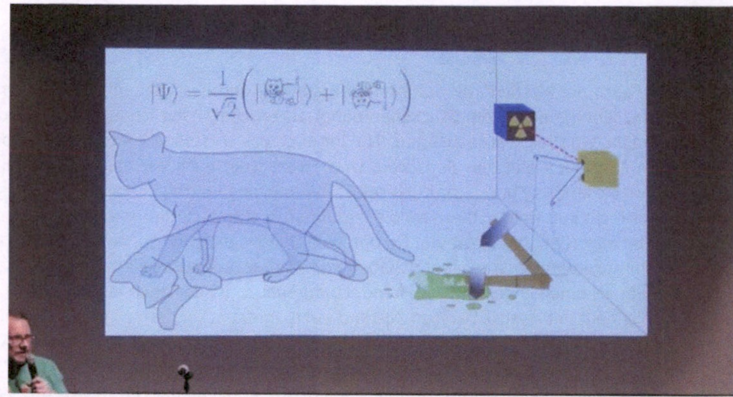

Abbildung 4: Schrödingers Katze und KET-Vektoren. Screenshot aus der Aufzeichnung der Science-Slam-Präsentation von Reinhard Remfort „Dienliche Defekte" im Rahmen der Deutschen Meisterschaft im Science-Slam 2016 in Darmstadt, TC: 11:25. Quelle: (Video) Helene Gicquel, Jens Kanold, Andre Liegl.

Das Schöne an dieser Gleichung ist, sie ist mathematisch sogar vollkommen korrekt. Auch, wenn man da Katzen hinmalt. Und die Dinger heißen zufällig auch noch KET-Vektoren. Das kommt aber nicht von Katze, sondern von *bracket*.

Okay, fassen wir nochmal diesen Crashkurs Quantenmechanik nochmal auf die Schnelle zusammen. Alles auf der Welt taucht in Quanten auf, also in festen Paketen. Alles was wir messen können, ist mit einer Unschärfe behaftet, also wir können nichts wirklich so richtig genau messen, zumindest nicht unter Missachtung anderer Größen und irgendwie aus diesen beiden Sachen resultierend gibt es überlagerte Zustände, die mit gewissen Wahrscheinlichkeiten gleichberechtigt existieren können.

So, was hat der ganze Mist jetzt mit dem zu tun, was der dicke, tätowierte Mann am Anfang erzählt hat? Das mit den NV-Zentren. Folgendes: wenn wir im Labor sind und auf so einem NV-Zentrum im Diamantgitter mit einem Laser rumbraten, dann können wir dieses NV-Zentrum auch in verschiedene Zustände anregen. Wir können das von dem Grundzustand halt mit Laserlicht in einen angeregten Zustand bringen und dieser Zustand kann mehrere Formen annehmen, also man sieht das auch hier, das sind hier zum Beispiel drei verschiedene Formen, in die wir das Elektron an diesem NV-Zentrum anregen können. Und solange sich dieses quantenmechanische System in einem angeregten Zustand befindet, kann das mit der Umwelt interagieren und ist enorm empfindlich. Man kann zum Beispiel dann mit so einem angeregten NV-Zentrum unglaublich empfindlich Magnetfelder messen. Wie genau das Ganze funktioniert, ist ein bisschen schwer, weil das geht nicht ohne Mathematik und ich will niemanden hier mit Mathematik nerven. Aber glaubt mir einfach, wenn man extrem empfindliche Magnetfelder messen kann, könnte man zum Beispiel viel bessere Magnetresonanztomographen bauen, die diese Bilder ein bisschen schöner machen. Die sind dann nicht mehr so Matsch-verschwommen, sondern extrem scharf. Oder noch viel spannender als das: man könnte mit NV-Zentren MRTs für Moleküle bauen. Man könnte quasi neue Medikamente entwickeln, weil man sich Molekülstrukturen genau angucken

200   kann mit so einem Teil. Wie gesagt, alles extrem abstrakt und sehr, sehr schwer zu
201   erklären.

202   Und um euch die Mathematik dahinter zu ersparen, und euch das mit den Sensoren
203   aber trotzdem irgendwie ein Stückchen näher zu bringen, habe ich euch ein Beispiel
204   mitgebracht, ein Gleichnis sozusagen. Wie ihr euch das vorstellen könnt mit den über-
205   lagerten Zuständen und den Sensoren. Und zwar, stellt euch vor, ihr seid auf einer
206   Party. Auf dieser Party bringt ihr euch selbst in einen angeregten Zustand. Funktioniert
207   meistens recht gut. Das Problem an diesem einen Zustand ist, der ist energetisch sehr
208   hoch, also angeregt. Ihr pöbelt viel herum, seid unerträglich und so, ne? Und es ist ein
209   einzelner angeregter Zustand. Jetzt haben wir aber gerade was gelernt, es gibt meis-
210   tens mehr als einen angeregten Zustand. Und genauso ist das auch auf der Party. Ihr
211   könnt nicht nur in diesem obersten Zustand euch anregen, sondern es gibt noch ande-
212   re Zustände, die sind zwar auch angeregt, aber energetisch ein Ticken niedriger. Also
213   da ist man auch angeregt, hängt aber eher so in der Ecke und will nicht mehr, ne? O-
214   der einem ist alles egal. Und jetzt kommt das richtig Coole an der Natur, was uns auch
215   die Quantenmechanik schon beigebracht hat. Die Zustände sind gleichberechtigt, zu
216   Deutsch heißt das, ihr müsst euch nicht entscheiden, ne? Ihr könnt eine Überlagerung
217   bilden und habt quasi einen Haufen an Zuständen, den ihr bilden könnt aus verschie-
218   denen angeregten überlagerten Zuständen. Euch steht dieser komplette Vektorraum
219   an Drogen offen.

220   So, und wenn ihr euch dann auf so einer Party einmal richtig in so einen angeregten
221   Zustand katapultiert habt, ja was hat das dann mit Sensoren zu tun? Hmm, das erfahrt
222   ihr nicht unmittelbar – aber am nächsten Morgen. Am nächsten Morgen seid ihr dann
223   nämlich super Sensoren für laute Geräusche und helles Licht.

224   Ich danke euch für eure Aufmerksamkeit.